Duden

Prüfungstraining

Mathematik

Analysis

Abitur

2., aktualisierte Auflage

Dudenverlag
Mannheim · Zürich

Dein Passwort für den Download:

AbiMathe-a8wk

Bibliografische Information der Deutschen Nationalbibliothek
Die Deutsche Nationalbibliothek verzeichnet diese Publikation in der Deutschen Nationalbibliografie; detaillierte bibliografische Daten sind im Internet über http://dnb.ddb.de abrufbar.

 D C B A

Redaktionelle Leitung: Simone Senk
Redaktion: Prof. Dr. Guido Walz
Autoren: Dr. Eva Danner, Prof. Dr. Guido Walz
Grafiken: Thomas Epp

Herstellung: Andreas Preising
Layout: Günther Nord
Umschlaggestaltung: Hemm-communication.design, Filderstadt
Satz: Steingraeber Satztechnik GmbH, Dienheim
Druck und Bindung: Heenemann GmbH & Co., Berlin
Printed in Germany

ISBN 978-3-411-72932-6

Wissen und Üben

1 Funktionen 5–22
- **1.1** Definitionen und grundlegende Eigenschaften – 5
- **1.2** Wichtige Funktionenklassen – 10
- **1.2.1** Potenz- und Wurzelfunktionen – 11
- **1.2.2** Polynome und rationale Funktionen – 12
- **1.2.3** Exponential- und Logarithmusfunktionen – 15
- **1.2.4** Trigonometrische Funktionen – 18

2 Gleichungen 23–36
- **2.1** Polynomgleichungen – 24
- **2.1.1** Lineare Gleichungen – 25
- **2.1.2** Quadratische Gleichungen – 26
- **2.1.3** Polynomgleichungen höheren Grades – 28
- **2.2** Wurzelgleichungen – 30
- **2.3** Bruchgleichungen – 31
- **2.4** Exponentialgleichungen und trigonometrische Gleichungen – 33
- **2.4.1** Exponentialgleichungen – 33
- **2.4.2** Trigonometrische Gleichungen – 34

3 Ableitungen 37–48
- **3.1** Definition der Ableitung und Differenzierbarkeit – 37
- **3.2** Ableitungen der wichtigsten elementaren Funktionen – 40
- **3.3** Ableitungsregeln – 42
- **3.3.1** Produktregel – 42
- **3.3.2** Quotientenregel – 43
- **3.3.3** Kettenregel – 44
- **3.3.4** Vermischte Anwendungen der Ableitungsregeln – 46
- **3.4** Höhere Ableitungen – 46

4 Funktionsuntersuchungen 49–71
- **4.1** Tangente und Normale – 49
- **4.1.1** Tangentenberechnung – 50
- **4.1.2** Normalenberechnung – 52
- **4.2** Nullstellen und Schnittprobleme – 53
- **4.2.1** Achsenschnittpunkte und Nullstellen – 54
- **4.2.2** Schnittpunkte von Funktionen – 56
- **4.2.3** Newtonverfahren – 57
- **4.3** Bestimmung von Hoch-, Tief- und Wendepunkten – 58
- **4.4** Kurvendiskussion und Interpretation von Schaubildern – 65
- **4.4.1** Kurvendiskussion – 65
- **4.4.2** Interpretation von Schaubildern – 68
- **4.5** Grafisches Ableiten – 70

5 Bestimmung von Funktionen mit vorgegebenen Bedingungen 72–81
- **5.1** Bestimmung von Geraden – 72
- **5.2** Bestimmung von Parabeln – 74
- **5.3** Bestimmung von Polynomen höheren Grades – 77
- **5.4** Andere Funktionenklassen – 80
- **5.4.1** Rationale Funktionen – 80
- **5.4.2** Exponentialfunktionen – 81

6 Extremwertaufgaben 82–86
- **6.1** Globale Extremwerte und einfache Optimierungsaufgaben – 82
- **6.2** Textaufgaben zur Optimierung mit Nebenbedingungen – 84

7 Integralrechnung und ihre Anwendungen
87–109

7.1 Definition des Integrals und Stammfunktionen – 87
7.2 Stammfunktionen elementarer Funktionen und einfache Integrationsregeln – 91
7.3 Höhere Integrationsregeln – 94
7.3.1 Partielle Integration – 94
7.3.2 Lineare Substitution – 95
7.3.3 Partialbruchzerlegung – 96
7.4 Anwendungen der Integralrechnung – 99
7.4.1 Uneigentliche Integrale – 100
7.4.2 Berechnung von eingeschlossenen Flächen – 102
7.4.3 Volumen von Rotationskörpern und Bogenlänge – 104
7.4.4 Numerische Integration: Die keplersche Fassregel – 106
7.5 Grafisches Integrieren – 108

Trainingsklausuren

110–123

Anforderungsbereiche in den Abiturklausuren – 110
GTR **Klausur 1:** Funktionsschar, Funktionsuntersuchung, Flächenberechnung – 111
GTR **Klausur 2:** Funktionsuntersuchung, Umkehrfunktion, Flächenberechnung – 113
Klausur 3: Funktionsuntersuchung, Bestimmung einer Funktion, Flächenberechnung – 115
GTR **Klausur 4:** Funktionsschar, Flächen- und Volumenberechnung, numerische Integration – 117
GTR **Klausur 5:** Funktionsuntersuchung, Bestimmung einer Funktion, Flächenberechnung - 119
GTR **Klausur 6:** Funktionsuntersuchung, Bestimmung einer Funktion, Volumenberechnung – 121

Lösungen

125–190

Lösungen *Wissen und Üben* – 125
Lösungen *Trainingsklausuren* – 173

Anhang

Register – 191

1 Funktionen

Funktionen sind fundamentale Instrumente der Mathematik zur Beschreibung von Zusammenhängen, Verläufen und Abhängigkeiten. Der Umgang mit Funktionen ist Hauptgegenstand der Analysis. Dieses Kapitel befasst sich mit den wichtigsten Typen von Funktionen und ihren grundlegenden Eigenschaften.

1.1 Definitionen und grundlegende Eigenschaften

Typische Aufgabenstellungen

- Prüfung auf Umkehrbarkeit und Bestimmung der Umkehrfunktion
- Bestimmung von Definitions- und Wertebereich
- Prüfung auf Periodizität und Symmetrie

Definition

Eine **Funktion** ist eine Vorschrift, die jedem Element x einer Menge D ein eindeutig bestimmtes Element y einer Menge W zuordnet. Die Menge D bezeichnet man als **Definitionsbereich,** die Menge W als **Wertevorrat** der Funktion.
Schreibweise:

$$f : D \to W$$

$$f : x \mapsto y \text{ oder kürzer } f(x) = y$$

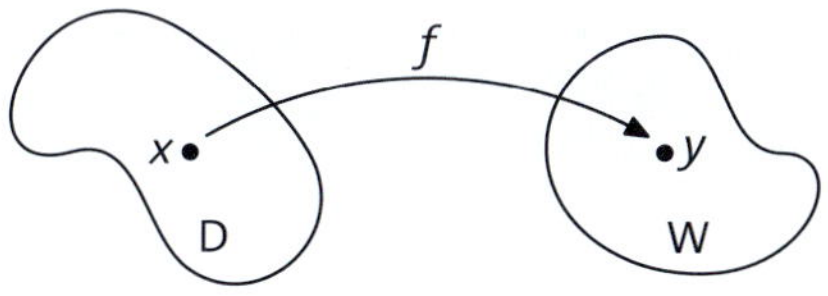

Aufgabe 1

Welche der folgenden Vorschriften sind Funktionen?

a) $f: \mathbb{R} \to \mathbb{R},\ f(x) = x$
b) $f: [-1,1] \to \mathbb{R},\ f(x) = \frac{1}{x}$
c) $f: [-10,10] \to \mathbb{R},\ f(x) = \sqrt{x}$
d) $f: \mathbb{N} \to \mathbb{N},\ f(x) = \frac{x}{2}$

Tipp

Der Begriff Wertevorrat, wie er hier definiert wurde, wird leider in der Mathematik nicht einheitlich verwendet; manchmal benutzt man ihn auch für die Menge aller Funktionswerte, also diejenige Teilmenge von W, die von der Funktion auch wirklich „getroffen" wird. Hierfür sollte man aber die Bezeichnung **Bildmenge** verwenden. Schauen Sie im Ernstfall lieber noch einmal genau nach, was im Zusammenhang gemeint ist.

Wichtige Eigenschaften einer Funktion sind Umkehrbarkeit, Periodizität und Symmetrie; letztere Eigenschaft gilt insbesondere für gerade und ungerade Funktionen. Wir definieren jetzt diese Eigenschaften der Reihe nach und geben danach Beispielaufgaben an.

Definition

Es sei f eine Funktion mit Definitionsmenge D und Bildmenge B.
f heißt **umkehrbar,** wenn es eine auf B definierte Funktion f^{-1} gibt, sodass für jedes $x \in D$ gilt:

$$f^{-1}(f(x)) = x.$$

Die Funktion f^{-1} heißt **Umkehrfunktion** von f.

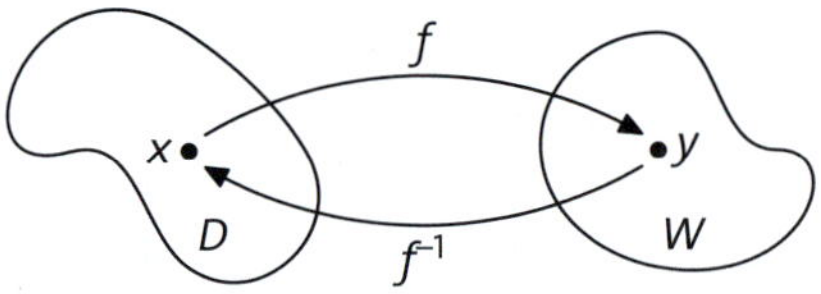

Ist f eine reelle Funktion, sind also D und B Teilmengen von $\mathbb{R}$, so gibt es ein einfaches Kriterium für Umkehrbarkeit:

Satz

Eine reelle Funktion ist genau dann umkehrbar, wenn sie auf dem ganzen Definitionsbereich entweder streng monoton steigend oder streng monoton fallend ist.

Tipp

Die Funktionsgleichung der Umkehrfunktion erhält man – im Falle der Existenz – am einfachsten, indem man die Gleichung $f(x) = y$ nach x auflöst. Dies ergibt

$$x = f^{-1}(y).$$

Es ist hierzu **nicht** notwendig, die Funktion zuvor auf Monotonie zu überprüfen – gelingt das Auflösen nach x, so ist die Funktion umkehrbar. Danach kann man noch x und y vertauschen, um die gewohntere Form

$$y = f^{-1}(x)$$

zu erhalten.

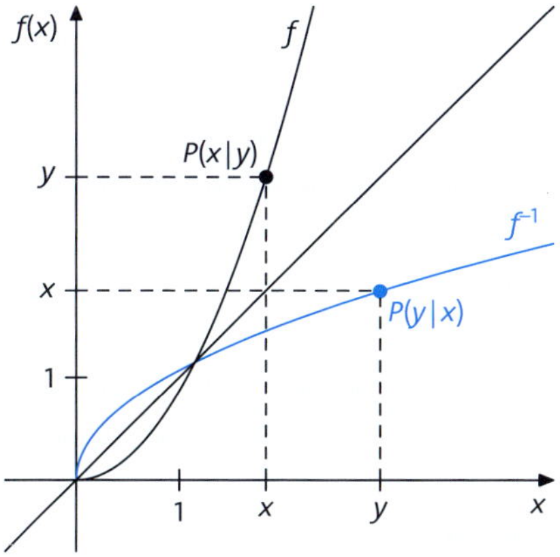

Aufgabe 2

Prüfen Sie, ob die folgenden Funktionen umkehrbar sind, und geben Sie gegebenenfalls die Gleichung der Umkehrfunktion an.

a) $f : \mathbb{R} \to \mathbb{R},\ f(x) = 3x - 17$
b) $g : \mathbb{R} \setminus \{0\} \to \mathbb{R} \setminus \{0\},\ g(x) = \frac{1}{x}$
c) $h : \mathbb{R} \to \mathbb{R},\ h(x) = x^2$
d) $k : [0, \infty) \to [0, \infty),\ k(x) = x^2$

Um periodische Prozesse (beispielsweise Schwingungen oder im Laufe der Zeit immer wiederkehrende Effekte) zu modellieren, benutzt man in der Mathematik sog. periodische Funktionen. Die prominentesten periodischen Funktionen sind die trigonometrischen Funktionen, und hierunter wiederum sind Sinus und Cosinus am besten bekannt.

Definition

Eine Funktion f heißt **periodisch** oder genauer ***p*-periodisch,** wenn es eine reelle Zahl $p > 0$ gibt, sodass für alle Werte x und $x + p$ aus D gilt:

$$f(x) = f(x + p).$$

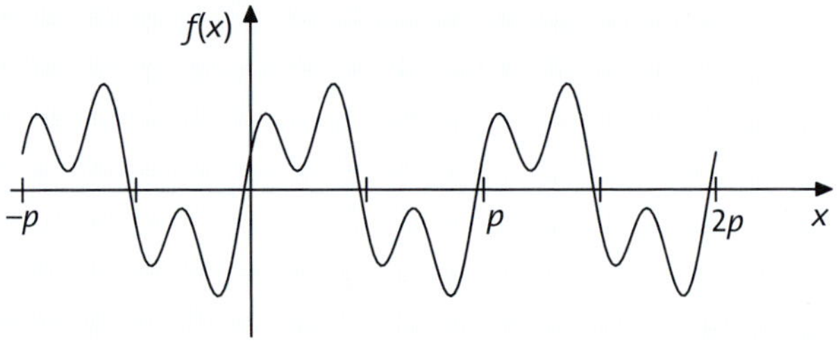

Die Zahl p nennt man **Periode** oder **Periodenlänge** der Funktion f; ist p die kleinste Zahl mit dieser Eigenschaft, so nennt man sie auch **Minimalperiode.**

Warum man die Begriffe Periode und Minimalperiode unterscheiden muss

Die bekanntesten periodischen Funktionen sind sicherlich die trigonometrischen Funktionen, und hierunter wiederum die Sinusfunktion. Für diese gilt

$$\sin(x) = \sin(x + 2\pi)$$

für alle $x \in \mathbb{R}$, somit ist die Sinusfunktion eine 2π-periodische Funktion. Es gilt aber beispielsweise auch $\sin(x) = \sin(x + 200\pi)$ für alle $x \in \mathbb{R}$, daher kann man Sinus auch als eine 200π-periodische Funktion bezeichnen. Um solche Mehrdeutigkeiten zu vermeiden, führt man den Begriff der Minimalperiode ein.

Aufgabe 3

Prüfen Sie, ob die folgenden Funktionen auf ganz $\mathbb{R}$ periodisch sind, und geben Sie gegebenenfalls die Minimalperiode an.

a) $f(x) = c$ mit einer reellen Konstanten c

b) $g(x) = \sin(2x) + 2\cos(x)$

c) $h(x) = \sqrt{\sin^2(x) + 2}$

d) $k(x) = \sin(x^2) + x^2$

Definition

Es sei f eine Funktion, deren Definitionsbereich symmetrisch zum Ursprung liegt, d. h., mit x ist auch stets $-x$ Element von D.
Die Funktion f heißt **gerade Funktion,** wenn für alle $x \in D$ gilt:

$$f(-x) = f(x).$$

Die Funktion f heißt **ungerade Funktion,** wenn für alle $x \in D$ gilt:

$$f(-x) = -f(x).$$

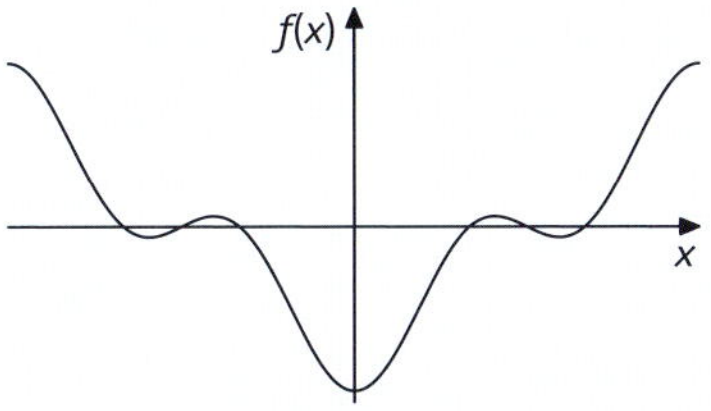

gerade Funktion

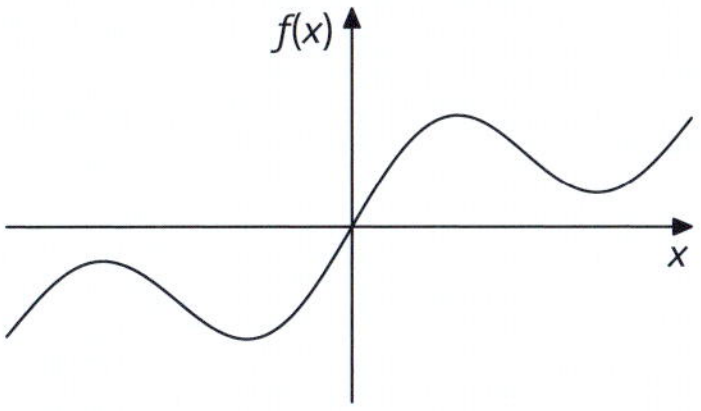

ungerade Funktion

In beiden Fällen nennt man f (bzw. den Graphen von f) **symmetrisch.**

Die Bezeichnung symmetrisch rührt daher, dass der Graph einer ungeraden Funktion punktsymmetrisch zum Ursprung und der Graph einer geraden Funktion achsensymmetrisch zur y-Achse ist.

Aufgabe 4

Prüfen Sie, ob die folgenden Funktionen gerade oder ungerade sind.

a) $f(x) = \sin(x) + x^3$
b) $g(x) = |x| \cdot \cos(x)$
c) $h(x) = f_1(x) \cdot f_2(x)$, wobei f_1 und f_2 ungerade Funktionen sind.
d) $k(x) = x^2 + x^3$

Aufgabe 5

Beweisen Sie folgende Aussage: Ist f eine beliebige auf einem symmetrisch zum Ursprung liegenden Gebiet D definierte Funktion, so ist die folgende Funktion eine gerade Funktion:

$$g(x) = \frac{f(x) + f(-x)}{2}.$$

Aufgabe 6

Wie muss man die Definition von g in Aufgabe 5 ändern, um eine ungerade Funktion zu erhalten?

Aufgabe 7

Es seien p und q positive reelle Zahlen sowie f und g periodische Funktionen mit der Minimalperiode p bzw. q.

a) Geben Sie die Minimalperiode von $f + g$ an.
b) Ist $f + g$ stets eine periodische Funktion?

Oft schaltet man mehrere Funktionen hintereinander, man nennt dies Hintereinanderausführung oder Verkettung von Funktionen.

Definition

Es seien $f : E \to F$ und $g : D \to E$ Funktionen mit der Eigenschaft, dass die Definitionsmenge E von f in der Bildmenge von g liegt. Dann nennt man die Funktion $f \circ g$, definiert durch

$$f \circ g : D \to F, \ (f \circ g)(x) = f(g(x)),$$

die **Hintereinanderausführung** oder **Verkettung** von f und g.

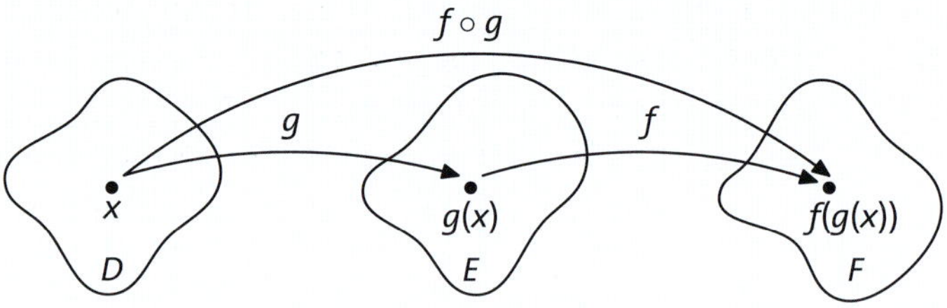

Tipp

Beachten Sie, dass man dies von rechts nach links lesen muss, es wird also *zunächst* g und *danach* f angewendet.

Aufgabe 8

Geben Sie die Verkettung der folgenden Funktionen in möglichst einfacher Form an:

a) $f : \mathbb{R} \to \mathbb{R}, \ f(x) = x^4 + 2x^2 + 1, \quad g : [-1,\infty) \to \mathbb{R}^+, \ g(x) = \sqrt{x+1}.$

b) $f : \mathbb{R} \to \mathbb{R}, \ f(x) = x - |x|, \ g : \mathbb{R} \to \mathbb{R}^+, \ g(x) = |x|.$

1.2 Wichtige Funktionenklassen

Typische Aufgabenstellungen

- Zuordnung einer gegebenen Funktion zu einer Klasse
- Bestimmung von Nullstellen
- Berechnung ausgewählter Funktionswerte
- Untersuchung der Eigenschaften einer gegebenen Funktion

1.2.1
Potenz- und Wurzelfunktionen

Definition

Für jede natürliche Zahl n nennt man die Funktion

$$p_n : \mathbb{R} \to \mathbb{R},\ p_n(x) = x^n$$

Potenzfunktion mit dem Exponenten $\boldsymbol{n}$ oder einfach $\boldsymbol{n}$**-te Potenzfunktion.**

Aufgabe 9

Beweisen oder widerlegen Sie exakt folgende Aussagen; korrigieren Sie die Aussage ggf. in eine richtige.

a) Ist n gerade, so ist p_n eine gerade Funktion.
b) Ist k ungerade, so ist p_k eine ungerade Funktion.
c) Die Funktion p_n ist für jedes n auf ganz $\mathbb{R}$ umkehrbar.

Tipp

Für $n = 1$ ergibt sich die Funktion $p_1(x) = x$, deren Graph die Winkelhalbierende ist. Diese ist in gewissem Sinn atypisch.
Für $n \geq 2$ sehen alle Potenzfunktionen mit geradem n und alle mit ungeradem n jeweils qualitativ gleich aus. Die Abbildungen zeigen dies anhand einiger Potenzfunktionen.

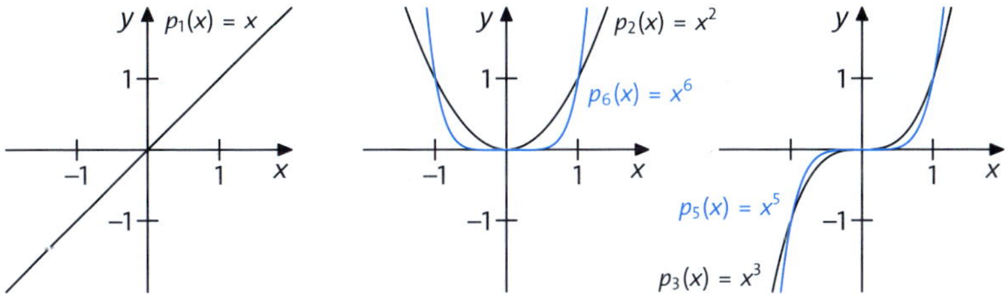

Aufgabe 10

An welchen Stellen x haben alle Potenzfunktionen denselben Funktionswert, an welchen nur diejenigen mit ungeradem n? Begründen Sie Ihre Antwort.

Aufgabe 11

Für welche x-Werte liegt der Graph von p_4 unterhalb dessen von p_3?

Für ungerades n ist die Funktion p_n auf ganz $\mathbb{R}$ streng monoton steigend, für gerades n gilt dies auf $\mathbb{R}^+$. In diesen Bereichen ist die Funktion also umkehrbar, ihre Umkehrfunktion nennt man Wurzelfunktion.

Definition

Die Umkehrfunktion der n-ten Potenzfunktion ist die Funktion

$$w_n(x) = x^{\frac{1}{n}}.$$

Man nennt sie **n-te Wurzelfunktion** und schreibt sie auch als $w_n(x) = \sqrt[n]{x}$.
Den Term unter der Wurzel nennt man **Radikand.**
Für den **Definitionsbereich** D der n-ten Wurzelfunktion gilt:

$$D = \begin{cases} \mathbb{R}, & \text{falls } n \text{ ungerade ist,} \\ \mathbb{R}^+, & \text{falls } n \text{ gerade ist.} \end{cases}$$

Für $n = 2$ schreibt man meist einfach nur $w_2(x) = \sqrt{x}$ und sagt **Wurzel** oder **Quadratwurzel.**

Aufgabe 12

Für welche Werte von t existieren folgende Wurzelausdrücke?

a) $\sqrt{t^2 - 1}$

b) $\sqrt{(t-1)^2}$

c) $\sqrt[3]{-t^6}$

1.2.2 Polynome und rationale Funktionen

Bildet man Linearkombinationen von Potenzfunktionen, wie sie im vorigen Abschnitt definiert wurden, so erhält man Polynome.

Definition

Es sei n eine natürliche Zahl oder null und es seien $a_0, a_1, \ldots, a_n$ reelle Zahlen. Eine Funktion $p(x)$, die sich in der Form

$$p(x) = a_n x^n + a_{n-1} x^{n-1} + \cdots + a_1 x + a_0$$

darstellen lässt, nennt man ein **Polynom** (auch **Polynomfunktion** oder **ganzrationale Funktion**) vom **Grad *n*.**
Die Zahlen $a_0, a_1, \ldots, a_n$ heißen die **Koeffizienten** des Polynoms.

In dieser Definition wird wie üblich nicht gefordert, dass $a_n \neq 0$ ist, das Polynom muss also den Grad nicht „ausschöpfen“. So ist beispielsweise in der Menge der Polynome vom Grad 2 auch die Funktion $x+1$ enthalten, denn man kann sie in der Form $0x^2 + x + 1$ schreiben.
Möchte man dies vermeiden, so fordert man in der Definition zusätzlich $a_n \neq 0$ und nennt das Polynom vom **genauen Grad *n*.**

Tipp

Beachten Sie, dass in der Definition nur gefordert wird, dass sich die fragliche Funktion in der angegebenen Form *schreiben lässt,* sie muss also nicht unbedingt bereits in dieser Form dastehen. So ist beispielsweise die Funktion

$$f(x) = (2x - 3)^2$$

ein Polynom (vom Grad 2), denn sie lässt sich durch Ausmultiplizieren in die folgende Form bringen:

$$f(x) = 4x^2 - 12x + 9.$$

Aufgabe 13

Welche der folgenden Funktionen sind Polynome?

a) $f(x) = 17$ **b)** $g(x) = x^3 + 3^x$
c) $h(x) = \sqrt{x^2 + 2x + 1}$ **d)** $k(x) = x^2 + x^{-1}$

Aufgabe 14

Für welche Werte der reellen Parameter a und b ist die Funktion

$$f(x) = x^{a-\frac{5}{2}} + 2x^{\sqrt{b}}$$

ein Polynom?

Tipp

Für kleine Grade haben die Polynome spezielle Bezeichnungen, lassen Sie sich dadurch nicht verwirren, es ist nur eine Namensgebung: Man nennt

- Polynome vom genauen Grad 1 auch **lineare Funktionen.**
- Polynome vom genauen Grad 2 auch **quadratische Funktionen** oder **Parabeln.**
- Polynome vom genauen Grad 3 auch **kubische Funktionen.**

Von großem Interesse sind bei Funktionen, insbesondere bei Polynomen, die Nullstellen.

Definition

Eine reelle Zahl x_N heißt **Nullstelle** der Funktion f, wenn gilt:

$$f(x_N) = 0.$$

Das Bestimmen der Nullstellen einer Funktion ist offenbar gleichbedeutend mit dem Lösen einer Gleichung. Wir werden die hierfür nötigen Techniken daher im Kapitel über Gleichungen behandeln.

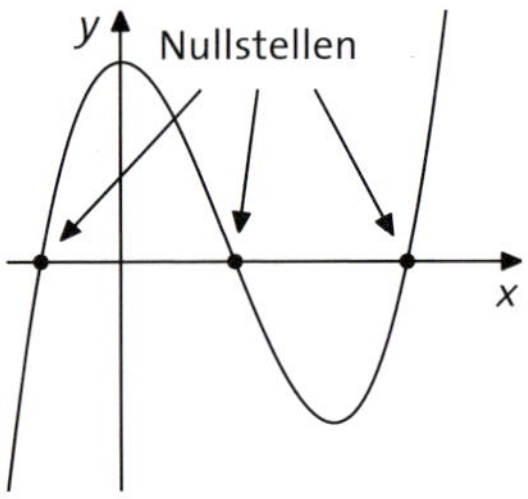

Polynome sind stets auf ganz $\mathbb{R}$ definiert, daher braucht man sich über ihren Definitionsbereich keine Sorgen zu machen. Anders sieht das bei rationalen Funktionen aus.

Definition

Es seien p und q zwei Polynome. Dann nennt man die Funktion

$$r(x) = \frac{p(x)}{q(x)}$$

eine **rationale Funktion,** manchmal auch **gebrochen-rationale Funktion.** Ihr maximaler Definitionsbereich D ist die Menge der reellen Zahlen mit Ausnahme der Nullstellen des Nenners, also

$$D = \{x \in \mathbb{R};\ q(x) \neq 0\}.$$

Aufgabe 15

Welche der folgenden Funktionen sind rationale Funktionen?
Geben Sie gegebenenfalls den maximalen Definitionsbereich der Funktion an. Beachten Sie dabei, dass der Nenner einer rationalen Funktion im Definitionsbereich niemals null werden darf.

a) $r_1(x) = \dfrac{17x^{20} - 2}{x - 1}$

b) $r_2(x) = \dfrac{3x^3 - 2x + 5}{x^2 + 1}$

c) $r_3(x) = \dfrac{1}{x}$

d) $r_4(x) = x^3 + x^2 + 1$

e) $r_5(x) = \dfrac{-x^4 - 2x + 1}{x^2 + x^{\frac{1}{2}} + 1}$

Tipp

Achtung! Es wird oft gesagt, eine Nullstelle des Nenners einer rationalen Funktion gehöre zum Definitionsbereich, wenn sie gleichzeitig Nullstelle des Zählers sei. Das ist *nicht* richtig! Eine Nullstelle des Nenners ist niemals Element des Definitionsbereichs.
Allerdings kann man eine gemeinsame Nullstelle x_N von Zähler und Nenner häufig ausdividieren und die rationale Funktion an der Stelle x_N stetig ergänzen. Beispiel: Die rationale Funktion

$$r(x) = \frac{x^2 - 1}{x - 1}$$

ist an der Stelle $x_N = 1$ nicht definiert. Da aber der Zähler gleich $(x-1)(x+1)$ ist, kann man den Faktor $x - 1$ ausdividieren und erhält $x + 1$. Diese Funktion liefert die **stetige Ergänzung** von r an der Stelle 1, es ist also

$$\tilde{r}(x) = \begin{cases} \dfrac{x^2-1}{x-1}, & \text{falls } x \neq 1, \\ x+1, & \text{falls } x = 1 \end{cases}$$

stetig und insbesondere definiert auf ganz $\mathbb{R}$.

1.2.3 Exponential- und Logarithmusfunktionen

In Naturwissenschaft und Technik, aber auch in den Finanzwissenschaften sind Exponentialfunktionen, insbesondere zur Basis e, der eulerschen Zahl, von großer Bedeutung.

Definition

Es sei a eine positive reelle Zahl. Die Funktion

$$\exp_a : \mathbb{R} \to \mathbb{R}, \ \exp_a(x) = a^x$$

heißt **Exponentialfunktion zur Basis a** oder auch **allgemeine Exponentialfunktion.**

Für $a = 1$ ist die Exponentialfunktion konstant gleich 1, dieser Fall ist also uninteressant. Für alle anderen Werte der Basis a lässt sich das Verhalten der Exponentialfunktion wie folgt charakterisieren:

Satz

Die Funktion $\exp_a(x) = a^x$ ist auf ganz $\mathbb{R}$ streng monoton wachsend, falls $a > 1$, und auf ganz $\mathbb{R}$ streng monoton fallend, falls $a < 1$ ist.
In jedem Fall sind die Funktionswerte stets positive Zahlen, Exponentialfunktionen nehmen also niemals den Wert null an.

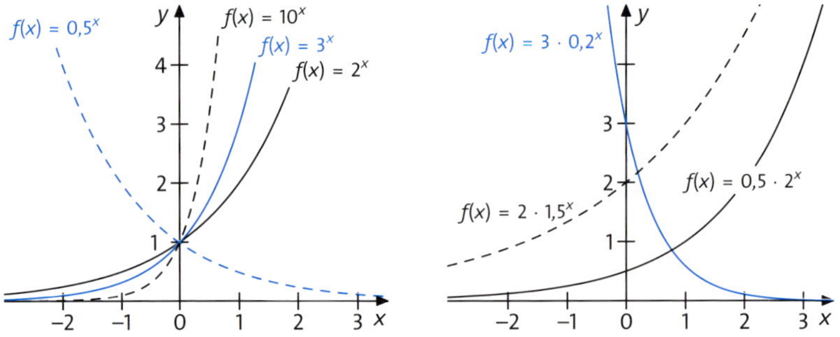

Die Rechenregeln des einfachen Potenzrechnens übertragen sich direkt auf das Rechnen mit der Exponentialfunktion:

Satz

Für alle reellen Zahlen x und y und für jede positive Basis a gelten folgende Rechenregeln:

1) $\exp_a(x+y) = \exp_a(x) \cdot \exp_a(y)$

2) $\exp_a(-x) = \exp_{1/a}(x)$

Aufgabe 16

Ein Kapital von K Euro wird zum Zinssatz von $p\,\%$ pro Zeiteinheit angelegt. Auf welchen Betrag hat es sich nach n Zeiteinheiten erhöht?

Aufgabe 17

Als **Halbwertszeit** eines radioaktiven Materials bezeichnet man die Zeit, nach der noch die Hälfte des Materials (unzerfallen) vorhanden ist.

a) Wie viel ist von einer anfänglichen Masse M eines solchen Materials nach n Halbwertszeiten noch vorhanden?

b) Ein radioaktives Isotop habe eine Halbwertszeit von 5 776 Jahren. Wie viel ist von einem Kilogramm solchen Materials nach 10 000 Jahren noch vorhanden?

Von besonderem Interesse als Basis einer Exponentialfunktion ist die **eulersche Zahl**

$$e = \lim_{n\to\infty}\left(1+\frac{1}{n}\right)^n = 2{,}7182818284\ldots .$$

Definition

Die Exponentialfunktion zur Basis e, also die Funktion e^x, wird als **eulersche Exponentialfunktion, spezielle Exponentialfunktion** oder oft auch einfach als „die“ **Exponentialfunktion** bezeichnet.
Letztere Bezeichnung wird auch in diesem Buch verwendet.

Tipp

Die Begriffe werden in den Büchern leider nicht einheitlich verwendet; schauen Sie ganz genau hin, welche Exponentialfunktion gerade gemeint ist.

Die wichtigste Eigenschaft der Exponentialfunktion ist, dass sie mit ihrer eigenen Ableitung übereinstimmt; dies werden wir im Kapitel über Differenzialrechnung behandeln.

Da die (allgemeine) Exponentialfunktion für $a \neq 1$ streng monoton ist, besitzt sie auch eine Umkehrfunktion, die man als Logarithmusfunktion bezeichnet, und da sie auf den Bereich der positiven Zahlen abbildet, ist dieser auch die Definitionsmenge der Logarithmusfunktion.

Definition

Es seien a und x positive reelle Zahlen und $a \neq 1$. Diejenige reelle Zahl y, die die Gleichung

$$a^y = x$$

löst, nennt man **Logarithmus** oder auch **Logarithmusfunktion von x zur Basis a** und bezeichnet sie mit $\log_a(x)$.

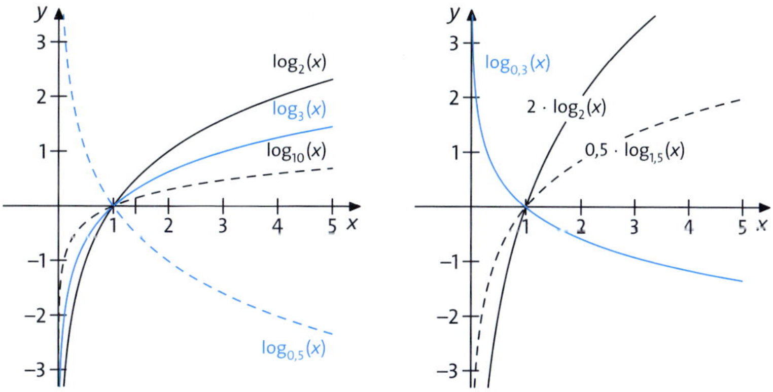

Aufgabe 18

Berechnen Sie ohne Verwendung des Taschenrechners folgende Werte:

a) $\log_2(8)$ b) $\log_{10}(0{,}001)$

c) $\log_7(\sqrt[4]{7^3})$

Aufgabe 19

Welche Punkte haben die Graphen aller Logarithmusfunktionen gemeinsam?

Aufgabe 20

Beschreiben Sie das Monotonieverhalten der Logarithmusfunktion zur Basis a.

Für einige häufig benutzte Werte von a haben sich spezielle Bezeichnungen eingebürgert, die Ihnen geläufig sein sollten. Man bezeichnet

- den Logarithmus zur Basis 2 als **Logarithmus dualis,**
  Schreibweise: ld(x),
- den Logarithmus zur Basis e als **Logarithmus naturalis** oder **natürlichen Logarithmus,**
  Schreibweise: ln(x),
- den Logarithmus zur Basis 10 als **dekadischen Logarithmus,**
  Schreibweise: lg(x).

Tipp

Leider benutzen auch die gängigen Taschenrechnertypen diese Bezeichnungen nicht einheitlich. Machen Sie sich also rechtzeitig vor der Prüfung mit der Bezeichnungsweise Ihres Rechners vertraut!

Zur Umrechnung von Logarithmen zu verschiedenen Basen kann man folgende Formel benutzen:

Satz

Für beliebige positive und von 1 verschiedene Zahlen a und b und positive Werte x gilt die Umrechnungsformel

$$\log_a(x) = \frac{\log_b(x)}{\log_b(a)}.$$

Aufgabe 21

Berechnen Sie allein mithilfe des dekadischen Logarithmus' den Wert $\log_{1,04}(2)$.

1.2.4 Trigonometrische Funktionen

Die wichtigsten trigonometrischen Funktionen sind die **Sinusfunktion** $\sin(x)$, die **Cosinusfunktion** $\cos(x)$ und die **Tangensfunktion** $\tan(x)$. Die Sinus- und die Cosinusfunktion definiert man durch Längenverhältnisse am rechtwinkligen Dreieck, die Tangensfunktion als Quotient dieser beiden:

$$\tan(x) = \frac{\sin(x)}{\cos(x)}.$$

Sinus- und Cosinusfunktion sind (durch periodische Fortsetzung) auf ganz $\mathbb{R}$ definiert, die Tangensfunktion hat Definitionslücken an den Nullstellen des Cosinus (s. u.).

Der folgende Satz listet einige wichtige Eigenschaften von Sinus und Cosinus auf, diejenigen des Tangens können daraus abgeleitet werden.

Tipp

Die Aussagen werden alle im Bogenmaß formuliert, dem innerhalb der Mathematik gängigen Maß. Die Umrechnung eines Winkels x im Bogenmaß in das Gradmaß α erfolgt nach der Formel

$$\frac{x}{\pi} = \frac{\alpha}{180°}$$

oder geeigneten Umstellungen davon.

Satz

Für die Funktionen Sinus und Cosinus gelten folgende Aussagen:

a) $\sin(x)$ und $\cos(x)$ sind periodisch mit der Minimalperiode 2π.

b) Sinus ist eine ungerade Funktion, d. h. $\sin(-x) = -\sin(x)$ für alle $x \in \mathbb{R}$.

c) Cosinus ist eine gerade Funktion, d. h. $\cos(-x) = \cos(x)$ für alle $x \in \mathbb{R}$.

d) $\sin(x + \frac{\pi}{2}) = \cos(x)$ für alle $x \in \mathbb{R}$.

e) $\sin^2(x) + \cos^2(x) = 1$ für alle $x \in \mathbb{R}$.

f) Die Nullstellen des Sinus sind genau die ganzzahligen Vielfachen von π, also die Zahlen der Form $n \cdot \pi$ mit $n \in \mathbb{Z}$.

g) Die Nullstellen des Cosinus sind genau die Zahlen der Form $n \cdot \pi + \frac{\pi}{2}$ mit $n \in \mathbb{Z}$.

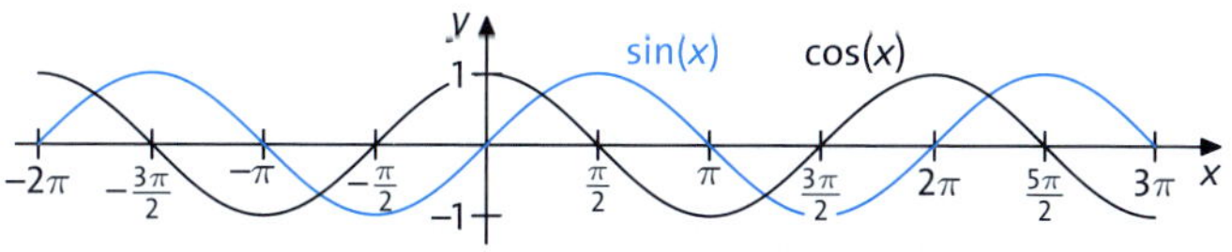

Aufgabe 22

Formulieren Sie die Aussagen dieses Satzes im Gradmaß.

Aufgabe 23

Beweisen Sie mithilfe des Satzes folgende Aussagen:

a) Für alle $x \in \mathbb{R}$ ist $|\sin(x)| \leq 1$ und $|\cos(x)| \leq 1$.

b) Es ist $\sin\left(\frac{\pi}{4}\right) = \frac{\sqrt{2}}{2}$.

Tipp

Es gibt noch eine Fülle weiterer Aussagen über Eigenschaften dieser Funktionen, die hier aus Platzgründen und der Übersicht halber nicht aufgelistet werden. Sie sollten sich daher vor der Prüfung mit Ihrer Formelsammlung vertraut machen.

Eine der wichtigsten Eigenschaften trigonometrischer Funktionen ist die Tatsache, dass es für sie sogenannte Additionstheoreme gibt. Das sind Formeln, mit deren Hilfe man die Funktionswerte an der Stelle $x+y$ allein mithilfe der Funktionswerte an den Stellen x und y berechnen kann.

Satz

Es seien x und y beliebige reelle Zahlen. Dann gelten die folgenden **Additionstheoreme:**

$$\sin(x+y) = \sin(x)\cos(y) + \cos(x)\sin(y)$$
$$\cos(x+y) = \cos(x)\cos(y) - \sin(x)\sin(y)$$

Aus diesen beiden fundamentalen Additionstheoremen kann man noch eine Fülle weiterer ableiten; zur Übung sollten Sie das einmal versuchen:

Aufgabe 24

Formulieren Sie je ein Additionstheorem für die Ausdrücke $\sin(x-y)$ und $\cos(x-y)$.

Aufgabe 25

Beweisen Sie mithilfe der im Satz formulierten Additionstheoreme die **Winkelverdoppelungsformeln**

$$\sin(2x) = 2\sin(x)\cos(x)$$

und

$$\cos(2x) = \cos^2(x) - \sin^2(x).$$

Aufgabe 26

Einer Formelsammlung entnehmen Sie den Wert

$$\sin\left(\frac{\pi}{3}\right) = \frac{\sqrt{3}}{2}.$$

Berechnen Sie hieraus die Funktionswerte $\cos\left(\frac{\pi}{3}\right)$, $\sin\left(\frac{2\pi}{3}\right)$ und $\cos\left(\frac{2\pi}{3}\right)$.

Satz

Für alle $x \in \mathbb{R}$ gilt die Beziehung

$$\sin^2(x) + \cos^2(x) = 1,$$

die man auch als **trigonometrischen Satz des Pythagoras** bezeichnet.

Durch Addition von bzw. Multiplikation mit Konstanten kann man den Graphen einer Funktion verschieben, strecken, stauchen oder spiegeln. Am Beispiel der Sinusfunktion wird dies im Folgenden gezeigt.

Satz

Es seien a,b,c,d reelle Konstanten. Wir betrachten die **allgemeine Sinusfunktion**

$$s(x) = a \cdot \sin(bx + c) + d.$$

Der Graph dieser Funktion geht aus dem der Sinusfunktion wie folgt hervor:

- Die Konstante a bewirkt eine Streckung (falls $a > 1$) oder Stauchung (falls $0 \leq a < 1$) in vertikaler Richtung (y-Richtung). Ist a negativ, so erfolgt zusätzlich eine Spiegelung an der x-Achse.
- Die Konstante b bewirkt eine Stauchung (falls $b > 1$) oder Streckung (falls $0 < b < 1$) in horizontaler Richtung (x-Richtung). Ist b negativ, so erfolgt zusätzlich eine Spiegelung an der x-Achse. Die Funktion s hat die Minimalperiode $\frac{2\pi}{|b|}$.
- Die Konstante c bewirkt eine Verschiebung in horizontaler Richtung nach links (falls $c > 0$) oder rechts (falls $c < 0$).
- Die Konstante d bewirkt eine Verschiebung in vertikaler Richtung nach oben (falls $d > 0$) oder unten (falls $d < 0$).

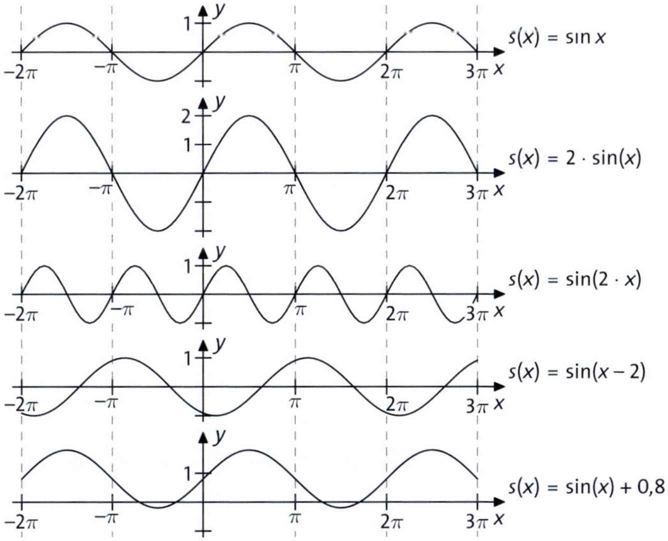

Aufgabe 27

Beantworten Sie folgende Fragen betreffend die allgemeine Sinusfunktion.

a) Wie lauten die Nullstellen der Funktion s für $d = 0$?

b) Welchen maximalen Funktionswert hat die Funktion s auf $\mathbb{R}$?

c) Welche der vier Konstanten haben Einfluss auf die Periodenlänge von s?

Aufgabe 28

a) Skizzieren Sie – zunächst ohne Verwendung des Taschenrechners – die Funktion $2 \cdot \sin(-3x + \pi) + 1$.

GTR b) Zeichnen Sie den Funktionsgraphen mithilfe des GTR.

2 Gleichungen

Dieses Kapitel befasst sich mit dem Lösen von Gleichungen, die eine oder mehrere Variable enthalten. Hierunter versteht man die systematische Ermittlung derjenigen Variablenwerte, für die die Gleichung eine wahre Aussage ergibt. Abhängig vom Typ der Gleichung verwendet man unterschiedliche Verfahren, deren wichtigste in diesem Kapitel behandelt werden.

Definition

Eine **Gleichung** besteht aus zwei mathematischen Ausdrücken, die durch ein Gleichheitszeichen verbunden sind. Enthält mindestens einer der Ausdrücke eine Variable, so sucht man nach **Lösungen** der Gleichung. Dies sind Zahlen, die, wenn man sie anstelle der Variablen einsetzt, bewirken, dass die beiden durch das Gleichheitszeichen verbundenen Ausdrücke denselben Wert haben. Die Menge aller Lösungen, die auch leer sein kann, bezeichnet man als **Lösungsmenge** der Gleichung.

Aufgabe 1

Gegeben seien die folgenden Gleichungen:

a) $\dfrac{2x^2 + x - 1}{1 + x^4} - 3(x-1)^2 = \dfrac{\sqrt{3+x}}{2x^7}$

b) $\dfrac{x^2 - 1}{x - 1} = 2$

Prüfen Sie, ob der Wert $x = 1$ Lösung der jeweiligen Gleichung ist.

Fast alle Lösungsverfahren für Gleichungen beruhen darauf, dass es erlaubt ist, Gleichungen nach gewissen Regeln umzuformen, ohne ihre Lösungsmenge zu ändern:

Satz

Die folgenden Umformungen einer Gleichung ändern nicht deren Lösungsmenge und werden **erlaubte Umformungen** genannt:

- Addition bzw. Subtraktion derselben Zahl auf beiden Seiten der Gleichung
- Multiplikation beider Seiten mit derselben von null verschiedenen Zahl

2.1 Polynomgleichungen

Typische Aufgabenstellungen

- Prüfung, ob die gegebene Gleichung eine Polynomgleichung ist
- Bestimmung der Lösung einer linearen Gleichung
- Bestimmung der Lösungen einer quadratischen Gleichung
- Abdividieren einer gefundenen Nullstelle
- Lösung einer biquadratischen Gleichung durch Substitution
- Lösung einer beliebigen Gleichung mithilfe des GTR

Definition

Eine Gleichung, die sich in der Form

$$a_n x^n + a_{n-1} x^{n-1} + \cdots + a_1 x + a_0 = 0$$

mit $a_n \neq 0$ schreiben lässt, nennt man eine **Polynomgleichung.** Genau wie bei Polynomfunktionen nennt man die Zahl n den **Grad** der Gleichung.

Die Namensgebung ist offensichtlich, denn die linke Seite der Polynomgleichung ist gerade eine Polynomfunktion. Das Lösen einer Polynomgleichung ist also gleichbedeutend mit dem Bestimmen der Nullstelle(n) einer Polynomfunktion.

Für Polynomgleichungen kleinen Grades verwendet man spezielle Bezeichnungen; außerdem gibt es für diese – im Gegensatz zum allgemeinen Fall – Lösungsformeln. Gleichungen ersten Grades, also Polynomgleichungen des Grades $n = 1$, nennt man meist lineare Gleichungen. Für $n = 2$ verwendet man die Bezeichnung quadratische Gleichung, für $n = 3$ kubische Gleichung.

2.1.1
Lineare Gleichungen

Definition

Eine Polynomgleichung vom Grad 1, also eine Gleichung, die sich in der Form

$$ax + b = 0$$

mit $a \neq 0$ schreiben lässt, nennt man eine **lineare Gleichung.**

Tipp

Beachten Sie, dass in der Definition lediglich gefordert wird, dass sich die gegebene Gleichung in der angegebenen Form, die man auch **Normalform** nennt, *schreiben lässt*, sie muss also nicht unbedingt gleich in Normalform dastehen. In der nächsten Aufgabe werden Sie sich hiermit auseinandersetzen.

Aufgabe 2

Welche der folgenden Gleichungen sind lineare Gleichungen? Geben Sie ggf. die Normalform der Gleichung an.

a) $-2x + 1 = 17$
b) $3x - 3(2 - x) = -(2x + 3) + 1$
c) $3x^2 - 1 = -3x^2 + x$
d) $3(x + 1)(1 - x) = 1 - x - 3x^2$

Mit bloßem Umformen ist es natürlich nicht getan, man will die Gleichung auch lösen; das ist bei linearen Gleichungen ganz einfach:

Satz

Die lineare Gleichung $ax + b = 0$ hat genau eine Lösung, diese lautet

$$x = -\frac{b}{a}.$$

Diese Aussage kennen Sie vermutlich schon seit langem; man kann das am besten verifizieren, indem man den Wert $-\frac{b}{a}$ in die lineare Gleichung einsetzt.

Auch wenn es sich hierbei um keine sehr anspruchsvolle Formel handelt, sollten Sie sich ein paar Minuten Zeit nehmen und zur Übung die nächste Aufgabe lösen.

Aufgabe 3

Bestimmen Sie die Lösungen der in Aufgabe 2 a), b) und d) angegebenen linearen Gleichungen.

Tipp

Wenn Sie einmal eine durch die Gleichung $y = ax + b$ gegebene Gerade zeichnen müssen, so geht das am einfachsten, wenn Sie zwei auf der Geraden liegende Punkte berechnen, diese in das Koordinatensystem einzeichnen und anschließend verbinden. Diese beiden Punkte können beispielsweise die Schnittpunkte mit den Achsen sein: Den Schnittpunkt mit der x-Achse, also die Nullstelle der Geraden, erhalten Sie mit obiger Formel, den mit der y-Achse durch Einsetzen von $x = 0$.

2.1.2 Quadratische Gleichungen

Definition

Eine Polynomgleichung vom Grad 2, also eine Gleichung, die sich in der Form

$$ax^2 + bx + c = 0$$

mit $a \neq 0$ schreiben lässt, nennt man eine **quadratische Gleichung.**
Die Form

$$x^2 + px + q = 0$$

nennt man die **Normalform** der quadratischen Gleichung.

Tipp

Da nach Voraussetzung $a \neq 0$ ist (ansonsten ist die Gleichung ohnehin linear) kann man jede quadratische Gleichung in Normalform bringen, indem man setzt:

$$p = \frac{b}{a}, \; q = \frac{c}{a}.$$

Zur Lösung quadratischer Gleichungen gibt es eine Fülle (äquivalenter) Formeln, deren bekannteste vermutlich die folgenden p-q-Formeln sind. Der Name kommt einfach daher, dass man in den allermeisten Fällen die Koeffizienten der Gleichung in Normalform mit p und q bezeichnet.

Andere häufig benutzte Formeln zum Lösen quadratischer Gleichungen sind die a-b-c-Formel oder die Mitternachtsformel. Welche dieser Formeln Sie in der Prüfung benutzen wollen, bleibt Ihnen überlassen, Sie sollten sich aber im Vorfeld bereits für Ihre „Lieblingsformel" entscheiden, um später Zeit zu sparen.

Satz

Zur Lösung einer quadratischen Gleichung in Normalform berechnet man die beiden Zahlen

$$x_1 = -\frac{p}{2} + \sqrt{\frac{p^2}{4} - q}$$

und

$$x_2 = -\frac{p}{2} - \sqrt{\frac{p^2}{4} - q},$$

was man meist in der Kurzform

$$x_{1/2} = -\frac{p}{2} \pm \sqrt{\frac{p^2}{4} - q}$$

zusammenfasst.

- Ist der Radikand negativ, so sind beide Ausdrücke nicht definiert, und die Gleichung hat keine Lösung.
- Ist der Radikand gleich null, so stimmen die beiden Zahlen x_1 und x_2 überein und stellen die einzige Lösung der Gleichung dar.
- Ist der Radikand positiv, so sind x_1 und x_2 zwei verschiedene reelle Zahlen und stellen die beiden Lösungen der Gleichung dar.

Aufgabe 4

Berechnen Sie die Lösungen der folgenden quadratischen Gleichungen:

a) $x^2 + 3x + 2 = 0$

b) $2x^2 - 8x + 8 = 0$

c) $x^2 + 2x + 3 = 0$

d) $x^2 + \sqrt{8}x + 2 = 0$

Mithilfe der Lösungen einer quadratischen Gleichung, die ja die Nullstellen des zugehörigen quadratischen Polynoms darstellen, kann man das Polynom leicht in Linearfaktoren zerlegen.

Satz

Hat ein Polynom zweiten Grades $p(x) = ax^2 + bx + c$ zwei reelle Nullstellen x_1 und x_2, so kann man es in der Form

$$p(x) = a(x - x_1)(x - x_2)$$

schreiben. Dies gilt auch, wenn diese beiden Nullstellen identisch sind. Man nennt dies die **Zerlegung in Linearfaktoren** oder kürzer die **Faktorisierung** eines Polynoms zweiten Grades.

Beispielsweise hat das Polynom $p(x) = 2x^2 + 32x - 34$ die Nullstellen $x_1 = 1$ und $x_2 = -17$. Somit lautet seine Faktorisierung

$$p(x) = 2(x - 1)(x + 17).$$

Aufgabe 5

Prüfen Sie dies in geeigneter Weise nach.

2.1.3
Polynomgleichungen höheren Grades

Für Polynomgleichungen fünften oder höheren Grades gibt es nach dem Satz von Abel keine Lösungsformeln wie die obigen. Für die Grade drei und vier existieren zwar noch Formeln (sog. cardanische Lösungsformeln), diese sind aber so kompliziert, dass sie kaum behandelt werden und demnach auch in Prüfungen nicht verlangt werden können.
Trifft man also eine Polynomgleichung dritten oder höheren Grades an, so muss man zunächst eine Lösung „raten" und dann den entsprechenden Linearfaktor abdividieren. Das ist Inhalt des folgenden Satzes.

Satz

Ist die Zahl x_1 Lösung einer Polynomgleichung $p(x) = 0$ vom Grad n, so kann man das Polynom $p(x)$ ohne Rest durch den **Linearfaktor** $(x - x_1)$ dividieren. Das Ergebnis dieser Division ist ein Polynom vom Grad $n - 1$, das dieselben Nullstellen wie $p(x)$ hat (evtl. mit Ausnahme von x_1).

Ist also beispielsweise die Ausgangsgleichung vom Grad drei, so verbleibt nach Division ein quadratisches Polynom, dessen Nullstellen man mit der p-q-Formel berechnen kann.

Aufgabe 6

Die beiden folgenden Polynomgleichungen haben jeweils die Lösung $x_1 = 1$. Ermitteln Sie, falls möglich, die restlichen Lösungen.

a) $x^3 - x^2 - 4x + 4 = 0$ b) $x^3 - x^2 + x - 1 = 0$

Tipp

Wenn man in einer Prüfung eine Gleichung dritten oder höheren Grades antrifft, kann man davon ausgehen, dass man die erste Lösung, die man ja „raten" muss, relativ leicht sieht. Meist tritt einer der folgenden Fälle auf.

- Der Summand a_0 des Polynoms, das sogenannte **Absolutglied,** ist gleich null; in diesem Fall ist $x_1 = 0$ eine Lösung der Gleichung.
- Falls a_0 nicht gleich null, aber eine ganze Zahl ist, ist einer der Teiler von a_0 Lösung der Gleichung.
- Eine der Zahlen ± 1 oder ± 2 ist Lösung der Gleichung.

Aufgabe 7

Ermitteln Sie alle Lösungen der folgenden Gleichungen.

a) $x^3 - 9x = 0$ b) $8x^4 + 2x^3 - 3x^2 = 0$
c) $x^3 - 19x - 30 = 0$

Abschließend eine spezielle Form von Polynomgleichungen vierten Grades, die eine formelmäßige Lösung erlaubt:

Definition

Eine Gleichung der Form

$$ax^4 + bx^2 + c = 0$$

mit $a \neq 0$ heißt **biquadratische Gleichung.**

Satz

Zur Lösung einer biquadratischen Gleichung führt man die **Substitution** $u = x^2$ durch und berechnet die Lösungen u_1 und u_2 der entstehenden quadratischen Gleichung

$$au^2 + bu + c = 0.$$

Ist u_1 nicht negativ, so berechnet man $x_{11} = \sqrt{u_1}$ und $x_{12} = -\sqrt{u_1}$, und ist u_2 nicht negativ, ebenso $x_{21} = \sqrt{u_2}$ und $x_{22} = -\sqrt{u_2}$.
Sofern existent, sind die Zahlen x_{11}, x_{12}, x_{21} und x_{22} reelle Lösungen der biquadratischen Gleichung.

Aufgabe 8

Berechnen Sie die reellen Lösungen der folgenden biquadratischen Gleichungen.

a) $x^4 - 3x^2 + 2 = 0$
b) $x^4 - 18x^2 + 81 = 0$
c) $x^4 - 3x^2 - 4 = 0$
d) $2x^4 + 4x^2 + 8 = 0$

Tipp

Natürlich können Sie, sofern das in der Prüfung zulässig ist, alle bisher vorgestellten Gleichungen auch mithilfe des GTR lösen, und zur Übung sollten Sie dies auch tun. *Notwendig* ist der GTR, wenn es sich um allgemeine Gleichungen dritten oder höheren Grades handelt, bei denen keine der Lösungen sofort erkennbar ist.

Aufgabe 9

GTR

Berechnen Sie die reellen Lösungen der folgenden Gleichungen mithilfe des GTR.

a) $x^3 + 2x - 1 = 0$
b) $x^3 - 4x - 1 = 0$

2.2 Wurzelgleichungen

Typische Aufgabenstellungen

- Lösung einer Wurzelgleichung und Ausschluss von Scheinlösungen
- Bestimmung der Lösungsanzahl in Abhängigkeit eines Parameters

Definition

Eine Gleichung, bei der die Variable mindestens einmal im Radikanden einer Wurzel vorkommt, nennt man **Wurzelgleichung.**

Aufgabe 10

Welche der folgenden Gleichungen sind Wurzelgleichungen?

a) $\sqrt{x+2} = 1$

b) $x + 1 = \sqrt{2}$

c) $x = \sqrt[3]{x}$

Lösen von Wurzelgleichungen

Man quadriert bzw. potenziert, unter Umständen mehrfach, beide Seiten der gegebenen Wurzelgleichung, um sie in eine Polynomgleichung umzuformen. Diese löst man mit den bekannten Verfahren. Anschließend setzt man die Lösungen der Polynomgleichung in die Ausgangsgleichung (Wurzelgleichung) ein und prüft, ob sie diese tatsächlich erfüllen. Tun sie dies nicht, handelt es sich um sogenannte **Scheinlösungen,** die *nicht* zur Lösungsmenge der Gleichung gehören.

Scheinlösungen können dadurch entstehen, dass man während des Lösungsprozesses quadriert und dadurch die Menge der zulässigen Variablenwerte verändert hat. Quadrieren ist keine Äquivalenzumformung! Das einfachste Beispiel hierfür ist die Wurzelgleichung

$$\sqrt{x} = -1.$$

Quadrieren führt hier auf $x = 1$. Setzt man diesen Wert nun in die Wurzelgleichung ein, ergibt sich die falsche Aussage $1 = -1$. Der Wert $x = 1$ ist also eine Scheinlösung, die Ausgangsgleichung hat keine reelle Lösung.

Tipp

Auch wenn es bereits gesagt wurde, man kann es nicht oft genug wiederholen: Das Überprüfen der Lösungen durch Einsetzen in die Ausgangsgleichung ist zwingend notwendig, es ist keineswegs nur eine Probe, auf die man im Notfall oder bei Zeitmangel verzichten könnte.

Aufgabe 11

Bestimmen Sie die Lösungen der folgenden Wurzelgleichungen.

a) $\sqrt{x-3} = 2$

b) $\sqrt{13-2x} = \sqrt{x+10}$

c) $2\sqrt{2x-3} = \sqrt{4x^2-8x}$

d) $\sqrt{x+\sqrt{5x-10}} = \sqrt{2}$

Aufgabe 12

Berechnen Sie den Schnittpunkt der beiden Funktionen

$$f(x) = \sqrt{x-4} \quad \text{und} \quad g(x) = 14 - \sqrt{x+24}.$$

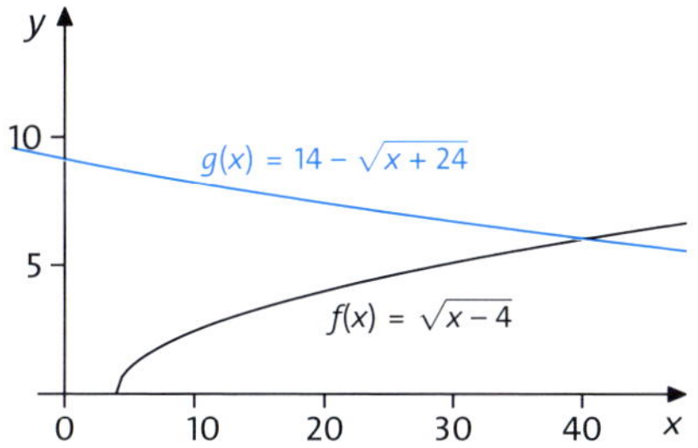

Aufgabe 13

Zeigen Sie, dass die Wurzelgleichung

$$\sqrt{ax+3a^2} = x+a$$

für jeden Wert des reellen Parameters a genau eine Lösung hat. Geben Sie diese (in Abhängigkeit von a) an.

2.3 Bruchgleichungen

Typische Aufgabenstellungen

- Lösung einer Bruchgleichung und Ausschluss von Scheinlösungen
- Bestimmung der Definitionsmenge einer Bruchgleichung

Definition

Eine Gleichung aus rationalen Funktionen, bei der die Variable mindestens einmal im Nenner vorkommt, nennt man **Bruchgleichung.**

Aufgabe 14

Welche der folgenden Gleichungen sind Bruchgleichungen?

a) $\dfrac{3+x}{17} = 1$

b) $\dfrac{x+1}{1+2x} = 19$

c) $x = \dfrac{1-x^2}{1-x}$

Lösen von Bruchgleichungen

Man multipliziert die Bruchgleichung zunächst mit dem Hauptnenner aller vorkommenden Brüche durch. Die resultierende Gleichung, die keine Variable mehr im Nenner enthält, löst man je nach Typ mit den bekannten Verfahren.
Anschließend prüft man, ob die erhaltenen Lösungen der umgeformten Gleichung Nullstellen eines Nenners der Bruchgleichung sind. Ist dies der Fall, so ist der betreffende Wert *keine* Lösung der Bruchgleichung, gehört also nicht zur Lösungsmenge.

Tipp

Alternativ kann man auch vor dem Umformen der Bruchgleichung deren Definitionsmenge bestimmen, also die Menge aller x-Werte, für die die Gleichung definiert ist, und anschließend schauen, ob die erhaltenen Lösungen der umgeformten Gleichung zur Definitionsmenge gehören. Diese Methode ist aber meist aufwendiger als die oben beschriebene, ist also nicht zu empfehlen, falls nicht die Bestimmung der Definitionsmenge explizit gefordert ist.

Aufgabe 15

Bestimmen Sie die Lösungen der folgenden Bruchgleichungen.

a) $\frac{x}{x-1} = \frac{1}{x-1}$

b) $\frac{x-1}{x+3} = \frac{2x}{2x-1}$

c) $x + \frac{2}{x} = 3$

Aufgabe 16

Mit einem reellen Parameter c definiert man die Bruchgleichung

$$\frac{1}{x-c} - \frac{1}{x} = \frac{1}{x^2-c^2}.$$

a) Verwandeln Sie diese Bruchgleichung durch Multiplikation mit dem Hauptnenner in eine lineare Gleichung und bestimmen Sie deren Lösung.

b) Bestimmen Sie – in Abhängigkeit von c – die Lösung der Bruchgleichung.

2.4 Exponentialgleichungen und trigonometrische Gleichungen

Typische Aufgabenstellungen

- Lösung der gegebenen Gleichung durch Substitution
- Anwendung der Potenzregeln und des Logarithmus
- Anwendung der Winkelverdoppelungsformel

Im Gegensatz zu den bisher behandelten Gleichungstypen gibt es für Exponentialgleichungen und trigonometrische Gleichungen keine geschlossene Lösungsstrategie, die „automatisch" zum Ergebnis führt. Daher kann man nur Ideen und Konzepte für gewisse Standardsituationen angeben, wie sie üblicherweise in Prüfungen angetroffen werden.

2.4.1 Exponentialgleichungen

Definition

Eine Gleichung, bei der die Variable mindestens einmal im Exponenten vorkommt, nennt man **Exponentialgleichung.**

Aufgabe 17

Welche der folgenden Gleichungen sind Exponentialgleichungen?

a) $3^x - 5 = 0$ b) $x^3 - 5 = 0$

c) $e^{x^2} - 4e^{-x} + 4 = 0$

Strategien zur Lösung von Exponentialgleichungen

- Kommt die Variable nur in *einem* Exponenten vor, so kann man die Gleichung durch Logarithmieren lösen. Beispiel: Die Gleichung $9^x = 27$ wird logarithmiert, dies ergibt $x \cdot \log(9) = \log(27)$, also

$$x = \frac{3\log(3)}{2\log(3)} = \frac{3}{2}.$$

- Kommt die Variable in mehreren Exponenten zu gleicher Basis vor, so kann man die Rechenregeln für Potenzen anwenden, anschließend die Variable auf einer Seite des Gleichheitszeichens isolieren und logarithmieren. Beispiel:

$$2^{x+3} + 5 \cdot 2^{x+1} - 144 = 0$$

kann durch Anwendung der Potenzregeln umgewandelt werden in $2^3 \cdot 2^x + 10 \cdot 2^x - 144 = 0$, also $2^x \cdot (8 + 10) = 144$. Es folgt $2^x = 8$, somit $x = 3$. →

- Kommt die Variable in mehreren Exponenten zu gleicher Basis vor und sind diese Exponenten Vielfache voneinander, so kann man die Gleichung häufig durch Substitution und anschließendes Logarithmieren lösen. Beispiel:

$$e^{2x} - 2 \cdot e^{x} + 1 = 0.$$

Substitution $u = e^x$ führt zur quadratischen Gleichung $u^2 - 2u + 1 = 0$ mit der Lösung $u = 1$. Also ist $e^x = 1$, folglich $x = 0$.

Selbstverständlich können diese Situationen auch gemischt auftreten.

Tipp

Machen Sie sich noch einmal mit den Potenzregeln vertraut.

Aufgabe 18

Lösen Sie die folgenden Exponentialgleichungen durch Anwendung der Potenzregeln.

a) $e^{x+1} - e^{x} = 1$

b) $2^{x+2} - 6 \cdot 2^{x+1} = -64$

c) $4^{x+2} = (4e)^{x}$

Aufgabe 19

Lösen Sie die folgenden Exponentialgleichungen durch Substitution.

a) $e^{2x} - 2e^{x} - 3 = 0$

b) $e^{4x} - 5e^{2x} + 6 = 0$

c) $e^{x} + e^{-x} = 2$

2.4.2 Trigonometrische Gleichungen

Definition

Eine Gleichung, bei der die Variable mindestens einmal im Argument einer trigonometrischen Funktion vorkommt, nennt man **trigonometrische Gleichung.**

Tipp

In manchen, meist älteren Büchern findet man auch die Bezeichnung **goniometrische Gleichung.** Lassen Sie sich dadurch nicht verwirren, das ist genau dasselbe wie eine trigonometrische Gleichung.

Aufgabe 20

Welche der folgenden Gleichungen sind trigonometrische Gleichungen?

a) $\sin(x) = 1$

b) $\cos(2x) + 2\cos(x - \pi) = x^2$

c) $x^3 \cdot \sin\left(\frac{\pi}{3}\right) + x \cdot \sin(2\pi) = 0$

Kurzschreibweise für Potenzen trigonometrischer Funktionen

Für die n-te Potenz einer trigonometrischen Funktion f benutzt man in Gleichungen häufig die Kurzschreibweise $f^n(x)$ anstelle von $(f(x))^n$.

Beispielsweise bedeutet $\sin^3(x)$ die dritte Potenz des Funktionswertes $\sin(x)$, also $(\sin(x))^3$.

Strategien zur Lösung trigonometrischer Gleichungen

- Kommt die Variable nur einmal in einem Argument einer trigonometrischen Funktion vor, so kann man die Gleichung durch Umkehrung der Funktion lösen. Beispiel: Die Gleichung $\sin(x-\pi)=0$ hat im Intervall $[0,2\pi)$ die Lösungen $x_1=0$ und $x_2=\pi$.
- Kommen verschiedene Potenzen *derselben* trigonometrischen Funktion vor, so kann man die Gleichung häufig durch Substitution lösen. Beispiel: Gesucht ist eine Lösung von

  $$\sin^2(x)+2\sin(x)+1=0$$

  im Intervall $[0,2\pi)$. Substitution $z=\sin(x)$ führt zur quadratischen Gleichung $z^2+2z+1=0$ mit der Lösung $z=-1$. Also ist $\sin(x)=-1$, folglich $x=\frac{3\pi}{2}$.
- Kommen verschiedene Vielfache der Variablen als Argumente *derselben* trigonometrischen Funktion vor, so kann man die Gleichung häufig durch Anwendung der Winkelverdoppelungsformeln lösen. Beispiel: Gesucht ist eine Lösung von

  $$\cos(2x)+\cos(x)=0$$

  im Intervall $[0,2\pi)$. Wegen $\cos(2x)=2\cos^2(x)-1$ kann man dies umschreiben in $2\cos^2(x)+\cos(x)-1=0$. Diese Gleichung kann man durch Substitution lösen (vgl. Aufgabe 21 a)).

Selbstverständlich können diese Situationen auch gemischt auftreten.

Tipp

Wegen der Periodizität trigonometrischer Funktionen hat jede lösbare trigonometrische Gleichung stets unendlich viele Lösungen auf $\mathbb{R}$. Achten Sie darauf, ob in der Aufgabenstellung ein Intervall genannt wird, in dem die Lösung liegen soll oder nicht.

Im Folgenden finden Sie Beispiele zu beiden Typen.

Aufgabe 21

Lösen Sie die folgenden Gleichungen durch Substitution.

a) $2\cos^2(x) + \cos(x) - 1 = 0,\ x \in [0{,}2\pi)$

b) $\sin^2(x) - 3\sin(x) + 2 = 0,\ x \in [0{,}2\pi)$

c) $\sin^3(x) + \sin(x) = 0,\ x \in \mathbb{R}$

Aufgabe 22

Beweisen Sie, dass die Funktionen

$$f(x) = \frac{1}{1-\cos(x)} \quad \text{und} \quad g(x) = \cos(x)$$

keine gemeinsamen Punkte haben.

3 Ableitungen

Die Ableitung einer Funktion gibt Auskunft über die Steigung dieser Funktion an der ausgewählten Stelle. Die Frage, ob eine Funktion ableitbar (differenzierbar) ist und gegebenenfalls die Berechnung dieser Ableitung, bilden die Grundlage der gesamten Differenzialrechnung. Sie müssen diese Thematik unbedingt beherrschen, um die Prüfung mit Erfolg absolvieren zu können; und genau hierauf werden wir Sie auf den folgenden Seiten vorbereiten.

Mithilfe der Ableitung kann man beispielsweise Extremstellen und Wendepunkte einer Funktion bestimmen, eine Kurvendiskussion durchführen oder Optimierungsaufgaben lösen.

3.1 Definition der Ableitung und Differenzierbarkeit

Typische Aufgabenstellungen

- Überprüfung einer gegebenen Funktion auf Differenzierbarkeit
- Berechnung der Ableitung mit elementaren Methoden
- Bestimmung eines Parameters so, dass die gegebene Funktion differenzierbar ist

Definition

Es sei f eine reelle Funktion und a ein Punkt aus dem Definitionsbereich D von f. Dann heißt die Funktion f **ableitbar** oder **differenzierbar in a,** falls der Grenzwert

$$\lim_{x\to a} \frac{f(x) - f(a)}{x - a}$$

existiert.

In diesem Fall bezeichnet man den Grenzwert $\lim\limits_{x \to a} \dfrac{f(x) - f(a)}{x - a}$ mit $f'(a)$ und nennt ihn die **Ableitung von f an der Stelle a**. Die Ableitung gibt die Steigung der Funktion f an der Stelle a an.
Gilt dies für alle Punkte a aus einer Teilmenge T von D, so nennt man f **ableitbar** oder **differenzierbar in T**.

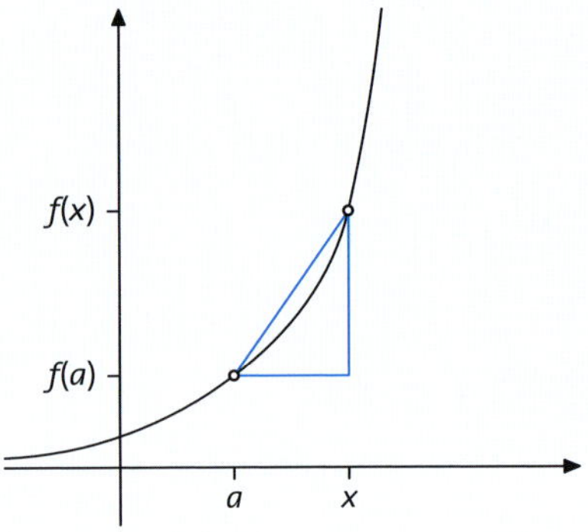

Andere Bezeichnungsweisen

Manchmal sagt man auch genauer **erste Ableitung** anstelle von Ableitung, um diese von den später noch behandelten höheren Ableitungen zu unterscheiden. Wenn kein weiterer Zusatz erfolgt, ist mit „Ableitung" aber immer die erste Ableitung gemeint! Außerdem macht man manchmal zur Bezeichnung der Ableitung nicht wie oben definiert einen kleinen Strich hinter das f, sondern einen Punkt darüber (dies vor allem in der Physik), oder man verwendet das Symbol $\dfrac{d}{\mathrm{d}x} f(a)$ oder auch $\dfrac{df}{\mathrm{d}x}(a)$.

Aufgabe 1

Berechnen Sie nach der Definition die Ableitung der folgenden Funktionen an der Stelle $a = 1$.

a) $f(x) = x$

b) $g(x) = 17$

c) $h(x) = x^2$

Tipp

Die Forderung, dass der in der Definition genannte Grenzwert existieren muss, bedeutet insbesondere, dass sich für jede mögliche Annäherung von x an a *derselbe* Grenzwert ergeben muss, unabhängig davon, ob dies von links oder von rechts geschieht. Dies sollten Sie bei Aufgabenstellungen wie der folgenden bedenken.

Aufgabe 2

Prüfen Sie, ob die folgenden Funktionen im jeweils angegebenen Punkt differenzierbar sind und geben Sie gegebenenfalls den Wert der Ableitung an.

a) $f(x) = \begin{cases} 3x^2, & \text{falls } x \leq 0, \\ 3x, & \text{falls } x > 0 \end{cases}$ an der Stelle $a = 0$.

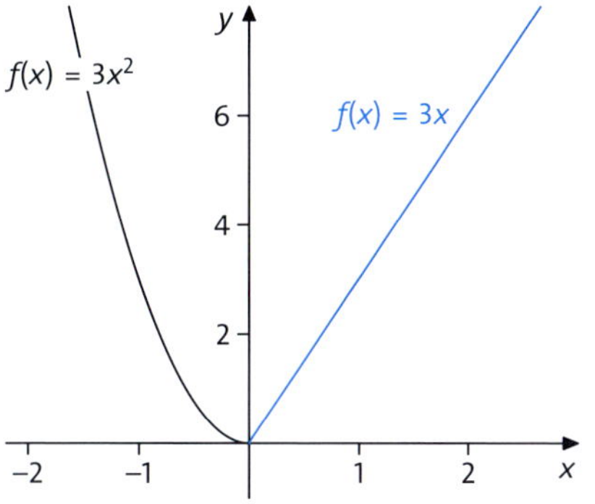

b) $g(x) = \begin{cases} (x-1)^2, & \text{falls } x \leq 1, \\ 0, & \text{falls } x > 1 \end{cases}$ an der Stelle $a = 1$.

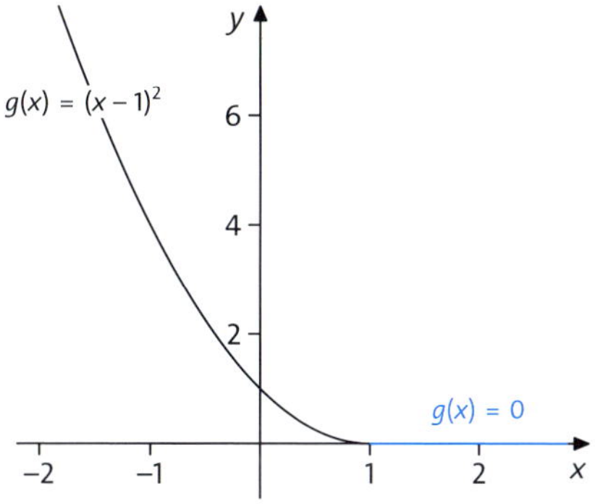

c) $h(x) = |x|$ an der Stelle $a = 0$.

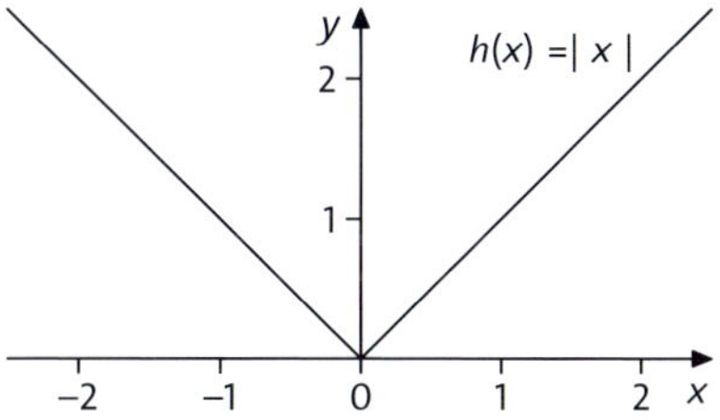

d) $k(x) = \begin{cases} \dfrac{x^2 - 4}{x - 2}, & \text{falls } x \neq 2, \\ 4, & \text{falls } x = 2 \end{cases}$ an der Stelle $a = 2$.

Tipp

Hat der Graph einer Funktion einen „Knick", so ist das ein Hinweis darauf, dass die Funktion an dieser Stelle *nicht* differenzierbar sein könnte. Es ist aber wirklich nur ein Hinweis, nachrechnen muss man das schon noch.
Umgekehrt sagt die (scheinbare) Glattheit eines Funktionsgraphen nichts über die Differenzierbarkeit aus: Die Abbildung zeigt den Graphen der Funktion

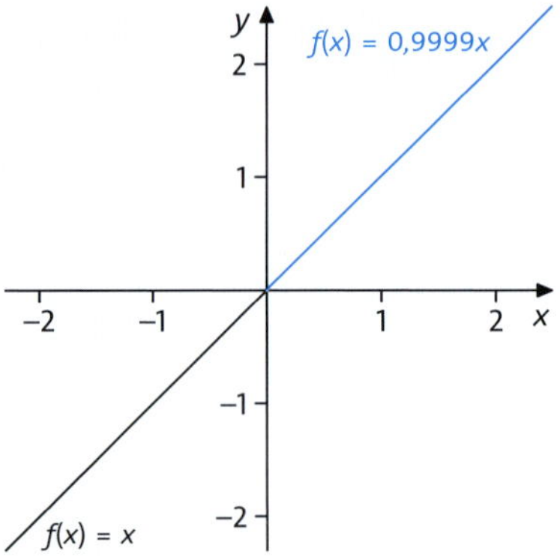

$$f(x) = \begin{cases} x, & \text{falls } x \leq 0, \\ 0{,}9999x, & \text{falls } x > 0. \end{cases}$$

Die Funktion ist in $a = 0$ nicht differenzierbar, obwohl das Auge keinen Knick erkennen kann.

Aufgabe 3

Für welche Werte des reellen Parameters t ist die Funktion

$$f(x) = \begin{cases} x^2 + 5x - 7, & \text{falls } x \leq 1, \\ (1+t)x^2 + (5-2t)x + t - 7, & \text{falls } x > 1 \end{cases}$$

in $a = 1$ differenzierbar?

Ableitungsfunktion

Da man die Ableitung normalerweise nicht nur an einzelnen Punkten, sondern an fast allen Stellen des Definitionsbereichs berechnen kann, fasst man sie selbst wieder als Funktion auf. Ist also $f(x)$ eine auf einer Menge D differenzierbare Funktion, so ist $f'(x)$ ebenfalls eine auf D definierte Funktion, die man die **Ableitungsfunktion** oder kurz **Ableitung** von f nennt.

3.2 Ableitungen der wichtigsten elementaren Funktionen

Die folgende Tabelle listet die Ableitungen der wichtigsten und daher am häufigsten vorkommenden Funktionen auf. Eine solche Tabelle kann niemals vollständig sein, Sie sollten sich vor der Prüfung auf jeden Fall mit den entsprechenden Einträgen Ihrer Formelsammlung vertraut machen.

Funktion	Ableitung	Bemerkung
x^a	$a \cdot x^{a-1}$	$a \in \mathbb{R}$
$\sqrt{x}$	$\frac{1}{2\sqrt{x}}$	
$\ln(x)$	x^{-1}	$x > 0$
e^x	e^x	
a^x	$\ln(a) \cdot a^x$	$a \in \mathbb{R}, a > 0$
$\sin(x)$	$\cos(x)$	
$\cos(x)$	$-\sin(x)$	
$\tan(x)$	$\frac{1}{\cos^2(x)}$	$-\frac{\pi}{2} < x < \frac{\pi}{2}$
$\cot(x)$	$-\frac{1}{\sin^2(x)}$	$0 < x < \pi$
$\arcsin(x)$	$\frac{1}{\sqrt{1-x^2}}$	$\lvert x\rvert < 1$
$\arccos(x)$	$-\frac{1}{\sqrt{1-x^2}}$	$\lvert x\rvert < 1$

Tipp

Beachten Sie, dass sich für $a = 0$ als Spezialfall der ersten Regel ergibt: Die Ableitung der konstanten Funktion $f(x) = 1$ lautet $f'(x) = 0$.

Im nächsten Abschnitt werden Sie Ableitungsregeln üben. Das sind Regeln, mit deren Hilfe man beispielsweise Produkte und Quotienten von Funktionen ableiten kann. Die fundamentalste Ableitungsregel, die oftmals gar nicht als solche wahrgenommen wird, ist die Tatsache, dass die Ableitung linear ist:

Linearität der Ableitung

Es seien $f_1, f_2, \ldots f_n$ differenzierbare Funktionen und $a_1, a_2, \ldots, a_n$ reelle Zahlen. Dann gilt

$$(a_1 f_1(x) + a_2 f_2(x) + \cdots + a_n f_n(x))'$$
$$= a_1 f_1'(x) + a_2 f_2'(x) + \cdots + a_n f_n'(x).$$

Man darf also Summen von Funktionen summandenweise ableiten und konstante Vorfaktoren einfach „mitschleppen". Dies macht man meist „automatisch" richtig, es ist aber eigentlich eine zu beweisende Ableitungsregel. Für den einfachsten Fall ist dies Inhalt der folgenden Aufgabe:

Aufgabe 4

Es seien f und g an einer Stelle a differenzierbare Funktionen. Zeigen Sie mithilfe der Definition der Ableitung, dass gilt:

$$(f+g)'(a) = f'(a) + g'(a).$$

Aufgabe 5

Geben Sie ggf. unter Benutzung der Linearität die Ableitungen der folgenden Funktionen an.

a) $f(x) = 3x^3 - 2\sin(x) + 11$ **b)** $g(x) = \frac{2}{x} - 2e^x$

c) $h(x) = \arcsin(x) - \arccos(x)$ **d)** $k(x) = \sqrt[n]{x}$ für $n \in \mathbb{N}$

Tipp

Insbesondere folgt aus der Linearität der Ableitung, dass man die Ableitung eines Polynoms summandenweise berechnen darf; lautet das Polynom

$$p(x) = a_n x^n + a_{n-1}x^{n-1} + \cdots + a_1 x + a_0,$$

so ist seine Ableitung

$$p'(x) = n \cdot a_n x^{n-1} + (n-1) \cdot a_{n-1}x^{n-2} + \cdots + 2a_2 x + a_1.$$

3.3 Ableitungsregeln

Typische Aufgabenstellungen

- Ableitung komplexerer Funktionen durch Anwendung der Regeln und Kenntnis der Ableitungen wichtiger Funktionen
- Möglichst weitgehende Vereinfachung der ermittelten Ableitung

Neben der Linearität gibt es drei wichtige Regeln für das Ableiten komplexerer Funktionen, die man beherrschen sollte. Diese werden in den nächsten drei Abschnitten behandelt.

3.3.1 Produktregel

Die Produktregel wird benötigt, wenn man das Produkt zweier Funktionen ableiten will, deren Ableitungen man bereits kennt oder sich leicht verschaffen kann.

Satz

Es seien $f(x)$ und $g(x)$ differenzierbare Funktionen. Dann berechnet man die Ableitung des Produkts von f und g nach folgender Regel:

$$(f \cdot g)'(x) = f(x) \cdot g'(x) + f'(x) \cdot g(x).$$

Es wird also jede der beiden Funktionen mit der Ableitung der anderen multipliziert und die Summe der beiden Ausdrücke gebildet.

Aufgabe 6

Bestimmen Sie die Ableitungen der folgenden Funktionen und vereinfachen Sie das Ergebnis so weit wie möglich.

a) $f_1(x) = x \cdot e^x$

b) $f_2(x) = \sqrt{x} \cdot \sin(x)$

c) $f_3(x) = 2x \cdot \cos(x)$

d) $f_4(x) = \ln(x) \cdot 3x^3$

e) $f_5(x) = x^2 \cdot e^x \cdot \sin(x)$

Die letzte Teilaufgabe ist ein Spezialfall des Problems, das Produkt von mehr als zwei Funktionen ableiten zu müssen. Hierfür gibt es die folgende Formel.

Satz

Es seien $f(x)$, $g(x)$ und $h(x)$ differenzierbare Funktionen. Dann berechnet man die Ableitung des Produkts dieser Funktionen nach folgender Regel:

$$
\begin{aligned}
&(f \cdot g \cdot h)'(x) \\
&= f(x) \cdot g(x) \cdot h'(x) + f(x) \cdot g'(x) \cdot h(x) + f'(x) \cdot g(x) \cdot h(x).
\end{aligned}
$$

Aufgabe 7

Überprüfen Sie diese Regel, indem Sie sie auf das Produkt folgender Funktionen anwenden.

a) $f(x) = g(x) = h(x) = x$

b) $f(x) = x,\ g(x) = x^{-4},\ h(x) = x^3,\ x \neq 0$

Aufgabe 8

Beweisen Sie die Produktregel für drei Faktoren.
Tipp: Wenden Sie die gewöhnliche Produktregel auf das Produkt der beiden Funktionen $f(x)$ und $g(x) \cdot h(x)$ an.

3.3.2 Quotientenregel

Die Quotientenregel wird benötigt, wenn man den Quotienten zweier Funktionen ableiten will, deren Ableitungen man bereits kennt oder sich leicht verschaffen kann.

Satz

Es seien $f(x)$ und $g(x)$ differenzierbare Funktionen. Dann berechnet man die Ableitung des Quotienten von f und g nach folgender Regel:

$$\left(\frac{f}{g}\right)'(x) = \frac{f'(x) \cdot g(x) - f(x) \cdot g'(x)}{g^2(x)}.$$

Tipp

Während es bei der Produktregel auf die Reihenfolge der beiden Einzelterme nicht ankommt – es wird ja die Summe gebildet – ist diese beim Zähler der Quotientenregel durchaus wichtig. Man kann sie sich gut durch die alte Merkregel „NAZ minus ZAN" merken: „Nenner mal Ableitung des Zählers minus Zähler mal Ableitung des Nenners."

Aufgabe 9

Bestimmen Sie die Ableitungen der folgenden Funktionen und vereinfachen Sie das Ergebnis so weit wie möglich.

a) $f_1(x) = \frac{x}{e^x}$

b) $f_2(x) = \frac{\sqrt{x}}{\sin(x)}$

c) $f_3(x) = \frac{x^2 - 1}{x^2 + 1}$

d) $f_4(x) = \frac{\cos(x)}{x^2}$

Aufgabe 10

Berechnen Sie die Ableitungen der folgenden Funktionen sowohl nach der Produktregel als auch nach der Quotientenregel und zeigen Sie, dass die Ergebnisse identisch sind.

a) $f(x) = \ln(x) \cdot x^{-2}$

b) $g(x) = \frac{e^x}{2x^3}$

3.3.3 Kettenregel

Die Kettenregel wird benötigt, wenn man eine Funktion ableiten will, durch Verkettung (Hintereinanderausführung) zweier Funktionen definiert ist, deren Ableitungen man bereits kennt oder sich leicht verschaffen kann.

Satz

Es seien f und g differenzierbare Funktionen mit der Eigenschaft, dass die Verkettung $f \circ g$ definiert ist. Dann berechnet man die Ableitung dieser Verkettung nach folgender Regel:

$$(f \circ g)'(x) = f'(g(x)) \cdot g'(x).$$

Tipp

Man merkt sich diese Regel am besten in der Form „Äußere Ableitung mal innere Ableitung“, wobei als äußere Ableitung diejenige von f und als innere diejenige von g bezeichnet wird. Man muss hierbei aber beachten, dass die Ableitung von f *nicht* auf x, sondern auf $g(x)$ angewendet wird.

Aufgabe 11

Identifizieren Sie bei folgenden Funktionen die äußere Funktion und die innere Funktion.

a) $h_1(x) = \ln(1 + x^2)$

b) $h_2(x) = \sqrt{\sin(x) + 2}$

c) $h_3(x) = e^{1+\cos(x)}$

d) $h_4(x) = \sin\left(\frac{1}{1+e^x}\right)$

Aufgabe 12

Bestimmen Sie mithilfe der Kettenregel die Ableitungen der in Aufgabe 11 definierten Funktionen und stellen Sie diese möglichst einfach dar.

Aufgabe 13

Bestimmen Sie durch zweifache Anwendung der Kettenregel die Ableitung der Funktion

$$h(x) = \sin(e^{1-x^2}).$$

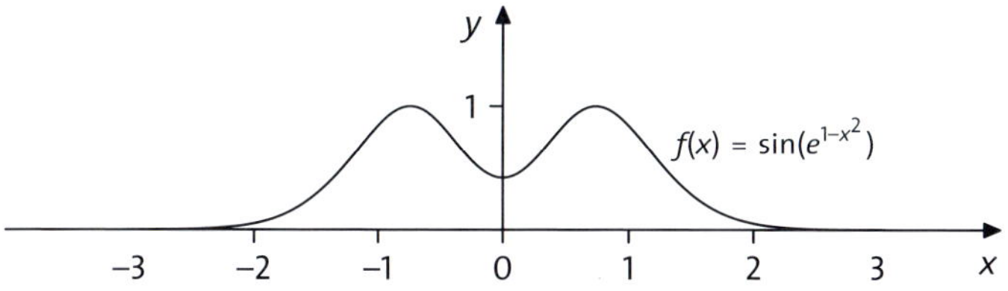

Aufgabe 14

Beweisen Sie mithilfe der Kettenregel folgende Aussage: Ist f eine differenzierbare Funktion und $f(x) > 0$, so lautet die Ableitung der Funktion $h(x) = \ln(f(x))$:

$$h'(x) = \frac{f'(x)}{f(x)}.$$

Tipp

Diese Regel kann man häufig anwenden; man nennt sie **logarithmisches Ableiten.**

3.3.4 Vermischte Anwendungen der Ableitungsregeln

In Prüfungsaufgaben wird nur sehr selten in der Aufgabenstellung die zu verwendende Ableitungsregel genannt sein und meist werden auch mehrere Regeln in Kombination verwendet werden müssen. Um das Erkennen der richtigen Regel(n) und deren Anwendung üben zu können, finden Sie in diesem Abschnitt eine Reihe von vermischten Aufgaben zu diesem Thema.

Aufgabe 15

Bestimmen Sie die Ableitungen der folgenden Funktionen.

a) $f_1(x) = 2x \cdot \cos(x^2)$

b) $f_2(x) = \sqrt{1 - x^2} \cdot \sin(x)$

c) $f_3(x) = \dfrac{3x + 5}{(x + 1)^2}$

d) $f_4(x) = x \cdot e^{\cos(x)}$

e) $f_5(x) = \sqrt{(1 + x^2)^{-1}}$

f) $f_6(x) = \sin^2(x)$

g) $f_7(x) = \sin^2(x) + \cos^2(x)$

h) $f_8(x) = x \cdot \arctan(x)$

i) $f_9(x) = \sqrt[3]{1 + 2x^2}$

j) $f_{10}(x) = 5^{\cos(2x)}$

Aufgabe 16

Es sei a ein positiver Parameter. Bestimmen Sie die Ableitungen der folgenden Funktionen.

a) $f_a(x) = \dfrac{x^2 + x + a}{x + 1}$

b) $g_a(x) = \dfrac{ax}{2} + \dfrac{a}{x - a}$

c) Bestimmen Sie in Abhängigkeit des Parameters a die Nullstellen der in a) bzw. b) ermittelten Ableitungen.

3.4 Höhere Ableitungen

Typische Aufgabenstellungen

- Berechnung höherer Ableitungen
- Vermischte Aufgaben (höhere Ableitungen unter Verwendung mehrerer Ableitungsregeln)
- Aussagen über n-te Ableitungen

Definition

Ist die Ableitung f' einer differenzierbaren Funktion f an einer Stelle a selbst wieder differenzierbar, so nennt man die Funktion f (!) **zweimal differenzierbar** und definiert den Wert

$$f''(a) = (f')'(a)$$

als **zweite Ableitung von f an der Stelle a.**
Ist die Funktion f'' wiederum differenzierbar, so kann man ihre Ableitung bilden und definiert dies als dritte Ableitung von f. So fortfahrend erhält man, falls die jeweiligen Ableitungen existieren, für $n \in \mathbb{N}$ die **n**-te Ableitungsfunktion $f^{(n)}$ von f, definiert durch

$$f^{(n)}(x) = \left(f^{(n-1)}\right)'(x).$$

Man bezeichnet f in diesem Fall als **n-mal differenzierbar,** ist $f^{(n)}$ sogar noch eine stetige Funktion, als **n-mal stetig differenzierbar.**

Andere Bezeichnungsweisen

Manchmal schreibt man anstelle von $f^{(n)}$ auch $\frac{d^n}{\mathrm{d}x^n} f$ oder auch $\frac{d^n f}{\mathrm{d}x^n}$.

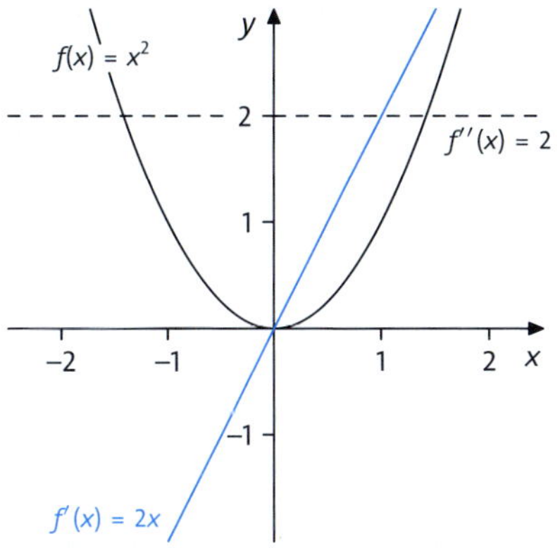

Aufgabe 17

Bestimmen Sie die zweite Ableitung der folgenden Funktionen.

a) $f_1(x) = x^3 \cdot e^{-x}$

b) $f_2(x) = \sin\left(\frac{x}{3}\right) \cdot x^2$

c) $f_3(x) = x \cdot \ln(x), x > 0$

d) $f_4(x) = x \cdot \sqrt{1 + x^2}$

e) $f_5(x) = \frac{6x}{x^2 + 4}$

Aufgabe 18

Beweisen Sie, dass die Funktion

$$f(x) = \begin{cases} -x^2, & \text{falls } x < 0, \\ x^2, & \text{falls } x \geq 0 \end{cases}$$

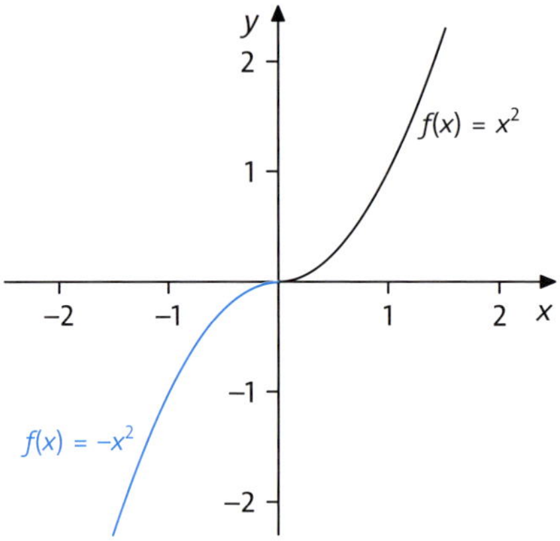

an der Stelle $a = 0$ genau einmal differenzierbar ist.

Aufgabe 19

Wie kann man die Funktion aus Aufgabe 18 verändern, um für beliebiges $n \in \mathbb{N}$ eine genau n-mal differenzierbare Funktion zu erhalten?

Aufgabe 20

Es sei $p(x)$ ein beliebiges Polynom genau n-ten Grades, also

$$p(x) = a_n x^n + a_{n-1} x^{n-1} + \cdots + a_1 x + a_0.$$

Bestimmen Sie die n-te und die $(n+1)$-te Ableitung von p.

Aufgabe 21

Bestimmen Sie die einundvierzigste Ableitung der Funktion $\sin(x)$.

4 Funktionsuntersuchungen

Dieses Kapitel befasst sich mit Anwendungen der Differenzialrechnung. Mit ihrer Hilfe kann man wichtige Punkte einer Funktion, wie beispielsweise Extremstellen und Wendepunkte, berechnen und damit ohne Hilfsmittel den groben Verlauf ihrer Funktionskurve skizzieren. Außerdem bietet sie die Möglichkeit, Tangenten und Normalen zu gegebenen Kurven zu berechnen sowie schnelle Information über das Monotonieverhalten der Kurve zu erhalten.
Eine Anwendung ist die Bestimmung von Nullstellen einer Funktion mithilfe des Newtonverfahrens.

4.1 Tangente und Normale

Typische Aufgabenstellungen

- Berechnung der Tangente an eine Kurve in einem vorgegebenen Punkt
- Bestimmung der Tangente, die durch einen gegebenen Punkt außerhalb der Kurve verläuft
- Aufstellen der Normalengleichung
- Prüfung, ob ein gegebener Punkt außerhalb der Kurve auf der Normalen liegt

Die Ableitung einer Funktion gibt an, welche Steigung die Funktion in einem gegebenen Punkt hat. Um diese Steigung grafisch zu verdeutlichen, kann man auch ein Stück einer Geraden einzeichnen, die diese Funktion an der betrachteten Stelle berührt. Diese „berührende“ Gerade nennt man auch Tangente an die Funktion; die Gerade, die senkrecht auf der Tangenten steht, nennt man Normale.

4.1.1 Tangentenberechnung

Definition

Es sei f eine an einer Stelle x_0 differenzierbare reelle Funktion. Als **Tangente** an f in x_0 bezeichnet man diejenige Gerade, die f im Kurvenpunkt $(x_0|f(x_0))$ berührt, die also an der Stelle x_0 denselben Funktionswert und dieselbe Steigung wie f hat.

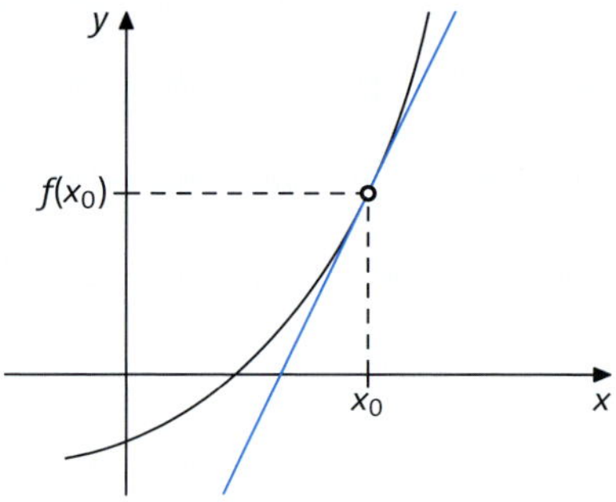

Aufgabe 1

Warum muss man voraussetzen, dass die Funktion f an der Stelle x_0 differenzierbar ist?

Aufgabe 2

Welche der in der Abbildung gezeigten Geraden ist die Tangente an die Funktion f in x_0?

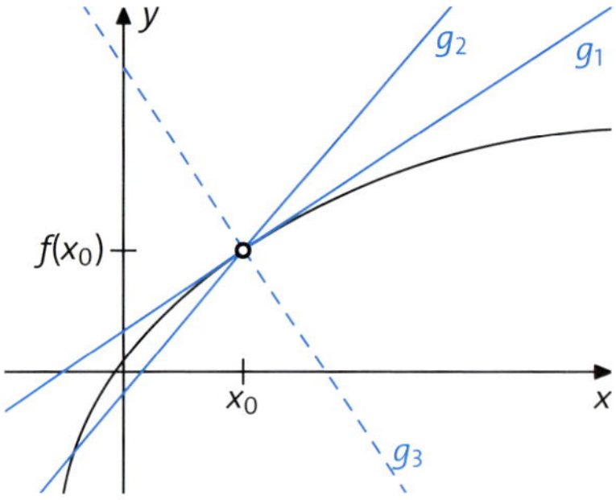

Es gibt zwei grundsätzlich verschiedene Typen von Aufgabenstellungen im Zusammenhang mit der Tangentenbestimmung:

- Bestimmung der Tangente in einem gegebenen Kurvenpunkt
- Bestimmung der Tangente an die Kurve, die durch einen gegebenen Punkt *außerhalb* der Kurve verläuft.

Für beide Typen kann man eine Lösungsformel angeben. Diese finden Sie in den nächsten beiden Sätzen.

Satz

Ist f eine in x_0 differenzierbare Funktion, und bezeichnet man den Funktionswert von f in x_0 mit y_0, so lautet die Gleichung der Tangente $t(x)$ an f in x_0 wie folgt:

$$t(x) = f'(x_0) \cdot x + y_0 - f'(x_0) \cdot x_0.$$

Tipp

Falls Sie sich diese Formel nicht merken können oder wollen, können Sie sie sich auch jederzeit wie folgt herleiten: Die Tangente ist eine Gerade, hat also eine Gleichung der Form $t(x) = mx + b$. Da die Steigung m gleich derjenigen von f in x_0 sein muss, gilt $m = f'(x_0)$, und da der Funktionswert $t(x_0)$ gleich y_0 sein muss, gilt $y_0 = f'(x_0) \cdot x_0 + b$, also

$$b = y_0 - f'(x_0) \cdot x_0.$$

Das ergibt genau die im Satz angegebene Formel.

Aufgabe 3

Bestimmen Sie die Gleichung der Tangente

a) an die Funktion $f(x) = e^x$ in $x_0 = 0$,

b) an die Funktion $g(x) = x^2 + \dfrac{1}{x}$ in $x_0 = 1$,

c) an die Funktion $h(x) = -\frac{1}{2}x^2 + 3x - 1$ in $x_0 = 2$,

d) an die Funktion $k(x) = \dfrac{3x+1}{x^2+1}$ in $x_0 = 1$.

Aufgabe 4

Die Funktion $f(x) = \frac{1}{x}$ hat an genau einer positiven Stelle x_0 die Steigung -4. Berechnen Sie die Tangente an f in diesem Punkt.

Aufgabe 5

GTR

Zeichnen Sie die Tangente an die Funktion $f(x) = e^{x^{\ln(x)}} - 5$ im Punkt $x = 1{,}8$.

Aufgabe 6

Für welchen Wert des reellen Parameters a hat die Funktion

$$f(x) = \tfrac{1}{3}x^3 - a^2x + 1$$

an genau einer Stelle x_0 eine waagrechte Tangente? Geben Sie die Gleichung dieser Tangente an.

Aufgabe 7

Für welchen x-Wert x_0 haben die beiden Funktionen $f(x) = x^2 \cdot e^x$ und $g(x) = -e^x$ parallele Tangenten?

Muss man die Tangente an eine gegebene Kurve legen, die durch einen gegebenen Punkt außerhalb der Kurve geht, so muss man zunächst die Punkte berechnen, in denen die Tangente die Kurve berührt. Das weitere Vorgehen ist dann wie oben.

Zur Berechnung der Berührpunkte benutzt man folgende Methode.

Satz

Es sei f eine differenzierbare Funktion, $P = (x_P|y_P)$ ein nicht auf der Kurve liegender Punkt und $t(x)$ eine Tangente an f durch P. Dann berechnet man die Koordinaten $(x_0|y_0)$ des Berührpunktes von t und f durch Auflösen der Gleichung

$$y_P - f(x_0) = f'(x_0) \cdot (x_P - x_0).$$

Tipp

Da es durch einen Punkt P mehrere Tangenten an eine gegebene Kurve geben kann, ist diese Gleichung unter Umständen nicht eindeutig lösbar.

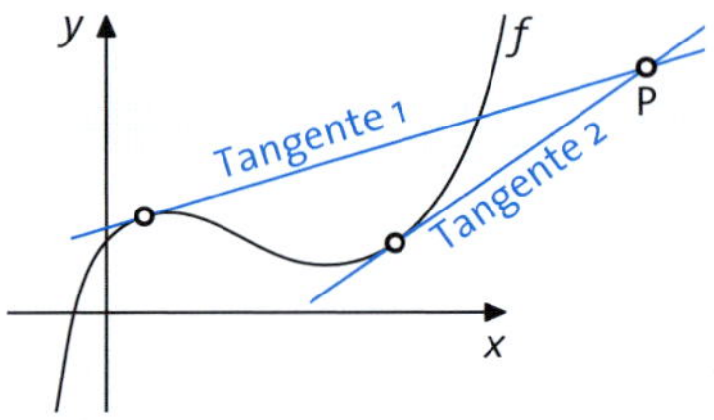

Aufgabe 8

Bestimmen Sie die Gleichung aller möglichen Tangenten

a) an die Funktion $f(x) = e^x$ durch den Koordinatenursprung.

b) an die Funktion $g(x) = x^2 - 1$ durch den Punkt $(1|-1)$.

c) an die Funktion $k(x) = 3x + 1$ durch den Punkt $(1|1)$.

4.1.2 Normalenberechnung

Definition

Es sei f eine an einer Stelle x_0 differenzierbare reelle Funktion. Als **Normale** an f in x_0 bezeichnet man diejenige Gerade, die f im Kurvenpunkt $(x_0|f(x_0))$ senkrecht schneidet, die also an der Stelle x_0 denselben Funktionswert wie f hat und mit der Tangenten an f in diesem Punkt einen rechten Winkel einschließt.

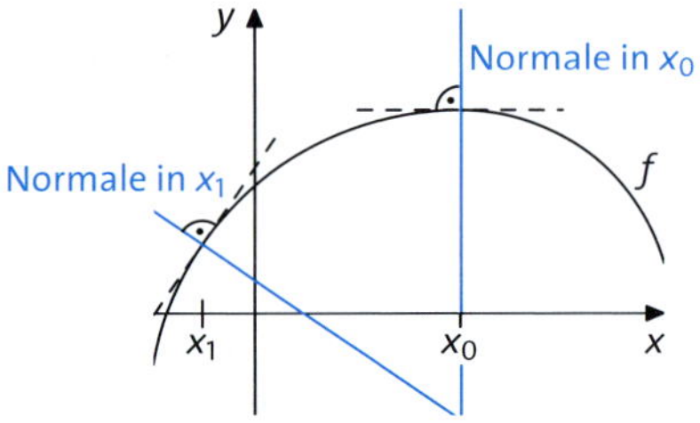

Für die Steigungen m und n zweier sich senkrecht schneidender Geraden gilt $m \cdot n = -1$.
Dies liefert eine Methode zur Berechnung der Normalen:

Satz

Ist f eine in x_0 differenzierbare Funktion mit $f'(x_0) \neq 0$, und bezeichnet man den Funktionswert von f in x_0 mit y_0, so lautet die Gleichung der Normalen $n(x)$ an f in x_0 wie folgt:

$$n(x) = \frac{-1}{f'(x_0)} \cdot x + y_0 + \frac{x_0}{f'(x_0)}.$$

Ist $f'(x_0) = 0$, so ist die Normale die senkrechte Gerade mit der Gleichung $x = x_0$.

Aufgabe 9

Bestimmen Sie die Gleichung der Normalen
a) durch die Funktion $f(x) = e^x$ in $x_0 = 0$,
b) durch die Funktion $g(x) = \frac{3x+1}{x^2+1}$ in $x_0 = 1$,
c) durch die Funktion $h(x) = 3(x-1)^2$ in $x_0 = 1$.

Aufgabe 10

Gegeben sei die Funktion $f(x) = 3x^3 - x^2 - 1$. Prüfen Sie, ob die durch die beiden Punkte $(-1|2)$ und $(3|-1)$ verlaufende Gerade eine Normale zu f an der Stelle $x_0 = 1$ ist.

Aufgabe 11

Für welche Werte des reellen Parameters a liegt der Punkt $(1|1)$ auf der Normalen der Funktion $f(x) = x^2 + ax - 1$ durch $(0|-1)$?

4.2 Nullstellen und Schnittprobleme

Typische Aufgabenstellungen

- Berechnung der Achsenschnittpunkte einer Funktion
- Bestimmung der Schnittpunkte zweier Funktionen
- Näherungsweise Bestimmung von Nullstellen und Schnittpunkten mithilfe des Newtonverfahrens

Ein häufig auftretendes Problem ist die Bestimmung des Schnittpunktes zweier (oder mehrerer) Funktionen. Da die hierfür zu lösende Gleichung $f(x) = g(x)$ offenbar identisch ist mit der Gleichung $f(x) - g(x) = 0$, kann man die Bestimmung des Schnittpunktes immer auf die Bestimmung einer Nullstelle (der Differenzfunktion) zurückführen. Daher befasst man sich zunächst mit Methoden zur Nullstellenbestimmung.

4.2.1 Achsenschnittpunkte und Nullstellen

Definition

Unter den **Achsenschnittpunkten** einer reellen Funktion versteht man deren Schnittpunkte mit den beiden Koordinatenachsen. Die Schnittpunkte mit der x-Achse nennt man auch **Nullstellen** der Funktion.

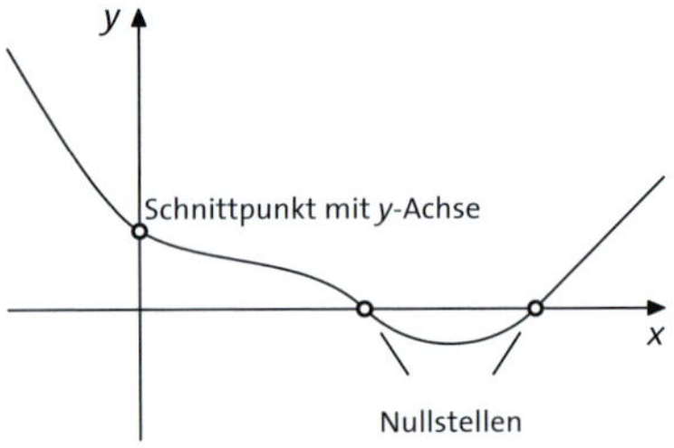

Anzahl der Schnittpunkte und deren Berechnung

Gehört $x = 0$ zum Definitionsbereich einer Funktion f, so hat diese Funktion genau einen Schnittpunkt mit der y-Achse; diesen erhält man durch Berechnung von $f(0)$. Gehört $x = 0$ nicht zum Definitionsbereich der Funktion, so hat sie keinen y-Achsenschnittpunkt.
Die Anzahl der Schnittpunkte mit der x-Achse, also der Nullstellen der Funktion, hängt von der Art der Funktion ab. Man erhält die Nullstellen durch Lösen der Gleichung $f(x) = 0$.

Aufgabe 12

Bestimmen Sie alle Achsenschnittpunkte der folgenden Funktionen.

a) $f(x) = e^x$

b) $g(x) = \ln(x)$

c) $h(x) = x^3 - 6x^2 + 9x$

d) $k(x) = \dfrac{x-1}{x^4 + 2x^2 + 1}$

e) $l(x) = \dfrac{1}{x}$

Wie oben schon gesagt kann man im Allgemeinen die Anzahl der Nullstellen einer Funktion nur schwer abschätzen oder gar angeben. Es gibt sogar Funktionen, die unendlich viele Nullstellen haben, und solche, die auf ganzen Intervallen konstant gleich null sind.
Bei der vermutlich wichtigsten Klasse von Funktionen, den Polynomen, kann man allerdings sehr wohl genauere Aussagen über die Anzahl der Achsenschnittpunkte machen. Dies ist der Inhalt des folgenden Satzes.

Satz

Für ein beliebiges Polynom p n-ten Grades, also

$$p(x) = a_n x^n + a_{n-1} x^{n-1} + \cdots + a_1 x + a_0,$$

gelten folgende Aussagen:

- Das Polynom ist in $x = 0$ definiert, sein Schnittpunkt mit der y-Achse lautet $(0|a_0)$.
- Das Polynom hat höchstens n Nullstellen.
- Hat man eine Nullstelle x_1 gefunden, so kann man das Polynom mittels Polynomdivision durch den sog. **Linearfaktor** $(x - x_1)$ ohne Rest teilen und erhält so ein Polynom $(n - 1)$-ten Grades. Bezeichnet man dieses Polynom mit q, so gilt also

$$p(x) = (x - x_1) \cdot q(x).$$

- Hat das Polynom p n reelle Nullstellen (also die Maximalzahl) $x_1, \ldots x_n$, so hat es die Darstellung

$$p(x) = a_n(x - x_1)(x - x_2) \cdots (x - x_n).$$

  Dabei müssen die x_i nicht unbedingt alle verschieden sein.
- Ist n ungerade, so hat p mindestens eine Nullstelle.

Die Aussage, dass ein Polynom n-ten Grades höchstens n Nullstellen hat, nennt man auch den **Fundamentalsatz der Algebra.**

Aufgabe 13

Ermitteln Sie alle reellen Nullstellen der folgenden Polynome und zerlegen Sie sie so weit wie möglich in Linearfaktoren.

a) $p_1(x) = 2x^2 - 4x - 6$
b) $p_2(x) = x^3 + 2x$
c) $p_3(x) = x^4 - 5x^2 + 4$
d) $p_4(x) = x^3 - 1$

Aufgabe 14

GTR

Ermitteln Sie alle reellen Nullstellen der folgenden Polynome und zerlegen Sie sie so weit wie möglich in Linearfaktoren.

a) $p(x) = x^3 + 1{,}3148x^2 + 0{,}1132x + 0{,}14883536$
b) $q(x) = x^3 - 4x - 1$

Aufgabe 15

Es sei a eine positive reelle Zahl. Ermitteln Sie *ohne Rechnung* die Anzahl der Nullstellen der folgenden Polynome.

a) $p_1(x) = x^2 - a$
b) $p_2(x) = -(x - a)^2$
c) $p_3(x) = -x^2 - a$

4.2.2 Schnittpunkte von Funktionen

Definition

Es seien $f(x)$ und $g(x)$ zwei Funktionen. Liegt der Punkt x_0 im Definitionsbereich beider Funktionen und gilt $f(x_0) = g(x_0)$, so bezeichnet man den Punkt $S(x_0 | f(x_0))$ als **Schnittpunkt** dieser Funktionen.

Zur Ermittlung von Schnittpunkten dient folgende Aussage:

Satz

Die Schnittpunkte der Funktionen f und g sind identisch mit den Nullstellen der Funktion $(f - g)$.

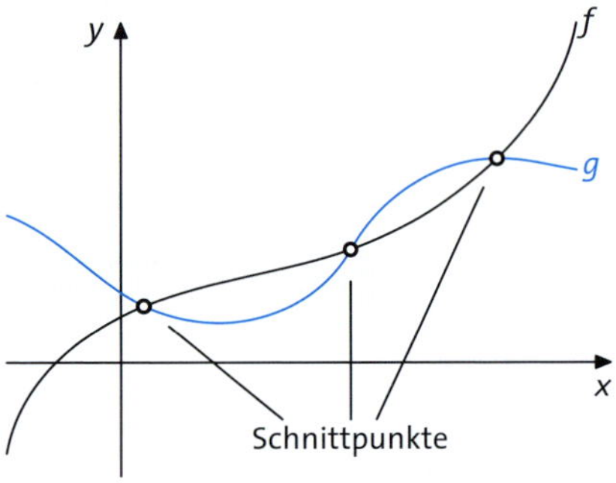

Tipp

Machen Sie sich zu derartigen Situationen immer eine Skizze!

Aufgabe 16 Wie viele Schnittpunkte können ein Polynom genau fünften Grades und ein Polynom dritten Grades höchstens besitzen? Wie viele mindestens?

Aufgabe 17 Berechnen Sie jeweils die Schnittpunkte der folgenden Funktionen.

a) $f_1(x) = x^2$ und $g_1(x) = x + 2$

b) $f_2(x) = x^3 + 3x + 5$ und $g_2(x) = 3x^2 + x + 5$

c) $f_3(x) = x^2 - 8x + 16$ und

$$g_3(x) = \begin{cases} 2x, & \text{falls } x \leq 4, \\ -2x + 16, & \text{falls } x > 4. \end{cases}$$

d) $f_4(x) = \dfrac{1}{1 + x^2}$ und $g_4(x) = x^2 - \dfrac{1}{2}$

GTR e) $f_5(x) = \cos(x)$ und $g_5(x) = x$

4.2.3 Newtonverfahren

Das Newtonverfahren ist das wichtigste Verfahren zur näherungsweisen Berechnung von Nullstellen einer Funktion. Man kann es als fortgesetzte Berechnung von Nullstellen der Tangente einer Funktion interpretieren, was allerdings bei der praktischen Durchführung des Verfahrens nicht mehr zu bemerken ist; es ist ein reines Iterationsverfahren, das eine Folge von Zahlen berechnet.

Definition

Es sei f eine auf einem Intervall differenzierbare Funktion und x_0 ein Punkt dieses Intervalls mit $f'(x_0) \neq 0$. Dann definiert man ausgehend von x_0 eine Folge $\{x_n\}$ von Zahlen durch folgende Vorschrift:

$$x_n = x_{n-1} - \frac{f(x_{n-1})}{f'(x_{n-1})}, \quad n = 1,2,3,\ldots .$$

Dieses Verfahren heißt **Newtonverfahren,** die dadurch definierte Folge $\{x_n\}$ auch **Newtonfolge.**

Aufgabe 18

Formulieren Sie das Newtonverfahren zur Bestimmung der Nullstelle der Funktion $f(x) = \cos(x) - x$. Berechnen Sie die ersten fünf Folgeglieder der Newtonfolge, beginnen Sie dabei mit $x_0 = 1$.

Aufgabe 19

Formulieren Sie das Newtonverfahren zur Berechnung des Schnittpunktes der beiden Funktionen $f(x) = 2x - 3$ und $g(x) = -x + 1$. Bestimmen Sie den Wert x_{17}, beginnen Sie dabei mit einem beliebigen Startwert x_0.

Aufgabe 20

Es seien m eine natürliche Zahl und a eine positive reelle Zahl.

a) Formulieren Sie das Newtonverfahren für die Funktion $f(x) = x^m - a$.

b) Verwenden Sie das in Teil a) formulierte Verfahren, um die Quadratwurzel aus 2 zu berechnen. Starten Sie dabei mit $x_0 = 1$ und berechnen Sie x_4.

c) Verwenden Sie das in Teil a) formulierte Verfahren, um die fünfte Wurzel aus 15 zu berechnen. Starten Sie dabei mit $x_0 = 2$ und berechnen Sie x_4.

4.3 Bestimmung von Hoch-, Tief- und Wendepunkten

Typische Aufgabenstellungen

- Bestimmung der Nullstellen der ersten Ableitung
- Prüfung des Vorzeichens der zweiten Ableitung
- Auffinden von Wendepunkten und Sattelpunkten

Das Auffinden von Hoch- und Tiefpunkten einer Funktion ist sowohl die Grundlage der gesamten Kurvendiskussion als auch der Extremwertberechnung und Optimierung.

Definition

Es sei f eine auf einem Intervall I definierte reelle Funktion und x_0 ein Punkt aus I.

- f hat in x_0 ein **lokales Maximum** oder einen **Hochpunkt,** wenn f in keinem Punkt in der Nähe von x_0 einen größeren Wert als $f(x_0)$ annimmt.
- f hat in x_0 ein **lokales Minimum** oder einen **Tiefpunkt,** wenn f in keinem Punkt in der Nähe von x_0 einen kleineren Wert als $f(x_0)$ annimmt.
- Ein Minimum oder ein Maximum nennt man auch ein **(lokales) Extremum,** den Punkt x_0 auch **Extremalstelle** oder **Extremstelle.**

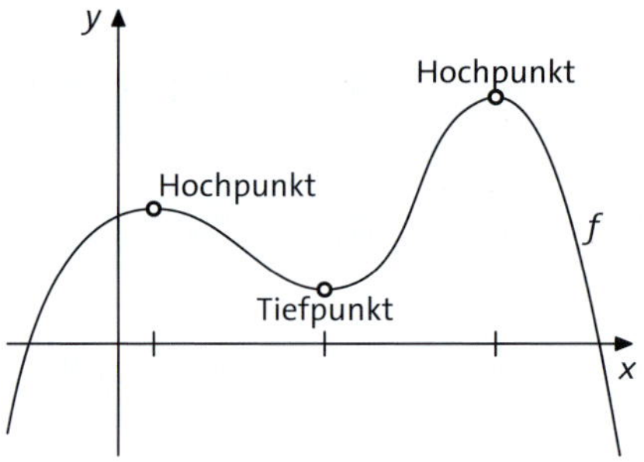

Tipp

Beachten Sie, dass man für diese Definition noch keine Ableitung der Funktion benötigt.

Aufgabe 21

Bestimmen Sie alle lokalen Extremalstellen der folgenden Funktionen im Intervall $[-1,1]$.

a) $f(x) = x^3$

b) $g(x) = |x|$

c) $h(x) = \dfrac{1}{1+x^2}$

Das entscheidende Kriterium zum Auffinden von lokalen Extremalstellen differenzierbarer Funktionen enthält folgender Satz.

Satz

Es sei f eine auf einem Intervall I differenzierbare Funktion und x_0 ein Punkt aus dem Inneren von I. Ist x_0 eine Extremalstelle von f, so gilt

$$f'(x_0) = 0.$$

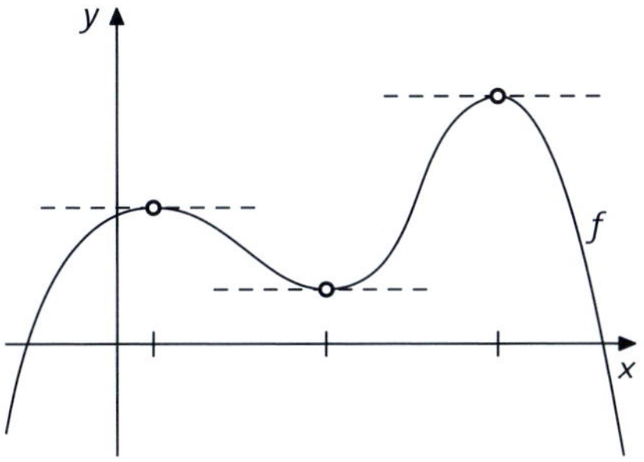

Verwendung dieses Kriteriums

Meist verwendet man dieses Kriterium in der „umgekehrten Richtung“: Alle Punkte aus dem Innern des Intervalls, die nicht Nullstelle von f' sind, kommen als Extremalstellen nicht infrage. Man kann sich also bei der weiteren Suche nach diesen Extremalstellen auf die Nullstellen von f' beschränken.
Es ist wichtig zu betonen, dass dieses Kriterium zwar notwendig, aber nicht hinreichend ist: Es gibt durchaus Nullstellen der ersten Ableitung, die keine Extremalstellen der Funktion sind.
Ebenso wichtig ist es zu wissen, dass dieses Kriterium nur für Extremalstellen *im Innern* des Intervalls gilt: Randextrema findet man damit nicht.

Aufgabe 22

Machen Sie sich die verschiedenen Situationen nochmals anhand der in Aufgabe 21 angegebenen Funktionen klar.

Tipp

Ist die Funktion auf ganz $\mathbb{R}$ definiert bzw. zu untersuchen, so gibt es keine Randpunkte, das Kriterium findet also alle Extremalstellen.

Die Nullstellen der ersten Ableitung sind die *Kandidaten* für (innere) Extremalstellen. Wie man aus diesen wiederum die tatsächlichen Extremalstellen herausfindet, sagt das folgende hinreichende Kriterium:

Satz

Es sei f eine auf einem Intervall I zweimal differenzierbare Funktion und x_0 ein Punkt aus dem Inneren von I mit $f'(x_0) = 0$. Dann gilt:

- Ist $f''(x_0) > 0$, so hat f in x_0 ein lokales Minimum.
- Ist $f''(x_0) < 0$, so hat f in x_0 ein lokales Maximum.

Im verbleibenden Fall $f''(x_0) = 0$ muss man weitergehende Kriterien einsetzen, die später behandelt werden. In den meisten Fällen genügt aber dieses Standardkriterium; hierauf beziehen sich auch die folgenden Aufgaben.

Aufgabe 23

Bestimmen Sie alle Extremalstellen der folgenden auf ganz $\mathbb{R}$ definierten Funktionen.

a) $f_1(x) = x^2$

b) $f_2(x) = \dfrac{1}{1+x^2}$

c) $f_3(x) = \dfrac{x}{1+x^2}$

d) $f_4(x) = 3x^4 - 4x^3 + 6x^2 - 12x$

e) $f_5(x) = e^{x^2}$

f) $f_6(x) = x \cdot e^{1-x}$

g) $f_7(x) = e^x$

Definition

Hängt die Funktion, deren Extremalstellen gesucht werden, noch von einem Parameter k ab, so spricht man auch von einer **Kurvenschar.** Die Kurve, auf der sich alle diese (vom Parameter abhängigen) Extrema befinden, nennt man die **Ortskurve** der Extrempunkte.

Man erhält diese Ortskurve, indem man die Koordinaten der (von k abhängigen) Extrema bestimmt und nach k auflöst.

Aufgabe 24

Von einer nicht näher beschriebenen vom Parameter k abhängigen Funktionenschar ist bekannt, dass ihre Minimalpunkte die Koordinaten $(2k, 8k^3)$ besitzen. Geben Sie die Ortskurve dieser Minimalpunkte an.

Aufgabe 25

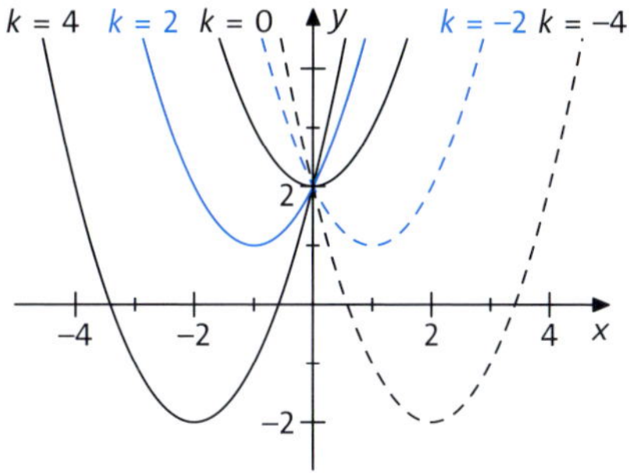

Mit einem reellen Parameter k sei die Funktionenschar

$$f_k(x) = x^2 + kx + 2$$

gegeben.

a) Berechnen Sie das Extremum der Funktion $f_k(x)$ in Abhängigkeit vom Parameter k.

b) Bestimmen Sie die Ortskurve aller Extrempunkte der Funktionenschar f_k.

Aufgabe 26

Mit einem positiven reellen Parameter k sei die Funktionenschar

$$f_k(x) = \frac{k \cdot e^x}{e^{2x} + k}$$

gegeben. Jede Funktion f_k hat genau eine Maximalstelle (dies müssen Sie *nicht* beweisen). Bestimmen Sie die Koordinaten dieses Maximums und geben Sie die Ortskurve aller Maxima an.

Aufgabe 27

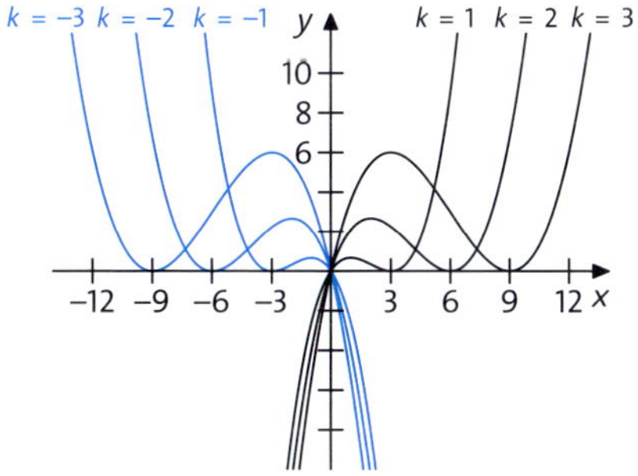

Mit einem reellen Parameter $k \neq 0$ sei die Funktionenschar

$$f_k(x) = \frac{x^3}{6k} - x^2 + \frac{3kx}{2}$$

gegeben.

Bestimmen Sie die Ortskurve aller Minima und die Ortskurve aller Maxima der Funktionenschar f_k.

Hat man eine Nullstelle x_0 der ersten Ableitung f' gefunden, für die jedoch $f''(x_0) = 0$ gilt, so kann man nach den bisher genannten Kriterien nicht entscheiden, ob es sich um eine Minimalstelle oder eine Maximalstelle handelt. Hierfür braucht man das folgende erweiterte hinreichende Kriterium:

Satz

Es sei n eine natürliche Zahl und f eine auf einem Intervall I n-mal differenzierbare Funktion. Weiter sei x_0 ein Punkt aus dem Inneren von I mit

$$f'(x_0) = f''(x_0) = \cdots = f^{(n-1)}(x_0) = 0 \quad \text{und} \quad f^{(n)}(x_0) \neq 0.$$

Dann gilt:

- Ist n gerade und $f^{(n)}(x_0) > 0$, so hat f in x_0 ein lokales Minimum.
- Ist n gerade und $f^{(n)}(x_0) < 0$, so hat f in x_0 ein lokales Maximum.
- Ist n ungerade, so hat f in x_0 keine Extremalstelle.

Aufgabe 28

Bestimmen Sie die Extremalstellen der folgenden auf $\mathbb{R}$ definierten Funktionen.

a) $f(x) = x^3$ **b)** $g(x) = x^4$

c) $h(x) = (1+x)^m$ mit festem $m \in \mathbb{N}$.

Neben den Extremalpunkten gibt es einen zweiten Typ von charakteristischen Punkten einer Kurve, die sogenannten Wendepunkte.

Definition

Es sei f eine auf einem Intervall I differenzierbare reelle Funktion und $x_0 \in I$.

Die Funktion f hat in x_0 eine **Wendestelle** oder einen **Wendepunkt,** wenn die Ableitung f' in x_0 ein lokales Extremum hat.

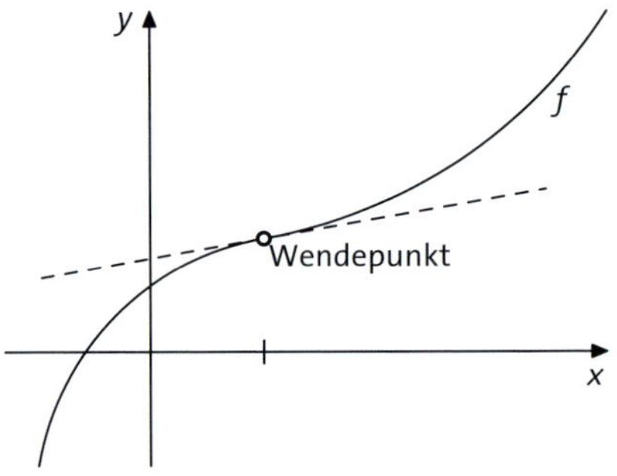

Interpretation dieser Definition

Diese formale Definition bereitet oft Verständnisschwierigkeiten. Anschaulich bedeutet sie, dass sich in einem Wendepunkt der Drehsinn der Funktionskurve ändert: Stellen Sie sich vor, Sie würden mit einem Auto auf dem Funktionsgraphen entlangfahren und befänden sich beispielsweise in einer lang gezogenen Linkskurve. Ein Wendepunkt im mathematischen Sinne kommt dann, wenn die Links- in eine Rechtskurve übergeht, wenn Sie also das Lenkrad in die andere Richtung drehen müssen.

Satz

Es sei f eine auf einem Intervall I zweimal differenzierbare Funktion und x_0 ein Punkt aus dem Inneren von I. Ist x_0 eine Wendestelle von f, so gilt

$$f''(x_0) = 0.$$

Das Aufsuchen von Wendestellen geschieht im Prinzip genauso wie das Aufsuchen von Extremstellen: Man sucht zunächst nach den Kandidaten für diese Stellen, indem man die Nullstellen der zweiten Ableitung der Funktion bestimmt.
Zur Überprüfung der Kandidaten benötigt man dann ein hinreichendes Kriterium; dieses wird im folgenden Satz angegeben.

Satz

Es sei $n \geq 3$ eine ungerade natürliche Zahl und f eine auf einem Intervall I n-mal differenzierbare Funktion. Weiter sei x_0 ein Punkt aus dem Inneren von I mit

$$f''(x_0) = \cdots = f^{(n-1)}(x_0) = 0 \quad \text{und} \quad f^{(n)}(x_0) \neq 0.$$

Dann ist x_0 eine Wendestelle von f.

Tipp

Der am häufigsten auftretende Fall wird $n = 3$ sein, also $f''(x_0) = 0$ und $f'''(x_0) \neq 0$.

Definition

Hat die Funktion in einem Wendepunkt zusätzlich noch eine waagrechte Tangente, gilt also $f'(x_0) = 0$, so nennt man diesen Wendepunkt einen **Sattelpunkt.**

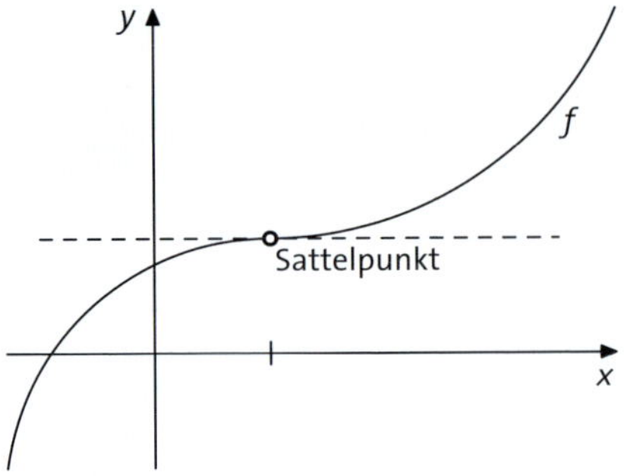

Aufgabe 29

Bestimmen Sie alle Wendestellen der folgenden auf ganz $\mathbb{R}$ definierten Funktionen und überprüfen Sie jeweils, ob es sich um einen Sattelpunkt handelt.

a) $f_1(x) = x^3$

b) $f_2(x) = 3x^4 - 4x^3 + 6x^2 - 12x$

c) $f_3(x) = e^{-x^2}$

d) $f_4(x) = x^5 + 2x - 3$

Aufgabe 30

Mit einem reellen Parameter a sei die Funktion $f_a(x) = ax^3 - 3x$ definiert.

a) Für welche Werte von a besitzt die Funktion einen Wendepunkt? Geben Sie die Koordinaten dieses Punktes an.

b) Bestimmen Sie die Ortskurve der Wendepunkte.

c) Für welche Werte von a ist dieser Wendepunkt ein Sattelpunkt?

Aufgabe 31

Von einer Funktion f seien folgende Daten bekannt:

$$f(0) = -2, \ f'(0) = -1, \ f''(0) = 0, \ f'''(0) = 1.$$

Was können Sie daraus über das Verhalten der Funktion f an der Stelle 0 schließen?

Aufgabe 32

Mit einem reellen Parameter k sei die Funktionenschar

$$f_k(x) = x + \frac{1}{x-k}, \quad x \neq k$$

gegeben. Untersuchen Sie, für welche Werte des Parameters k die Funktion $f_k(x)$ eine Wendestelle besitzt.

Aufgabe 33

Mit einem reellen Parameter k sei die Funktionenschar

$$f_k(x) = x^3 + 3x^2 + 3kx - 2$$

gegeben.

a) Für welche Werte des Parameters k besitzt die Funktion $f_k(x)$ einen Wendepunkt? Wie lautet dieser?

b) Für welche Werte von k ist dies ein Sattelpunkt?

Aufgabe 34

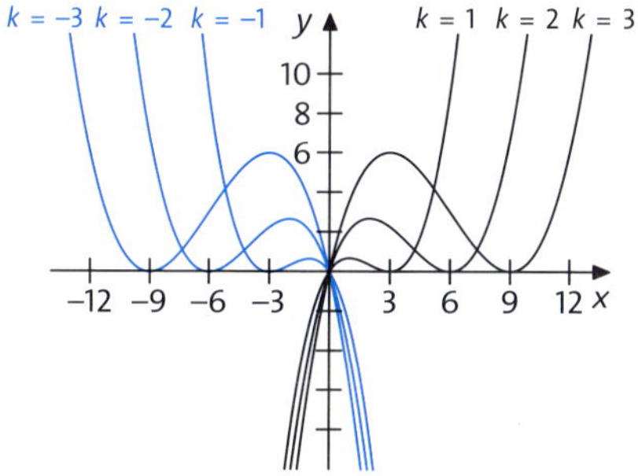

Mit einem reellen Parameter $k \neq 0$ sei die Funktionenschar

$$f_k(x) = \frac{x^3}{6k} - x^2 + \frac{3kx}{2}$$

gegeben. Bestimmen Sie die Ortskurve aller Wendepunkte der Funktionenschar f_k.

4.4
Kurvendiskussion und Interpretation von Schaubildern

Typische Aufgabenstellungen

- Bestimmung von Definitions- und Wertebereich einer Funktion
- Untersuchung des Verhaltens der Funktion für $x \to \pm\infty$
- Untersuchung des Monotonieverhaltens der Funktion
- Berechnung der Extrempunkte und der Wendepunkte der Funktion
- Skizzieren des Funktionsgraphen
- Interpretation des Schaubildes einer Funktion

4.4.1
Kurvendiskussion

Die Kurvendiskussion gehört zu den klassischen Teilen der Differenzialrechnung. Wenngleich ihre Bedeutung heutzutage durch die Verwendung grafikfähiger Taschenrechner gesunken ist, so wird sie dennoch – zumindest in Teilen – sehr häufig geprüft.

Hauptanliegen der Kurvendiskussion ist es, charakteristische Stellen der zu untersuchenden Funktion zu bestimmen (z.B. Extremal- und Wendestellen, Nullstellen) und sich dadurch einen zumindest groben Überblick über den Verlauf des Funktionsgraphen zu verschaffen.
Neben den bisher behandelten Themen braucht man hierzu noch den Begriff **Monotonie**.

Definition

Es sei f eine reelle Funktion und I eine Teilmenge des Definitionsbereichs von f. Die Funktion f heißt

- **monoton steigend** auf I, wenn für zwei beliebige Punkte x_1 und x_2 aus I mit $x_1 < x_2$ gilt: $f(x_1) \leq f(x_2)$.
- **monoton fallend** auf I, wenn für zwei beliebige Punkte x_1 und x_2 aus I mit $x_1 < x_2$ gilt: $f(x_1) \geq f(x_2)$.
- **streng monoton steigend** auf I, wenn für zwei beliebige Punkte x_1 und x_2 aus I mit $x_1 < x_2$ gilt: $f(x_1) < f(x_2)$.
- **streng monoton fallend** auf I, wenn für zwei beliebige Punkte x_1 und x_2 aus I mit $x_1 < x_2$ gilt: $f(x_1) > f(x_2)$.

Tipp

Manchmal sagt man auch **(streng) monoton wachsend** anstelle von steigend.

Bei differenzierbaren Funktionen gibt es ein einfaches Kriterium für Monotonie:

Satz

Es sei f eine auf einem Intervall I differenzierbare Funktion.

- Ist $f'(x) \geq 0$ für alle $x \in I$, so ist f auf I monoton steigend.
- Ist $f'(x) \leq 0$ für alle $x \in I$, so ist f auf I monoton fallend.
- Ist $f'(x) > 0$ für alle $x \in I$, so ist f auf I streng monoton steigend.
- Ist $f'(x) < 0$ für alle $x \in I$, so ist f auf I streng monoton fallend.

Aufgabe 35

Untersuchen Sie, auf welchen Teilbereichen von $\mathbb{R}$ die folgenden Funktionen monoton bzw. streng monoton sind.

a) $f(x) = x$

b) $g(x) = x^3 - 3x - 2$

c) $h(x) = e^{-x^2}$

d) $k(x) = \frac{(1-x)^2}{(1+x)^2} - 1$

Aufgabe 36

Geben Sie ein Beispiel einer Funktion an, die zwar streng monoton steigend ist, die aber *nicht* an allen Stellen x erfüllt: $f'(x) > 0$.

Definition

Gegeben sei eine Funktion f. Die Durchführung einer **Kurvendiskussion** erfolgt im Wesentlichen nach folgendem Schema.

a) Man bestimmt die Definitionslücken und somit durch deren Ausschluss den maximalen Definitionsbereich der Funktion f. Insbesondere stellt man fest, welche Definitionslücken Pole von f sind.
b) Man stellt fest, ob die Funktion symmetrisch, also gerade oder ungerade, ist.
c) Man bestimmt die Achsenschnittpunkte von f, also die Nullstellen sowie den Wert $f(0)$.
d) Man bestimmt die lokalen Maximal- und Minimalstellen von f sowie die Funktionswerte an diesen Stellen.
e) Man bestimmt die Wendestellen von f sowie die Funktionswerte an diesen Stellen.
f) Man bestimmt das Monotonieverhalten von f.
g) Man bestimmt das asymptotische Verhalten von f für $x \to \pm\infty$ und das Verhalten in der Nähe der Polstellen.
h) Man bestimmt den Wertebereich von f.
i) Man skizziert den Graphen von f.

Manchmal entfallen auch Teile dieser Liste und gelegentlich kann eine andere Reihenfolge sinnvoll sein.

Mit Kurvendiskussionen ist es wie mit dem Klavierspielen: Man perfektioniert seine Fähigkeiten nur durch Üben. Daher finden Sie im Folgenden mehrere Aufgaben zum immer gleichen Thema Kurvendiskussion:

Aufgabe 37

GTR

Führen Sie an der Funktion

$$f(x) = x^2 + 1$$

eine Kurvendiskussion durch. Zeichnen Sie *danach* den Graphen der Funktion mithilfe des GTR.

Aufgabe 38

GTR

Führen Sie an der Funktion

$$f(x) = x^3 \cdot e^{-x}$$

eine Kurvendiskussion durch. Zeichnen Sie *danach* den Graphen der Funktion mithilfe des GTR.

Aufgabe 39

GTR

Führen Sie an der Funktion

$$f(x) = x \cdot \ln(x)$$

eine Kurvendiskussion durch. Zeichnen Sie *danach* den Graphen der Funktion mithilfe des GTR.

Aufgabe 40

GTR

Führen Sie an der Funktion

$$f(x) = -2x + 4\sqrt{x-1} + 8$$

eine Kurvendiskussion durch. Zeichnen Sie *danach* den Graphen der Funktion mithilfe des GTR.

Aufgabe 41

GTR

Führen Sie an der Funktion

$$f(x) = \frac{(2+x)^2}{x-2}$$

eine Kurvendiskussion durch. Zeichnen Sie *danach* den Graphen der Funktion mithilfe des GTR.

4.4.2 Interpretation von Schaubildern

Hierbei handelt es sich gewissermaßen um die Umkehrung der Kurvendiskussion: In der Aufgabenstellung wird das Schaubild einer Funktion, also ein charakteristischer Ausschnitt des Funktionsgraphen, gezeigt, meist auch noch die Funktionenklasse der abgebildeten Funktion skizziert, und man soll anhand dieser Informationen – meist aus einer vorgegebenen Auswahl – die analytische Formel dieser Funktion bestimmen.

Tipp

Suchen Sie zunächst nach charakteristischen Punkten des Funktionsgraphen und achten Sie auf Polstellen sowie auf das asymptotische Verhalten der Funktion für $x \to \pm\infty$.

Aufgabe 42

Der Graph welcher der drei Funktionen

a) $f_1(x) = -x^2 + 2$
b) $f_2(x) = -(x+2)^2$
c) $f_3(x) = x^2 + 2$

ist in der Abbildung gezeigt?

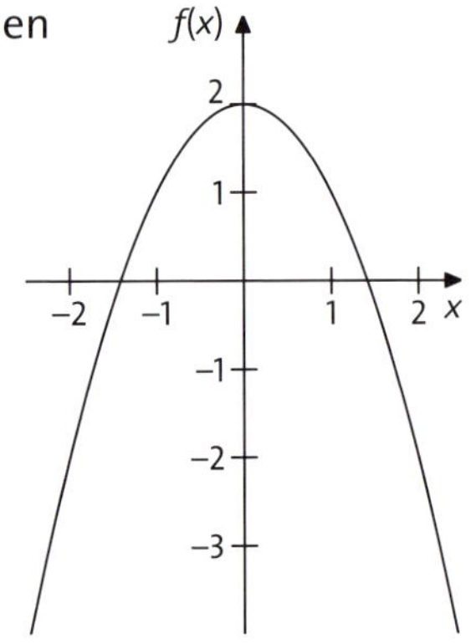

Aufgabe 43

Die Abbildung zeigt die Graphen der folgenden drei Funktionen:

a) $r_1(x) = \dfrac{4x - 4}{(1 + x)^2} + 4$

b) $r_2(x) = \dfrac{-4x}{(1 + x)^2} - 4$

c) $r_3(x) = \dfrac{-4x - 4}{(1 + x)^2}$

Ordnen Sie die drei Funktionen der richtigen Abbildung zu.

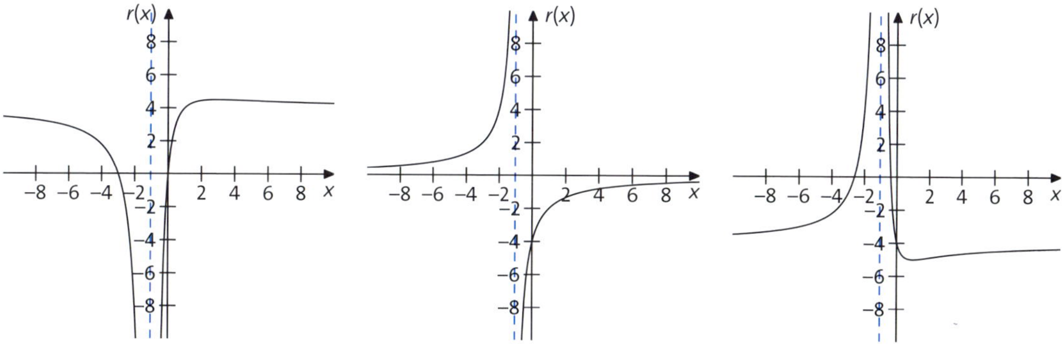

Aufgabe 44

Die Abbildung zeigt den Graphen einer rationalen Funktion der Form

$$r(x) = \frac{ax^2 + b}{x^2 + c}.$$

Bestimmen Sie die Koeffizienten a, b und c.

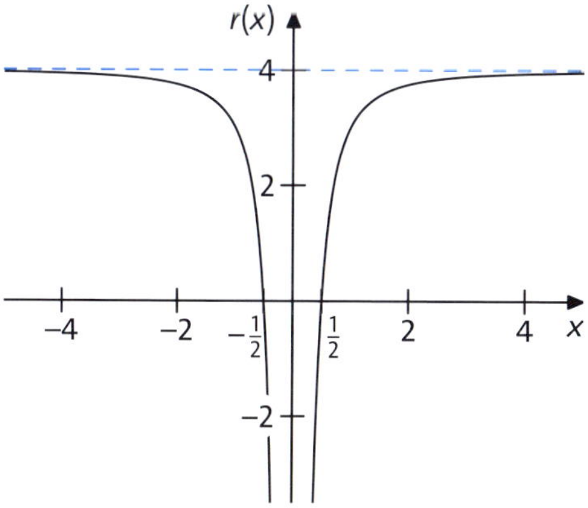

Aufgabe 45

Die Abbildung zeigt den Graphen einer rationalen Funktion der Form

$$r(x) = \frac{ax^3 + bx^2 + c}{(x-d)^2}.$$

Bestimmen Sie die Koeffizienten a, b, c und d.

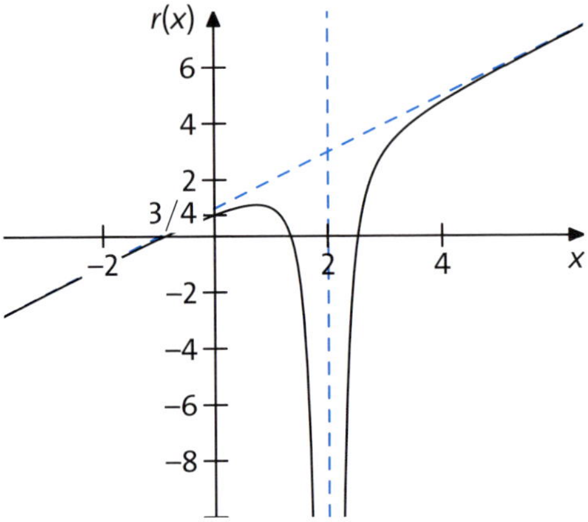

4.5
Grafisches Ableiten

Typische Aufgabenstellungen

- Ermitteln der Ableitungen einer grafisch gegebenen Funktion
- Zeichnen des Funktionsgraphen der Ableitungen
- Zuordnung gegebener Schaubilder

Dieses Thema ist die Fortführung der oben geübten Interpretation von Schaubildern, es soll hierbei allein anhand des Funktionsgraphen die Ableitung der Funktion ermittelt und gegebenenfalls gezeichnet werden.

Tipp

Suchen Sie vor allem nach charakteristischen Punkten des Funktionsgraphen, die auch bei der Kurvendiskussion eine entscheidende Rolle spielen: Achsenschnittpunkte, Extremalpunkte, Wendepunkte etc.

Aufgabe 46

Die Abbildung zeigt den Graphen einer differenzierbaren Funktion $f(x)$.

a) Wie viele Nullstellen und wie viele Extremstellen hat die Ableitung von $f(x)$?

b) Wie verhält sich $f'(x)$ für $x \to \pm\infty$?

c) Skizzieren Sie den Graphen von $f'(x)$.

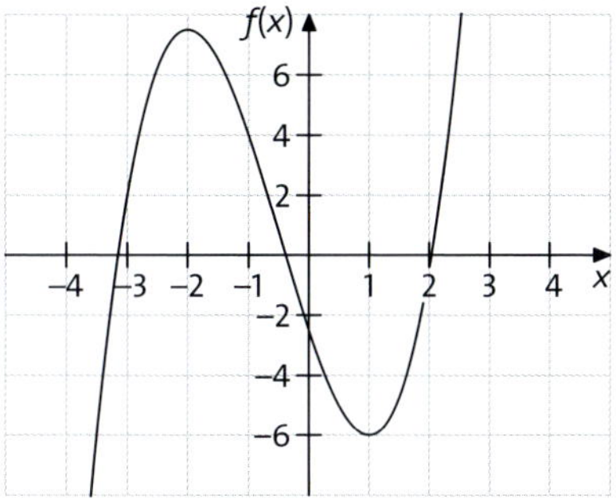

Aufgabe 47

Die Abbildung zeigt den Graphen eines Polynoms $f(x)$ dritten Grades. Skizzieren Sie in dasselbe Schaubild die Graphen von $f'(x)$, $f''(x)$ und $f'''(x)$.

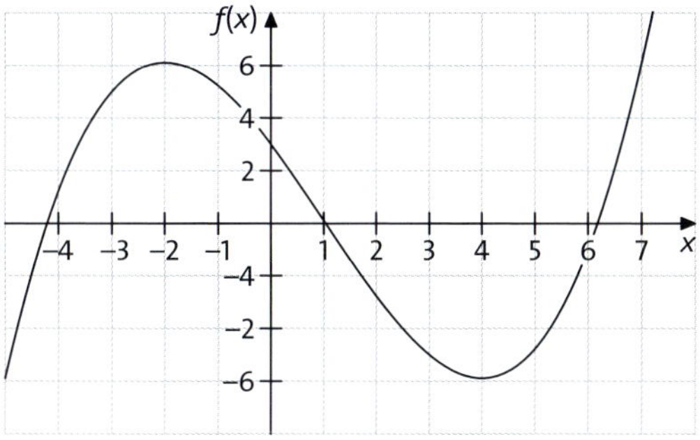

Aufgabe 48

Die Abbildung zeigt den Graphen einer reellen Funktion $f(x)$. Die Funktion hat bei $x_0 = 0$ eine Wendestelle mit der Steigung 1.

a) Ist die Funktion auf ganz $\mathbb{R}$ differenzierbar?

b) Skizzieren Sie für alle Bereiche, in denen $f(x)$ differenzierbar ist, die Ableitungsfunktion $f'(x)$.

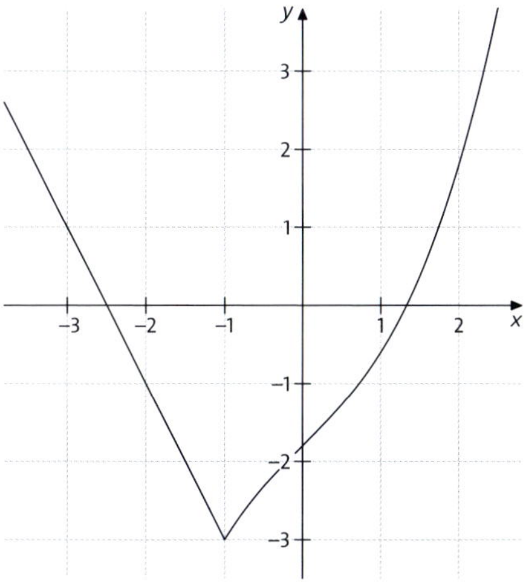

5 Bestimmung von Funktionen mit vorgegebenen Bedingungen

In diesem Kapitel geht es um die Aufgabenstellung, eine Funktion aus einer vorgegebenen Klasse (meist sind das Polynome, also ganzrationale Funktionen) zu bestimmen, die gegebene Bedingungen an die Funktionswerte oder die Werte der Ableitungen erfüllt. Der Fachbegriff für derartige Problemstellungen ist **Interpolation,** gelegentlich spricht man auch von **Parameteraufgaben** oder **Steckbriefaufgaben.**

5.1 Bestimmung von Geraden

Typische Aufgabenstellungen

- Bestimmung einer Geraden, die durch zwei vorgegebene Punkte verläuft
- Bestimmung einer Geraden mit vorgegebener Steigung, die durch einen gegebenen Punkt verläuft

Satz

Sind zwei Punkte $P_1 = (x_1|y_1)$ und $P_2 = (x_2|y_2)$ mit $x_1 \neq x_2$ gegeben, so gibt es eine eindeutig bestimmte Gerade

$$y = ax + b,$$

die durch diese beiden Punkte geht.
Diese Gerade bestimmt man entweder durch Lösen des linearen Gleichungssystems

$$\begin{aligned} ax_1 + b &= y_1 \\ ax_2 + b &= y_2 \end{aligned}$$

oder durch Anwendung der Punkt-Steigungs-Form: Hierbei ist

$$a = \frac{y_2 - y_1}{x_2 - x_1} \quad \text{und} \quad b = y_1 - ax_1.$$

Tipp

Beide im Satz angegebenen Methoden führen natürlich zur selben Lösung. Es bleibt also völlig Ihnen überlassen, welche Sie anwenden wollen.

Aufgabe 1

Bestimmen Sie jeweils die Gleichung der Geraden, die durch die beiden Punkte P_1 und P_2 geht.

a) $P_1 = (1|2)$, $P_2 = (2|3)$ b) $P_1 = (-1|2)$, $P_2 = (1|2)$

c) $P_1 = (2|2)$, $P_2 = (3|-2)$

Aufgabe 2

Prüfen Sie im Folgenden, ob der Punkt P_3 auf der Geraden durch die Punkte P_1 und P_2 liegt.

a) $P_1 = (0|1)$, $P_2 = (1|1)$, $P_3 = (2|2)$

b) $P_1 = (-1|-17)$, $P_2 = (0|0)$, $P_3 = (1|17)$

Aufgabe 3

Beweisen oder widerlegen Sie folgende Aussagen:

a) Drei verschiedene Punkte liegen immer auf einer gemeinsamen Geraden.

b) Drei verschiedene Punkte liegen niemals auf einer gemeinsamen Geraden.

c) Haben drei Punkte dieselbe y-Koordinate y_1, so liegen sie stets auf einer gemeinsamen Geraden.

d) Gilt für drei Punkte $P_1 = (x_1,|y_1)$, $P_2 = (x_2|y_2)$ und $P_3 = (x_3|y_3)$, dass

$$\frac{y_2 - y_1}{x_2 - x_1} = \frac{y_3 - y_2}{x_3 - x_2}$$

ist, so liegen sie auf einer gemeinsamen Geraden. Diese hat die Steigung $a = \frac{y_2 - y_1}{x_2 - x_1}$.

Aufgabe 4

Bestimmen Sie diejenige Gerade, die die Funktion $f(x) = x^3 - 3x^2 + 1$ an den Stellen $x_1 = -1$ und $x_2 = 0$ schneidet.

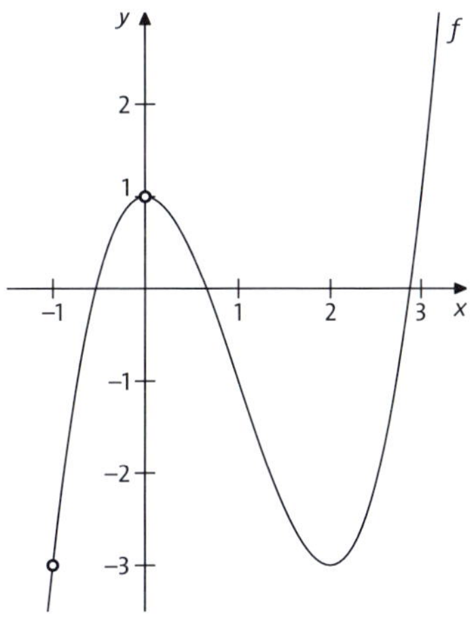

Neben der Angabe zweier Punkte gibt es noch eine zweite Methode, eine Gerade eindeutig zu bestimmen, nämlich die Angabe eines Punktes, der auf ihr liegt, und ihrer Steigung.

Satz

Eine Gerade $y = ax + b$ ist eindeutig bestimmt durch die Angabe eines Punktes $P_1 = (x_1|y_1)$, der auf ihr liegt, und die Angabe ihrer Steigung a. Den fehlenden Parameter b berechnet man durch $b = y_1 - ax_1$.

Aufgabe 5

Gegeben sei der Punkt $P_1 = (1|1)$.

a) Bestimmen Sie die Gleichung der Geraden g, die durch P_1 geht und die Steigung 1 hat.

b) Prüfen Sie, ob der Punkt $(-2|0)$ auf dieser Geraden liegt.

c) Bestimmen Sie die Gleichung der Normalen (Senkrechten) zu g im Punkt P_1.

5.2 Bestimmung von Parabeln

Typische Aufgabenstellungen

- Bestimmung einer Parabel, die durch drei vorgegebene Punkte verläuft
- Bestimmung einer Parabel, die durch zwei vorgegebene Punkte verläuft und in einem davon eine vorgegebene Steigung besitzt
- Bestimmung einer Parabel, die durch einen vorgegebenen Punkt verläuft und in diesem eine vorgegebene erste und zweite Ableitung besitzt
- Textaufgaben zu vermischten Aufgabenstellungen dieses Typs

Die Bestimmung einer Parabel, also eines Polynoms zweiten Grades, erfolgt nach den im folgenden Satz angegebenen Methoden.

Da eine Parabel einen Parameter, also sozusagen einen Freiheitsgrad, mehr hat als eine Gerade, gibt es hier auch mehr Möglichkeiten, die Bedingungen, welche die gesuchte Parabel erfüllen soll, vorzugeben. Drei typische Situationen werden im folgenden Satz angegeben.

Satz

Eine Parabel $y = ax^2 + bx + c$ ist durch folgende Angaben jeweils eindeutig bestimmt:

a) Angabe von drei Punkten $P_1 = (x_1|y_1)$, $P_2 = (x_2|y_2)$, $P_3 = (x_3,|y_3)$ auf der Parabel
b) Angabe von zwei Punkten P_1 und P_2 auf der Parabel und der Ableitung in einem der beiden Punkte
c) Angabe eines Punktes P_1 auf der Parabel und der beiden ersten Ableitungen in diesem Punkt

Die Koeffizienten a, b und c der Parabel $y = ax^2 + bx + c$ berechnet man in jedem der drei Fälle nach folgender Methode:

a) Lösen des linearen Gleichungssystems

$$\begin{aligned} ax_1^2 + bx_1 + c &= y_1 \\ ax_2^2 + bx_2 + c &= y_2 \\ ax_3^2 + bx_3 + c &= y_3 \end{aligned}$$

b) Lösen des linearen Gleichungssystems

$$\begin{aligned} ax_1^2 + bx_1 + c &= y_1 \\ ax_2^2 + bx_2 + c &= y_2 \\ 2ax_2 + b &= y_2' \end{aligned}$$

Hierbei wird angenommen, dass der Wert der Ableitung y_2' im Punkt x_2 vorgegeben ist. Erfolgt die Vorgabe der Ableitung im Punkt x_1, ist die letzte Zeile entsprechend zu ändern.

c) Lösen des linearen Gleichungssystems

$$\begin{aligned} ax_1^2 + bx_1 + c &= y_1 \\ 2ax_1 + b &= y_1' \\ 2a &= y_1'' \end{aligned}$$

Erläuterung dieser Bedingungen

Zur Bestimmung einer Parabel muss man die drei Parameter a, b, c festlegen, und hierfür sind drei Bedingungen notwendig. Drei verschiedene Arten, diese drei Bedingungen zu stellen, werden in obigem Satz angegeben.

Aufgabe 6

Bestimmen Sie jeweils die Parabel $p(x) = ax^2+bx+c$, die durch folgende Angaben definiert ist.

a) Der Graph von p geht durch die Punkte $P_1 = (-1|1)$, $P_2 = (0|0)$ und $P_3 = (2|4)$.
b) Der Graph von p geht durch die Punkte $P_1 = (0|-1)$ und $P_2 = (1|1)$ und hat in P_2 die Steigung 2.
c) Die Parabel hat Nullstellen in $x_1 = 1$ und $x_2 = 2$ und schneidet die y-Achse bei $y = 2$.

d) Die Parabel schneidet die Funktion $f(x) = x^3$ an den Stellen $x_1 = -1$, $x_2 = 0$ und $x_3 = 1$.

Aufgabe 7

Beweisen oder widerlegen Sie folgende Aussagen:

a) Sind vier verschiedene Punkte P_1, P_2, P_3, P_4 vorgegeben, so gibt es keine Parabel, die durch diese vier Punkte verläuft.

b) Eine Parabel ist eindeutig bestimmt durch Vorgabe von zwei verschiedenen Punkten, die auf ihr liegen, und durch Vorgabe ihrer Ableitung für einen anderen x-Wert.

c) Es gibt eine Parabel, die durch die 101 Punkte

$$(0|0), (1|1), (2|2), \ldots, (100|100)$$

verläuft.

d) Es sei $p(x) = x^2$ die Normalparabel, und es seien x_1, x_2 und x_3 drei verschiedene x-Werte. Dann kann man eine von p verschiedene Parabel $q(x)$ finden, die durch die Punkte $P_1 = (x_1|p(x_1))$, $P_2 = (x_2|p(x_2))$ und $P_3 = (x_3|p(x_3))$ verläuft.

Aufgabe 8

a) Bestimmen Sie die Gleichung der Parabel, die durch den Punkt $(0|0)$ verläuft und im Punkt $(1|1)$ die Steigung -2 hat.

b) Bestimmen Sie die Gleichung der Parabel, die symmetrisch zur y-Achse ist und durch die Punkte $(0|1)$ und $(1|2)$ verläuft.

c) Bestimmen Sie die Gleichung der Parabel, die im Punkt $(-2|-7)$ ihr Minimum hat und durch den Punkt $(2|9)$ verläuft.

Aufgabe 9

Welche der folgenden Aufgaben ist lösbar? Geben Sie die Lösung gegebenenfalls an.

a) Bestimmung einer Parabel, die symmetrisch zur y-Achse ist und im Punkt $(1|0)$ ihr Maximum hat.

b) Bestimmung einer Parabel, die im Punkt $(1|1)$ einen Wendepunkt hat.

c) Bestimmung einer Parabel, die im Punkt $(-1|1)$ die Steigung $+1$ und im Punkt $(1|2)$ die Steigung -1 hat.

Aufgabe 10

Die Flugbahn eines (schräg) geworfenen Gegenstandes lässt sich näherungsweise durch eine Parabel beschreiben.

Bestimmen Sie die Gleichung der Parabel, die folgenden Flug darstellt:

Der Gegenstand wird in einer Höhe von 2,20 m über dem Boden schräg nach oben geworfen, er erreicht seine größte Höhe in einer Entfernung von 8 m vom Abwurfpunkt und trifft in einer Entfernung von insgesamt 19,50 m auf den Boden auf.

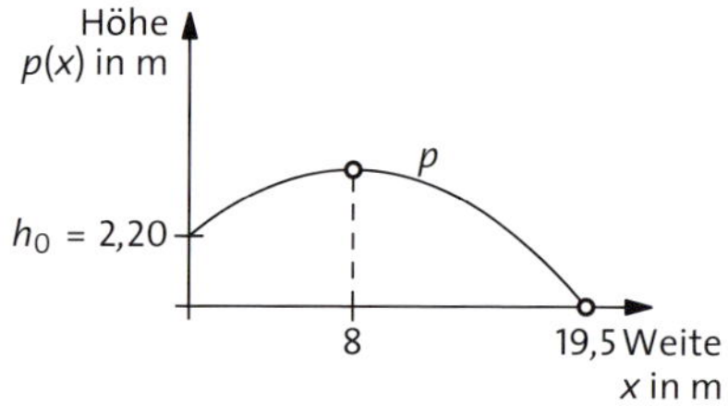

5.3 Bestimmung von Polynomen höheren Grades

Typische Aufgabenstellungen

- Bestimmung eines Polynoms n-ten Grades, das durch $n + 1$ vorgegebene Punkte verläuft
- Bestimmung eines Polynoms n-ten Grades durch Vorgabe des Funktionswerts und des Werts der ersten n Ableitungen in einem Punkt
- Bestimmung einer Parabel durch Vorgabe von insgesamt $n + 1$ Funktions- und Ableitungswerten
- Textaufgaben zu vermischten Aufgabenstellungen dieses Typs

Ein Polynom n-ten Grades ist durch die Angabe von $n+1$ Funktionswerten stets eindeutig bestimmt. Dies ist Hintergrund des folgenden Satzes.

Satz

Es sei n eine natürliche Zahl. Gegeben seien $n + 1$ verschiedene Zahlen $x_0, x_1, \ldots, x_n$ und $n + 1$ beliebige Werte $y_0, y_1, \ldots y_n$. Dann gibt es ein eindeutig bestimmtes Polynom n-ten Grades

$$p(x) = a_n x^n + a_{n-1} x^{n-1} + \cdots + a_1 x + a_0,$$

das an den Stellen $x_i, i = 0, \ldots, n$ jeweils den Wert y_i annimmt, dessen Graph also durch alle Punkte $P_0 = (x_0|y_0)$, $P_1 = (x_1|y_1), \ldots, P_n = (x_n,|y_n)$ verläuft.
Die Koeffizienten a_i dieses Polynoms kann man stets durch ein eindeutig lösbares Gleichungssystem berechnen.

Dieser Satz beinhaltet natürlich die oben gemachten Aussagen über Geraden und Parabeln als Spezialfälle.

Aufgabe 11

Bestimmen Sie das Polynom dritten Grades, dessen Graph durch die Punkte $P_0 = (1|-17)$, $P_1 = (0|3)$, $P_2 = (-1|29)$, $P_3 = (2|-25)$ verläuft.

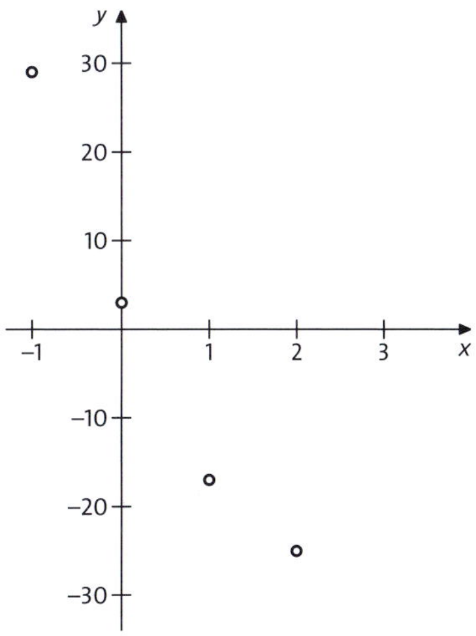

Aufgabe 12

Bestimmen Sie das Polynom dritten Grades, das an den Stellen $x_0 = -3$, $x_1 = -2$ und $x_2 = 1$ Nullstellen hat und an der Stelle $x_3 = 0$ den Wert -6 annimmt.

Aufgabe 13

Bestimmen Sie das Polynom vierten Grades, dessen Graph punktsymmetrisch zum Koordinatenursprung ist und durch die Punkte $(1|5)$ und $(2|4)$ verläuft.

Ein Polynom n-ten Grades ist durch die Angabe von $n+1$ Ableitungswerten an einer festen Stelle eindeutig bestimmt. Dies ist Hintergrund des folgenden Satzes.

Satz

Es sei n eine natürliche Zahl. Gegeben seien eine reelle Zahl x_0 und $n+1$ beliebige Zahlen $y_0, y_1, \ldots y_n$. Dann gibt es ein eindeutig bestimmtes Polynom $p(x)$ n-ten Grades mit der Eigenschaft

$$p(x_0) = y_0,\ p'(x_0) = y_1,\ p''(x_0) = y_2, \ldots,\ p^{(n)}(x_0) = y_n.$$

Die Koeffizienten dieses Polynoms kann man stets durch ein eindeutig lösbares Gleichungssystem berechnen.

Aufgabe 14

Bestimmen Sie das Polynom $p(x)$ vierten Grades, für das gilt:

$$p(1) = 0,\ \ p'(1) = 6,\ \ p''(1) = 18,\ \ p'''(1) = 42,\ \ p''''(1) = 48.$$

Aufgabe 15

Es sei n eine fest gewählte natürliche Zahl. Bestimmen Sie das Polynom $p(x)$ n-ten Grades, für das gilt:

$$p(0) = 0,\ \ p'(0) = 0,\ \ p''(0) = 0,\ \ \ldots,\ p^{(n-1)}(0) = 0,\ \ p^{(n)}(0) = n!.$$

Aufgabe 16

Ein Polynom dritten Grades hat im Punkt $P = (-1|1)$ einen Sattelpunkt, der Wert der dritten Ableitung an dieser Stelle ist 6.
Wie lautet das Polynom?

Vermischte Aufgabenstellungen

In den meisten Aufgabenstellungen werden die beiden gerade geübten Situationen vermischt auftreten, das heißt, es werden an *verschiedenen* Punkten Werte der gesuchten Funktion *und* ihrer ersten Ableitungen vorgegeben werden.
Wichtig ist hierbei, dass die Gesamtzahl der Bedingungen für die Bestimmung eines Polynoms n-ten Grades genau $n+1$ ist.

Aufgabe 17

Bestimmen Sie im Folgenden jeweils dasjenige Polynom $p(x)$ dritten Grades, das die gegebenen Bedingungen erfüllt.

a) $p(-1) = -4$, $p'(-1) = 7$, $p(1) = 2$, $p'(1) = 7$

b) $p(-1) = 0$, $p(1) = 0$, $p(2) = 0$, $p'(2) = 3$

Tipp

Meist werden diese Angaben in Textform „versteckt“ sein. Sie müssen also zunächst versuchen, aus den im Text gemachten Angaben $n+1$ Bedingungen herauszufiltern. Dabei sollten Sie besonders auf folgende Formulierungen achten:

- „Die Funktion verläuft durch den Punkt $(x_0|y_0)$.“ Das bedeutet, dass die Funktion an der Stelle x_0 den Wert y_0 haben muss.
- „Die Funktion hat in $(x_0|y_0)$ die Steigung m.“ Das bedeutet, dass die Funktion an der Stelle x_0 den Wert y_0 haben muss und zusätzlich, dass die erste Ableitung für x_0 den Wert m haben muss.
- „Die Funktion hat in $(x_0|y_0)$ ein lokales Extremum.“ Das bedeutet, dass die Funktion an der Stelle x_0 den Wert y_0 haben muss und zusätzlich, dass die erste Ableitung für x_0 den Wert 0 haben muss.
- „Die Funktion hat in $(x_0|y_0)$ einen Wendepunkt.“ Das bedeutet, dass die Funktion an der Stelle x_0 den Wert y_0 haben muss und zusätzlich, dass die zweite Ableitung für x_0 den Wert 0 haben muss.
- „Die Funktion hat in $(x_0|y_0)$ einen Sattelpunkt.“ Das bedeutet, dass die Funktion an der Stelle x_0 den Wert y_0 haben muss und zusätzlich, dass die erste und die zweite Ableitung für x_0 den Wert 0 haben müssen.

Aufgabe 18

Bestimmen Sie das Polynom dritten Grades, das durch die Punkte $(0|1)$ und $(1|4)$ geht und im Punkt $(-1|4)$ einen Wendepunkt besitzt.

Aufgabe 19

Bestimmen Sie das Polynom vierten Grades, dessen Graph symmetrisch zur y-Achse ist, das im Punkt $(2|0)$ die Steigung 2 hat und das an der Stelle $x_1 = 1$ einen Wendepunkt besitzt.

Aufgabe 20

Bestimmen Sie das Polynom dritten Grades, das im Punkt $(0|0)$ eine waagrechte Tangente hat und an der Stelle $x_0 = 1$ die 1. Winkelhalbierende tangiert.

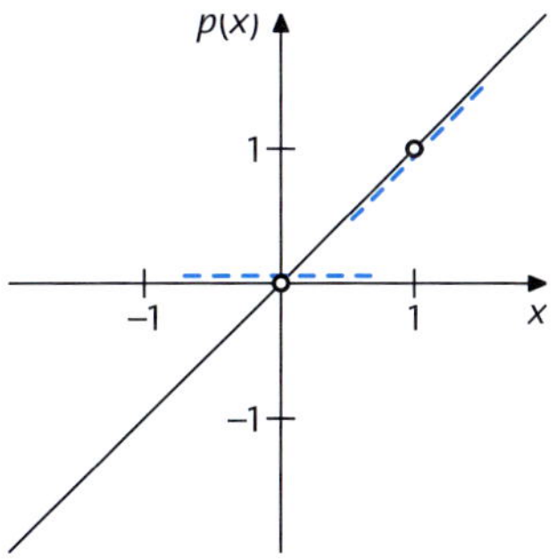

Aufgabe 21

Bestimmen Sie das Polynom $p(x)$ zweiten Grades, das durch den Punkt $(0|4)$ geht, und für das gilt: $p'(-1) = 0$ und $p(1) = 4$.

Aufgabe 22

Bestimmen Sie das Polynom $p(x)$ dritten Grades, das an der Stelle $x_0 = 2$ einen Sattelpunkt hat, und für das gilt: $p(1) = 8$, $p'(1) = 3$.

Aufgabe 23

Gegeben seien die beiden Polynome $p_1(x) = 3x^3 - 4x^2 + 8bx + 9$ und $p_2(x) = x^3 + 2x^2 + 2bx + 1$, wobei b ein reeller Parameter mit $b \leq 1$ ist.

a) Geben Sie in Abhängigkeit vom Parameter b diejenigen Stellen x an, an denen die beiden Polynome dieselbe Steigung haben.

b) Für welchen Wert von b gibt es genau eine solche Stelle?

5.4 Andere Funktionenklassen

Typische Aufgabenstellungen

- Bestimmung eines oder mehrerer Parameter in einer rationalen Funktion
- Bestimmung von Parametern in anderen Funktionenklassen
- Textaufgaben zu vermischten Aufgabenstellungen dieses Typs

Auch bei anderen Funktionen, beispielsweise rationale Funktionen, Exponentialfunktionen oder Wurzelfunktionen, kann man Parameter einführen und diese dann durch Vorgaben an die Funktions- oder Ableitungswerte bestimmen. Eine allgemein anwendbare Methode existiert hierfür nicht. Im Folgenden werden typische Situationen durch Beispielaufgaben eingeübt.

5.4.1 Rationale Funktionen

Aufgabe 24

Für welche Werte des reellen Parameters a hat die rationale Funktion

$$r(x) = \frac{ax - 1}{x - 1}$$

an der Stelle $x_0 = 2$ die Steigung -3?

Aufgabe 25

Bestimmen Sie die reellen Parameter a und b so, dass die rationale Funktion

$$r(x) = \frac{x^2 - a}{(x-b)^2} \quad x \neq b$$

an der Stelle $x_0 = 4$ ein lokales Extremum und an der Stelle $x_1 = 5$ einen Wendepunkt hat.

Aufgabe 26

Mit zwei reellen Parametern a und b sei die rationale Funktion

$$r(x) = \frac{(a+b)x + 2b}{x^2 + 2x}$$

für $x \neq 0$ und $x \neq -2$ gegeben.

a) Bestimmen Sie die Werte der Parameter so, dass die Funktion durch den Punkt $(1|\frac{4}{3})$ verläuft und an der Stelle $x_0 = -1$ eine Nullstelle hat.

b) Bestimmen Sie die Werte der Parameter so, dass die Funktion im Punkt $(2|1)$ die Steigung $-\frac{3}{8}$ hat.

c) Beweisen Sie, dass es keine (von der Konstanten $r(x) = 0$ verschiedene) Funktion $r(x)$ der angegebenen Form gibt, die im Punkt $(-1|0)$ die Steigung null hat.

5.4.2 Exponentialfunktionen

Aufgabe 27

Bestimmen Sie jeweils diejenige Exponentialfunktion der Form

$$f(x) = a \cdot e^{bx},$$

die die folgenden Bedingungen erfüllt.

a) $f(0) = 1, f'(0) = 3$

b) $f(0) - 2, f'(0) = \ 2$

c) $f(0) = 2, f(1) = 2 \cdot e^2$

d) $f(0) = 1, f(1) = 2$

Aufgabe 28

Bestimmen Sie jeweils diejenige Exponentialfunktion der Form

$$f(x) = a \cdot e^x + b \cdot e^{-x},$$

die die folgenden Bedingungen erfüllt.

a) f hat im Punkt $(0|1)$ die Steigung 3.

b) f hat im Punkt $(0|2)$ eine waagrechte Tangente.

c) Es ist $f(-1) = 2e + \frac{1}{e}$ und $f(1) = e + \frac{2}{e}$.

6 Extremwertaufgaben

Die Lösung von Extremwertaufgaben – oft spricht man auch von Optimierungsaufgaben – ist ein sehr wichtiges Anwendungsgebiet der Differenzialrechnung. Das Problem besteht darin, den optimalen Wert einer durch einen funktionalen Zusammenhang gegebenen Größe zu ermitteln (beispielsweise den minimalen Blechverbrauch zur Herstellung einer Konservendose), wobei noch bestimmte Nebenbedingungen zu berücksichtigen sind (in diesem Beispiel die Tatsache, dass die Konservendose ein bestimmtes Volumen haben muss).

6.1 Globale Extremwerte und einfache Optimierungsaufgaben

Typische Aufgabenstellungen

- Bestimmung des globalen Maximums oder des globalen Minimums einer Funktion
- Reduktion einer Funktion zweier Variabler auf eine Funktion einer Variablen durch Einbeziehung von Nebenbedingungen
- Optimierung einer solchen Funktion

In der Differenzialrechnung sucht man meist nach den *lokalen* Extremstellen einer Funktion, also nach denjenigen Stellen, in denen die Funktion den größten oder kleinsten Wert in einer gewissen Umgebung des untersuchten Punktes annimmt. Bei der Optimierung, die in diesem Kapitel behandelt wird, sucht man dagegen das *globale* Extremum der Funktion, also diejenige Stelle, an der die Funktion den größten bzw. kleinsten Wert im gesamten betrachteten Bereich annimmt. Meist sind dabei auch Nebenbedingungen zu beachten.

Definition

Es sei I ein Intervall oder ganz $\mathbb{R}$ und f eine auf I gegebene stetige Funktion. Man sagt, dass f in einem Punkt $x_0 \in I$ ein **globales Maximum** annimmt, wenn $f(x_0) \geq f(x)$ für alle $x \in I$ gilt. Entsprechend sagt man, dass f in einem Punkt $x_0 \in I$ ein **globales Minimum** annimmt, wenn $f(x_0) \leq f(x)$ für alle $x \in I$ gilt.

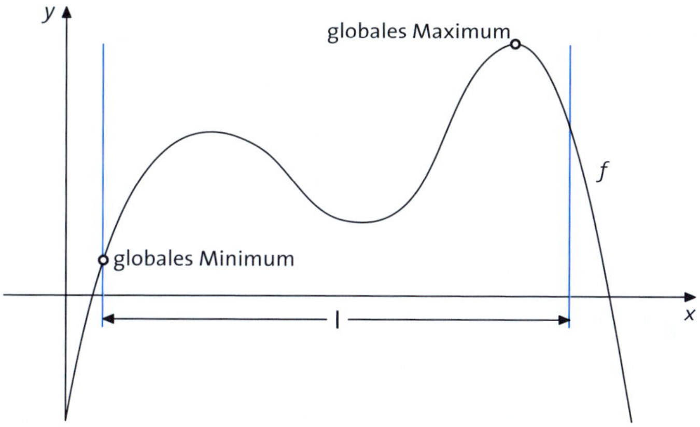

Ein globales Maximum oder globales Minimum nennt man auch **globales Extremum,** den Punkt x_0 **globale Extremstelle.** Je nach Aufgabenstellung nennt man das globale Maximum bzw. globale Minimum auch **Optimum** und die Stelle x_0 **Optimalstelle** der Funktion.

Aufsuchen globaler Extremstellen

Zum Finden eines globalen Maximums muss man die Werte aller lokalen Maxima *und* – sofern I ein abgeschlossenes endliches Intervall ist – die Funktionswerte an den Randpunkten des Intervalls vergleichen: Der größte dieser Werte ist das globale Maximum. Entsprechend muss man zum Finden eines globalen Minimums die Werte aller lokalen Minima und die Funktionswerte an den Randpunkten des Intervalls vergleichen.

Aufgabe 1

Bestimmen Sie die globalen Extrema der folgenden Funktionen auf dem jeweils angegebenen Definitionsbereich.

a) $f(x) = (x-3)^2$ auf dem Intervall $[2,5]$

b) $g(x) = x^4 - 2x^2 - 3$ auf dem Intervall $[-2,2]$

c) $h(x) = x^2 - 3x + 2$ auf dem Intervall $[-1,1]$

d) $k(x) = x \cdot e^{-x}$ auf dem unendlichen Intervall $[0,\infty)$

GTR **e)** $l(x) = 3x^{\frac{x}{2}} - \ln(x) - 4$ auf dem Intervall $(0,4]$

Aufgabe 2 Welcher Punkt auf der Geraden $g(x) = x + 1$ hat vom Nullpunkt den kleinsten Abstand?

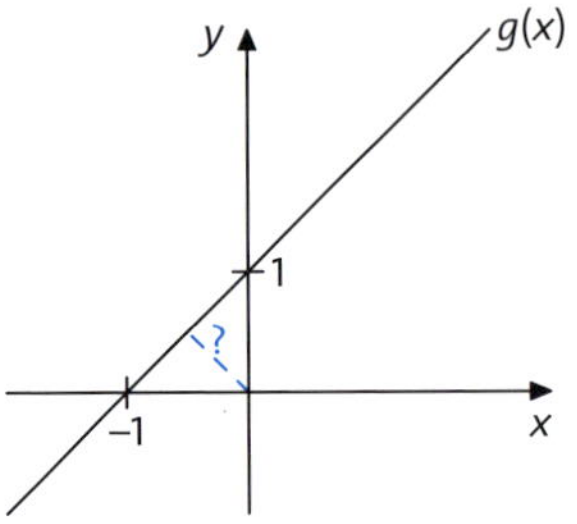

Extrema einer Funktion zweier Variabler mit einer Nebenbedingung

Die Aufgabenstellung ist, die Extrema einer Funktion $f(x,y)$ von zwei Variablen x und y zu bestimmen, wobei die Variablen zusätzlich noch durch eine Gleichung verbunden sind. Man spricht dann von einer **Nebenbedingung.**

Man löst solche Aufgaben, indem man die Nebenbedingung, falls notwendig, nach einer der beiden Variablen auflöst und in die Funktion f einsetzt. Das ergibt eine Funktion mit nur einer Variablen, die man mit den üblichen Mitteln untersuchen kann.

Derartige Aufgaben werden in Prüfungen meist als Textaufgaben gestellt, die im nächsten Abschnitt ausführlich geübt werden können. Hier werden daher – als Vorübung – nur zwei Aufgaben dieses Typs behandelt.

Aufgabe 3 Bestimmen Sie das globale Maximum der Funktion $f(x,y) = x^2 + 4xy$ für $1 \leq x \leq 4$ unter der Nebenbedingung $y \cdot x^2 = 4$.

Aufgabe 4 Bestimmen Sie das globale Minimum der Funktion

$$f(x,y) = 2x^2y + 7xy + 2y + 3$$

für $0 \leq x \leq 2$ unter der Nebenbedingung $x - y = 2$.

6.2 Textaufgaben zur Optimierung mit Nebenbedingungen

Typische Aufgabenstellungen

- Formelmäßige Fassung eines textlich gegebenen Optimierungsproblems
- Optimierung einer Funktion zweier Variabler mit Nebenbedingungen

Wie oben schon gesagt, liegen Optimierungsaufgaben mit Nebenbedingungen meist als Textaufgaben vor. Die Vorgehensweise zur Lösung einer solchen Aufgabe ist wie folgt:

Lösen einer Optimierungsaufgabe mit Nebenbedingung in Textform

- Aufstellen je einer Formel für die zu optimierende Größe und die zu berücksichtigende Nebenbedingung
- Auflösen der Nebenbedingung nach einer der Variablen und Einsetzen in die zu optimierende Formel; dies liefert die Zielfunktion.
- Bestimmung der lokalen Extremstellen der Zielfunktion mit den üblichen Mitteln der Differenzialrechnung
- Auffinden des zulässigen Bereichs und Überprüfen der Randpunkte
- Bestimmung des gesuchten globalen Optimums

Tipp

Machen Sie sich bei derartigen Aufgaben stets eine Skizze!

Aufgabe 5

Ein Bauer möchte eine rechteckige Viehweide einzäunen und hat dafür 1000 Meter Zaunmaterial zur Verfügung. Wie muss er die Seitenlängen des Rechtecks wählen, um eine größtmögliche Fläche zu erhalten?

Aufgabe 6

Ein anderer Bauer, der leider keine Ahnung von Differenzialrechnung hat, hat in einem ersten Arbeitsgang begonnen, 150 Meter Zaun auf einer geraden Strecke zu setzen. Nun soll er noch 350 Meter Zaun so hinzufügen, dass eine rechteckige Weide möglichst großer Fläche entsteht. Welche Maße muss diese Einzäunung haben?

Aufgabe 7

Es soll eine Kartonverpackung in Form einer quadratischen Säule hergestellt werden, die ein gegebenes Volumen V hat. Berechnen Sie die minimale Oberfläche O einer solchen Verpackung.

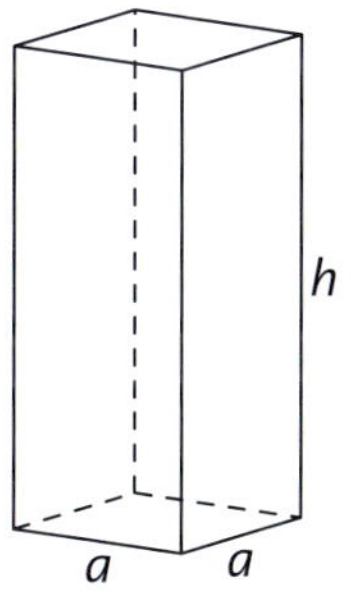

Aufgabe 8

Es soll eine Konservendose in Form einer runden (zylindrischen) Säule hergestellt werden, die bei gegebenem Volumen V eine minimale Oberfläche O hat. Berechnen Sie Durchmesser und Höhe dieser optimalen Dose.

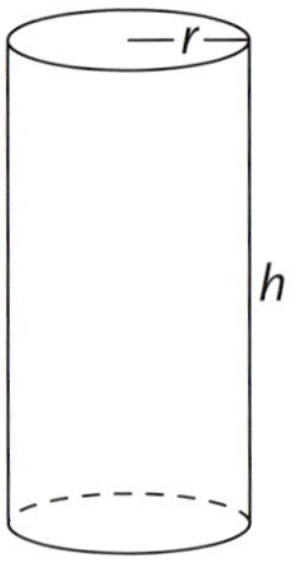

Aufgabe 9

Aus einer Kreisscheibe mit Radius 1 Meter soll ein Rechteck mit maximalem Flächeninhalt herausgeschnitten werden. Wie sind die Maße dieses Rechtecks zu wählen?

Aufgabe 10

Aus einem quadratischen Stück Blech mit der Seitenlänge 20 cm werden an den Ecken Quadrate der Seitenlänge x herausgeschnitten. Die verbleibenden Rechteckflächen werden so nach oben gebogen, dass eine nach oben geöffnete Schachtel entsteht. Wie ist x zu wählen, damit das Fassungsvermögen (Volumen) der Schachtel maximal ist (die Blechstärke bleibt unberücksichtigt)?

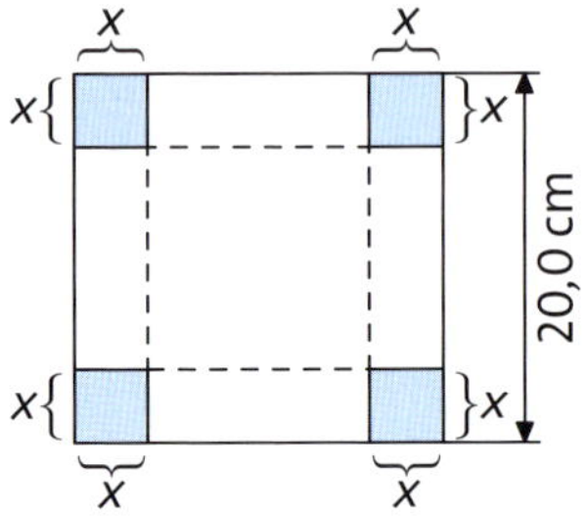

Aufgabe 11

Von einer rechteckigen Glasplatte mit den Seitenlängen a und b ist eine Ecke mit den in der Abbildung angegebenen Maßen abgebrochen. Aus dem Rest soll durch achsenparallele Schnitte eine neue rechteckige Platte maximaler Fläche geschnitten werden. Bestimmen Sie die Maße dieser neuen Platte:

a) für $a = 6$ und $b = 2$

b) für $a = 6$ und $b = 5$

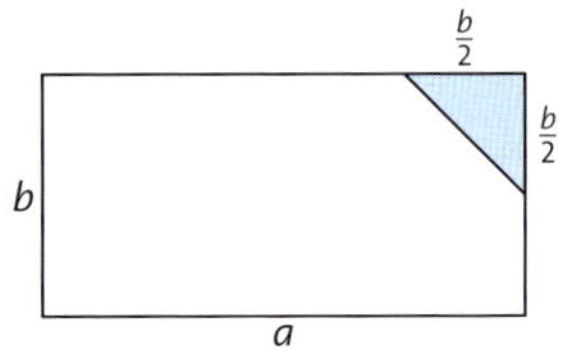

7 Integralrechnung und ihre Anwendungen

Das Grundproblem der Integralrechnung ist die Berechnung der Fläche, die der Graph einer gegebenen Funktion f in einem ebenfalls gegebenen Intervall $[a,b]$ mit der x-Achse einschließt. Ein fundamentaler Satz der Analysis besagt, dass man hierfür lediglich eine Stammfunktion von f benötigt, also eine Funktion F, deren Ableitung f ist. Das gesuchte Integral ist dann gleich $F(b) - F(a)$.
Das Problem besteht also darin, zu einer gegebenen Funktion eine Stammfunktion zu ermitteln. Regeln hierfür und Anwendungen der Integralrechnung sind Gegenstand dieses Kapitels.

7.1 Definition des Integrals und Stammfunktionen

Typische Aufgabenstellungen

- Bestimmung von Stammfunktionen und unbestimmten Integralen
- Berechnung von bestimmten Integralen

Tipp

Mancherorts spricht man auch von „aufleiten“ anstelle von „integrieren“, um zu verdeutlichen, dass es sich dabei um den dem Ableiten entgegengesetzten Vorgang handelt. An den Inhalten ändert diese Sprachregelung selbstverständlich nichts, in diesem Buch wird durchgehend die Bezeichnung integrieren verwendet.

Bei der Definition des Integrals, also der Berechnung der Fläche, die von der Funktion und der x-Achse eingeschlossen wird, geht man eigentlich recht pragmatisch vor: Die Fläche wird angenähert durch eine Summe von Teilflächen, deren Inhalt man exakt berechnen kann. Dies ist der Inhalt der folgenden Definition.

Definition

Es seien $[a,b]$ ein Intervall, f eine auf $[a,b]$ definierte Funktion und

$$a = x_0 < x_1 < \cdots < x_{n-1} < x_n = b$$

eine beliebige Zerlegung des Intervalls.
Die Funktion f heißt **integrierbar** über $[a,b]$, wenn für jede Folge von immer feiner werdenden Zerlegungen, deren Teilintervalllängen alle gegen null gehen, und für jede Auswahl von Punkten $\xi_i \in [x_{i-1}, x_i]$, $i = 1, \ldots, n$, der Grenzwert

$$\lim_{n\to\infty} A_n(f) = \lim_{n\to\infty} \sum_{i=1}^{n} f(\xi_i)(x_i - x_{i-1})$$

existiert und denselben Wert ergibt.
In diesem Fall nennt man diesen Grenzwert das **bestimmte Integral** von f über $[a,b]$ und bezeichnet ihn mit

$$\int_a^b f(x)\,\mathrm{d}x.$$

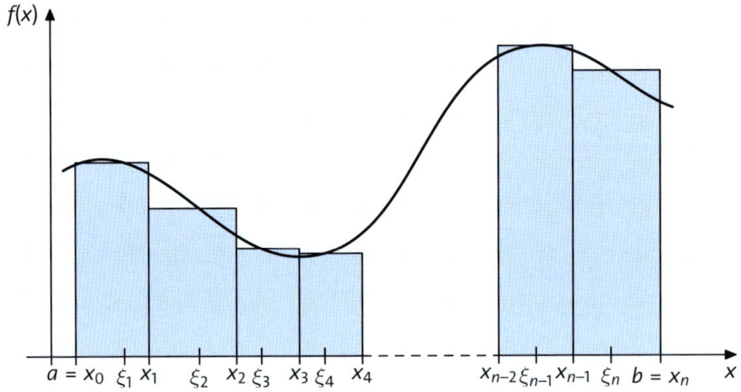

Tipp

Keine Sorge, in dieser Abstraktheit wird das niemand von Ihnen verlangen. Es genügt, wenn Sie sich veranschaulichen, dass das bestimmte Integral gerade die Fläche angibt, die von der Funktion, der x-Achse und den Intervallgrenzen a und b eingegrenzt wird.

Die Berechnung des Integrals ist nahezu untrennbar mit dem Begriff der Stammfunktion verbunden.

Definition

Eine Funktion F heißt **Stammfunktion** einer gegebenen Funktion f, wenn sie auf dem Definitionsbereich D_f von f definiert ist und wenn für jedes $x \in D_f$ gilt:

$$F'(x) = f(x).$$

Aufgabe 1

Geben Sie je eine Stammfunktion der folgenden Funktionen an.

a) $f(x) = 2x$

b) $g(x) = -\sin(x)$

c) $h(x) = \frac{1}{x},\ x > 0$

d) $k(x) = e^x$

Tipp

Machen Sie beim Integrieren möglichst immer eine Probe, indem Sie die gefundene Stammfunktion ableiten; es muss sich dabei die Ausgangsfunktion ergeben.

Die Stammfunktion einer gegebenen Funktion ist zwar nicht eindeutig bestimmt, kann sich aber von jeder anderen nur um eine additive Konstante unterscheiden:

Satz

Sind F und G zwei Stammfunktionen derselben Funktion f, so gilt

$$F(x) - G(x) = C$$

mit $C \in \mathbb{R}$.

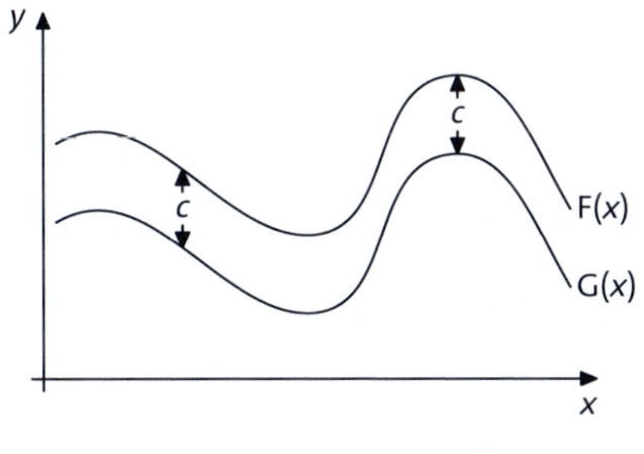

Aufgabe 2

Bestimmen Sie diejenige Stammfunktion der Funktion $f(x) = 2x + 2$, die an der Stelle $x_0 = 1$ den Funktionswert -4 hat.

Definition

Als **unbestimmtes Integral** einer Funktion f bezeichnet man die Menge aller Stammfunktionen von f. Man schreibt

$$\int f(x)\,\mathrm{d}x = \{F(x) | F'(x) = f(x)\}.$$

Meist verzichtet man allerdings in der Praxis auf die Mengenschreibweise und kann aufgrund des gerade formulierten Satzes schreiben:

$$\int f(x)\,\mathrm{d}x = F(x) + C, \quad C \in \mathbb{R}.$$

Aufgabe 3

Geben Sie die unbestimmten Integrale der folgenden Funktionen an.

a) $f(x) = 2x$

b) $g(x) = -\sin(x)$

c) $h(x) = \frac{1}{x}, \ x > 0$

d) $k(x) = e^x$

Der Zusammenhang zwischen dem Begriff der Stammfunktion und dem eingangs definierten bestimmten Integral wird durch folgenden fundamentalen Satz gegeben, den man auch den **Hauptsatz der Differenzial- und Integralrechnung** nennt.

Satz

Es sei f eine auf $[a,b]$ integrierbare Funktion und F eine Stammfunktion von f. Dann gilt

$$\int_a^b f(x)\,\mathrm{d}x = F(b) - F(a).$$

Dieser Hauptsatz stellt einen engen Zusammenhang zwischen der Differenzial- und der Integralrechnung her. Er ermöglicht die effiziente Berechnung bestimmter Integrale mithilfe von Stammfunktionen.

Aufgabe 4

Berechnen Sie die folgenden bestimmten Integrale.

a) $\int_0^2 2x\,\mathrm{d}x$

b) $\int_{-\pi}^{\pi} -\sin(x)\,\mathrm{d}x$

c) $\int_1^e \frac{1}{x}\,\mathrm{d}x$

d) $\int_0^1 e^x\,\mathrm{d}x$

7.2 Stammfunktionen elementarer Funktionen und einfache Integrationsregeln

Typische Aufgabenstellungen

- Ermittlung von Stammfunktionen elementarer Funktionen
- Berechnung des bestimmten Integrals elementarer Funktionen
- Anwendung einfacher Integrationsregeln (Linearität des Integrals)

Der Hauptsatz der Differenzial- und Integralrechnung – manchmal nennt man ihn auch den Hauptsatz der Analysis – erlaubt es, den eigentlich sehr komplizierten Prozess des Integrierens auf das vergleichsweise einfache Auffinden einer Stammfunktion des Integranden zu reduzieren. Überlegen Sie nur einmal, wie schwierig es wäre, die von der Cosinusfunktion in einem bestimmten Intervall $[a,b]$ begrenzte Fläche zu berechnen; durch den Hauptsatz wissen Sie aber, dass es hierfür genügt, die Zahl $\sin(b) - \sin(a)$ zu berechnen. Allerdings kann es manchmal auch recht schwierig sein, die Stammfunktion zu bestimmen.

Die Berechnung von Integralen, also die Ermittlung von Stammfunktionen, mit komplexeren Integranden erfolgt meist in zwei Teilen: Zunächst muss man versuchen, den Integranden mithilfe von Integrationsregeln in einfachere Teile zu zerlegen, danach ermittelt man die Stammfunktionen dieser einfacheren Teile mithilfe von Tabellen und löst so das Integrationsproblem.

Im Folgenden wird zunächst eine kleine derartige Tabelle angegeben, danach werden einfache Integrationsregeln eingeübt. Komplexere Techniken wie Substitution und partielle Integration sind Thema des nächsten Abschnitts.

Da die Ermittlung von Stammfunktionen und damit von unbestimmten Integralen gerade die Umkehrung der Ableitung einer Funktion ist, kann man schnell eine Tabelle von Stammfunktionen der wichtigsten elementaren Funktionen angeben, indem man die entsprechende Tabelle zu den Ableitungen umkehrt.

Tipp

Wie auch bei der Differenziation kann eine solche Tabelle niemals vollständig sein. Sie sollten sich vor der Prüfung auf jeden Fall mit den entsprechenden Einträgen in Ihrer Formelsammlung vertraut machen, um die benötigten Stammfunktionen schnell finden zu können.

Funktion	Stammfunktion	Bemerkung
x^a	$\frac{x^{a+1}}{a+1}$	$a \in \mathbb{R}, a \neq -1$
x^{-1}	$\ln\lvert x\rvert$	$x \neq 0$
e^x	e^x	
a^x	$\frac{a^x}{\ln(a)}$	$a \in \mathbb{R}, a > 0, a \neq 1$
$\sin(x)$	$-\cos(x)$	
$\cos(x)$	$\sin(x)$	
$\frac{1}{\cos^2(x)}$	$\tan(x)$	$-\frac{\pi}{2} < x < \frac{\pi}{2}$
$\frac{1}{\sin^2(x)}$	$-\cot(x)$	$0 < x < \pi$
$\frac{1}{\sqrt{1-x^2}}$	$\arcsin(x)$	$\lvert x\rvert < 1$
$-\frac{1}{\sqrt{1-x^2}}$	$\arccos(x)$	$\lvert x\rvert < 1$
$\frac{1}{1+x^2}$	$\arctan(x)$	

Die fundamentalste Integrationsregel, die oftmals gar nicht als solche wahrgenommen wird, ist die Tatsache, dass das Integral linear bezüglich des Integranden ist:

Linearität des Integrals

Es seien f und g integrierbare Funktionen sowie a und b reelle Zahlen. Dann gilt

$$\int af(x) + bg(x)\,\mathrm{d}x = a \cdot \int f(x)\,\mathrm{d}x + b \cdot \int g(x)\,\mathrm{d}x.$$

Man darf also Summen von Funktionen summandenweise integrieren und konstante Vorfaktoren einfach „mitschleppen". Dies macht man meist intuitiv richtig, es ist aber eigentlich eine zu beweisende Regel.

Aufgabe 5 Berechnen Sie die folgenden bestimmten Integrale.

a) $\int_0^1 (3x^2 - 2\sqrt{x})\,\mathrm{d}x$

b) $\int_1^2 \frac{x \cdot e^{x+1} - 1}{x}\,\mathrm{d}x$

c) $\displaystyle\int_0^{\pi} \frac{\cos t}{1+3x^2}\,\mathrm{d}t$

d) $\displaystyle\int_1^{2} \frac{3x^2+x-1}{1+x}\,\mathrm{d}x$

GTR e) $\displaystyle\int_0^{2,5} \sqrt{1+x^4}\,\mathrm{d}x$

Aufgabe 6

Berechnen Sie die Fläche, die vom Graphen der Funktion $f(x) = -x^2 + 4x - 3$ und der x-Achse eingeschlossen wird.

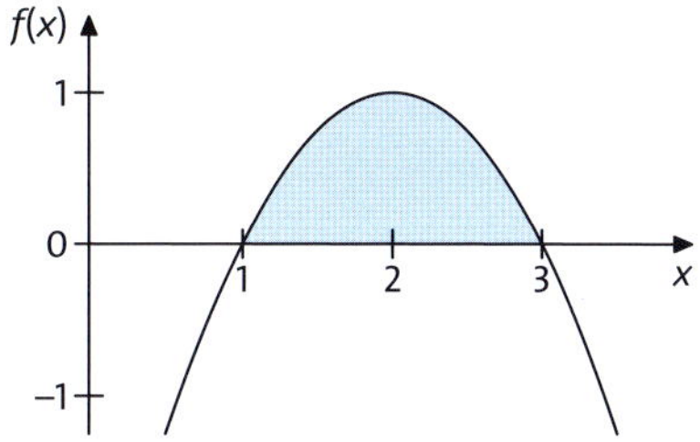

Das bestimmte Integral ist auch bezüglich der Zerlegung des Integrationsintervalls linear, man nennt dies auch die **Additivität** des bestimmten Integrals.

Satz

Es sei f eine über dem Intervall $[a,b]$ integrierbare Funktion und c eine Zahl mit $a < c < b$. Dann gelten folgende Aussagen:

- $\displaystyle\int_a^b f(x)\,\mathrm{d}x = \int_a^c f(x)\,\mathrm{d}x + \int_c^b f(x)\,\mathrm{d}x$
- $\displaystyle\int_a^a f(x)\,\mathrm{d}x = 0$
- $\displaystyle\int_b^a f(x)\,\mathrm{d}x = -\int_a^b f(x)\,\mathrm{d}x$

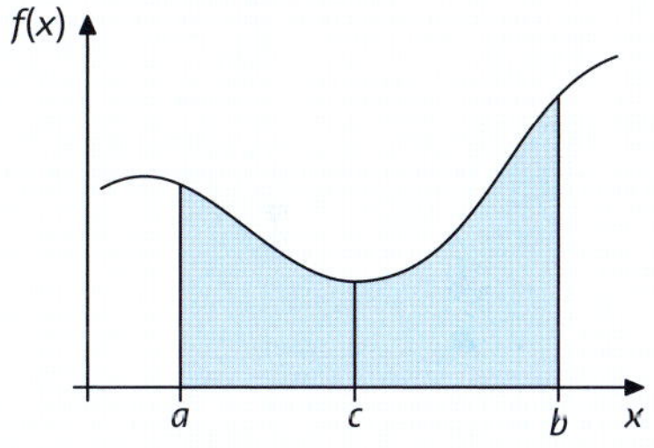

Aufgabe 7

Beweisen Sie die erste dieser drei Regeln.

7.3 Höhere Integrationsregeln

Typische Aufgabenstellungen

- Berechnung eines Integrals mithilfe partieller Integration
- Anwendung linearer Substitution
- Durchführung einer Partialbruchzerlegung
- Vermischte Aufgaben zu den genannten Integrationsregeln

7.3.1 Partielle Integration

Ist der Integrand ein Produkt von zwei oder mehr Funktionen, so kann man häufig die partielle Integration anwenden.

Satz

Es seien $u(x)$ und $v(x)$ auf einem Intervall $[a,b]$ stetig differenzierbare Funktionen. Dann gilt folgende Gleichung für die unbestimmten Integrale:

$$\int u(x) \cdot v'(x)\,\mathrm{d}x = u(x) \cdot v(x) - \int u'(x) \cdot v(x)\,\mathrm{d}x.$$

Auf die additive Konstante C wurde hier verzichtet.
Für die bestimmten Integrale gilt die entsprechende Gleichung

$$\int_a^b u(x) \cdot v'(x)\,\mathrm{d}x = u(x) \cdot v(x)\Big|_a^b - \int_a^b u'(x) \cdot v(x)\,\mathrm{d}x.$$

Die Bezeichnung partielle Integration kommt daher, dass man durch Anwendung dieser Regel das Integral im Allgemeinen nicht vollständig lösen kann, sondern auf der rechten Seite noch ein Restintegral übrig bleibt. Durch geschickte Wahl von u und v kann man jedoch oft erreichen, dass dieses Restintegral leichter zu behandeln ist als das ursprüngliche. Hierfür finden Sie weiter unten zahlreiche Beispielaufgaben.

Aufgabe 8

Beweisen Sie die Regel der partiellen Integration. Verwenden Sie hierfür die Produktregel der Differenzialrechnung.

Aufgabe 9

Testen Sie die Regel der partiellen Integration, indem Sie die Funktion $f(x) = x^2$ als Produkt $x \cdot x$ interpretieren und darauf partielle Integration anwenden.

Tipp

Es gibt leider keine feste Regel, welchen der beiden Faktoren man als $u(x)$ und welchen man als $v'(x)$ nehmen muss. Allerdings kann man die folgenden beiden Tipps geben, die in Prüfungsaufgaben fast immer helfen:

- Ist einer der beiden Faktoren des Integranden x oder eine Potenz davon, sollte man immer diesen als $u(x)$ nehmen, denn ein solcher Faktor wird durch das dann folgende Ableiten „einfacher", da sich der Exponent verkleinert; würde man diesen Faktor als $v'(x)$ wählen, würde er sich durch das dann notwendige Integrieren noch weiter verkomplizieren.
- Einen der beiden Faktoren wird man wohl oder übel $v'(x)$ nennen und integrieren müssen. Kommt unter den Faktoren eine einfache trigonometrische Funktion wie Sinus oder Cosinus oder die Exponentialfunktion vor, sollte man sich immer für diese als $v'(x)$ entscheiden, da sie beim Integrieren nicht „schwieriger" wird.

Aufgabe 10

Berechnen Sie die folgenden unbestimmten Integrale durch partielle Integration. Auf die Angabe der Konstanten C kann dabei wie üblich verzichtet werden.

a) $\int x \cdot e^x \,\mathrm{d}x$

b) $\int x \cdot \cos(x) \,\mathrm{d}x$

Oft wird man mit einer einfachen partiellen Integration nicht auskommen. Dies wird in der folgenden Aufgabe eingeübt.

Aufgabe 11

Berechnen Sie die folgenden Integrale mithilfe (eventuell mehrfacher) partieller Integration.

a) $\int_0^1 x^2 \cdot e^x \,\mathrm{d}x$

b) $\int_0^1 (3x^2 - x + 2) \cdot e^x \,\mathrm{d}x$

c) $\int \sin(x) \cdot \cos(x) \,\mathrm{d}x$

d) $\int \sin^2(x) \,\mathrm{d}x$

e) $\int_0^\pi e^x \cdot \sin(x) \,\mathrm{d}x$

f) $\int \ln(x) \,\mathrm{d}x$

g) $\int x \cdot \ln(x) \,\mathrm{d}x$

7.3.2 Lineare Substitution

Ist der Integrand eine verkettete Funktion, wobei die innere Funktion linear ist, so kann man das Integral durch **lineare Substitution** ermitteln.

Satz

Ist g eine integrierbare verkettete Funktion der Form $g(x) = f(ax + b)$ mit $a \neq 0$, und ist F eine Stammfunktion der äußeren Funktion f, so gilt

$$\int g(x) \,\mathrm{d}x = \int f(ax + b) \,\mathrm{d}x = \frac{1}{a} \cdot F(ax + b) + C.$$

Aufgabe 12

Berechnen Sie das Integral $\int_0^1 (2x+1)^2\,\mathrm{d}x$

a) mithilfe linearer Substitution,

b) durch Ausmultiplizieren des Integranden,

GTR c) mithilfe des GTR.

Tipp

Diese beiden Möglichkeiten haben Sie grundsätzlich immer, wenn der Integrand – wie hier – die Potenz einer linearen Funktion ist. Allerdings ist das Ausmultiplizieren für Potenzen größer als drei sehr aufwendig und fehleranfällig, hierfür ist also unbedingt lineare Substitution zu empfehlen. Für die allgemeine Potenz einer beliebigen linearen Funktion kann man auch – als Anwendung des Satzes – eine Formel angeben; diese lautet für alle $n \neq -1$:

$$\int (ax+b)^n\,\mathrm{d}x = \frac{1}{a} \cdot \frac{(ax+b)^{n+1}}{n+1}.$$

Aufgabe 13

Berechnen Sie die folgenden Integrale mithilfe linearer Substitution; beachten Sie dabei gegebenenfalls auch die im Tipp angegebene Formel.

a) $\int \sqrt{1+x}\,\mathrm{d}x$

b) $\int_0^1 (2x-1)^8\,\mathrm{d}x$

c) $\int e^{2x-1}\,\mathrm{d}x$

d) $\int_0^2 \frac{4}{3x+2}\,\mathrm{d}x$

e) $\int_0^{\pi} \cos(100x)\,\mathrm{d}x$

7.3.3 Partialbruchzerlegung

Ist der Integrand eine rationale Funktion, beispielsweise

$$r(x) = \frac{x+7}{x^2-x-2},$$

so kann man die Integration selten direkt ausführen. Hier hilft die Zerlegung des Integranden in (einfachere) Teilbrüche (in älterer Sprachregelung: Partialbrüche), deren Integral man ermitteln kann. Hierzu muss man zunächst den Nenner – falls möglich – in Linearfaktoren zerlegen. Im obigen Beispiel geht das, denn es ist $x^2-x-2=(x-2)(x+1)$, also

$$r(x) = \frac{x+7}{(x-2)(x+1)}.$$

Diese Funktion kann man auch in der Form

$$r(x) = \frac{3}{x-2} - \frac{2}{x+1}$$

schreiben.

Dies ist die gesuchte Partialbruchzerlegung (wie man diese ermittelt, wird gleich im Anschluss geübt), und mit ihrer Hilfe kann man die Stammfunktion der Funktion $r(x)$ leicht ermitteln. Es ist:

$$\begin{aligned}\int r(x)\,\mathrm{d}x &= \int \frac{x+7}{x^2-x-2}\,\mathrm{d}x \\ &= \int \frac{3}{x-2} - \frac{2}{x+1}\,\mathrm{d}x \\ &= 3\cdot\ln|x-2| - 2\cdot\ln|x+1| + C.\end{aligned}$$

Hinweis

Nicht jedes Nennerpolynom kann in Linearfaktoren zerlegt werden, manchmal bleibt ein nicht weiter zerlegbarer quadratischer Faktor übrig, das einfachste Beispiel hierfür ist die Funktion $\frac{1}{1+x^2}$.
Dieser Fall ist schwieriger zu behandeln und daher in der Prüfung nicht zu erwarten.
Im Weiteren wird daher nur der Fall eines vollständig in Linearfaktoren zerlegbaren Nenners betrachtet!

Der nächste Satz sagt aus, welche Form die gesuchte Partialbruchzerlegung haben muss, danach wird angegeben, wie man die zunächst noch unbekannten Koeffizienten der Zerlegung ermittelt. Wir beschränken uns der Übersichtlichkeit halber auf den Fall, dass der Nenner höchstens drei verschiedene Nullstellen, also drei verschiedene Linearfaktoren hat. Wie man mit mehr als drei Linearfaktoren umgehen muss, kann man daraus leicht ableiten, außerdem ist dieser Fall in der Prüfung nicht zu erwarten.

Satz

Es sei $r(x)$ eine rationale Funktion der Form

$$r(x) = \frac{p(x)}{(x-a)^n\cdot(x-b)^m\cdot(x-c)^k},$$

wobei der Grad des Zählerpolynoms $p(x)$ kleiner als der Grad des Nennerpolynoms, also $n+m+k$, sein muss.
Dann gibt es reelle Zahlen (Koeffizienten) $A_1, A_2, \ldots, A_n, B_1, B_2, \ldots, B_m,$ und $C_1, C_2, \ldots, C_k$ so, dass

$$r(x) = \sum_{i=1}^{n}\frac{A_i}{(x-a)^i} + \sum_{i=1}^{m}\frac{B_i}{(x-b)^i} + \sum_{i=1}^{k}\frac{C_i}{(x-c)^i}$$

ist.

Aufgabe 14

Es sei $p(x)$ ein Polynom vom Grad 1. Geben Sie für die folgenden rationalen Funktionen die Form ihrer Partialbruchzerlegung an.

a) $r_1(x) = \dfrac{p(x)}{(x-1)\cdot(x-2)^3}$

b) $r_2(x) = \dfrac{p(x)}{x^2\cdot(x^2-1)}$

Satz

Um die Koeffizienten der Partialbruchzerlegung einer Funktion $r(x)$ zu berechnen, multipliziert man zunächst beide Seiten der Gleichung

$$\frac{p(x)}{(x-a)^n\cdot(x-b)^m\cdot(x-c)^k} = \sum_{i=1}^{n}\frac{A_i}{(x-a)^i} + \sum_{i=1}^{m}\frac{B_i}{(x-b)^i} + \sum_{i=1}^{k}\frac{C_i}{(x-c)^i}$$

mit dem Hauptnenner $(x-a)^n\cdot(x-b)^m\cdot(x-c)^k$ durch. Dies ergibt eine Gleichung zweier Polynome, wobei auf der rechten Seite die unbekannten Koeffizienten enthalten sind. Nun gibt es zwei verschiedene Möglichkeiten:

- Man macht einen Koeffizientenvergleich der beiden Polynome.
- Man setzt verschiedene Werte von x ein, und zwar so, dass möglichst viele Summanden verschwinden. Dann liest man die Koeffizienten ab oder löst eventuell ein kleines noch verbleibendes Gleichungssystem.

Aufgabe 15

Leiten Sie die oben genannte Partialbruchzerlegung der Funktion

$$r(x) = \frac{x+7}{(x-2)(x+1)}\,\mathrm{d}x$$

her, und zwar

a) mithilfe eines Koeffizientenvergleichs,

b) mithilfe des Einsetzens geeigneter x-Werte.

Tipp

Natürlich sollten hier nur zur Übung beide Methoden verwendet werden, Sie dürfen sich bei Aufgaben zur Partialbruchzerlegung frei entscheiden, welche Methode Sie nehmen wollen. Daher ist es aber umso wichtiger, dass Sie sich vor der Prüfung in Ruhe überlegen, welche der beiden Möglichkeiten Ihnen besser liegt.

Aufgabe 16

Bestimmen Sie mithilfe der Partialbruchzerlegung folgende Integrale.

a) $\int \frac{6x^2 - x + 1}{x \cdot (x-1) \cdot (x+1)} \, dx$

b) $\int \frac{x^2 - 15x + 8}{(x-1)^2 \cdot (x+5)} \, dx$

Aufgabe 17

Bestimmen Sie mithilfe der Partialbruchzerlegung die folgenden Integrale. Ermitteln Sie hierfür zunächst die Linearfaktorzerlegung des Nenners.

a) $\int \frac{5x - 19}{3x^2 - 6x - 9} \, dx$

b) $\int \frac{x - 3}{x^3 - 4x^2 + 5x - 2} \, dx$

c) $\int \frac{x^2 + 2x + 3}{x^3 + 6x^2 + 12x + 8} \, dx$

Behandlung von rationalen Funktionen, deren Zählergrad nicht kleiner als der Nennergrad ist

Eine wesentliche Voraussetzung für die Anwendung der Partialbruchzerlegung ist, dass der Grad des Zählers kleiner als derjenige des Nenners ist. Ist diese nicht gegeben, so muss man zunächst eine Polynomdivision mit Rest durchführen, um die gegebene rationale Funktion zu zerlegen in ein Polynom und eine Restfunktion, die die Voraussetzung der Partialbruchzerlegung erfüllt oder direkt integriert werden kann.

Aufgabe 18

Bestimmen Sie mithilfe der gerade beschriebenen Methode die folgenden Integrale.

a) $\int \frac{x^2 + 2x - 1}{x - 1} \, dx$

b) $\int \frac{x^2 - x + 1}{(x-1)^2} \, dx$

7.4 Anwendungen der Integralrechnung

Typische Aufgabenstellungen

- Berechnung von bestimmten Integralen, deren Integrationsbereich bis ins Unendliche reicht
- Berechnung der Fläche, die von zwei Funktionsgraphen eingeschlossen wird

- Berechnung der Fläche, die von Funktionsgraphen und ihren Tangenten eingeschlossen wird
- Berechnung des Volumens eines von einer Funktion erzeugten Rotationskörpers
- Berechnung der Bogenlänge eines Funktionsgraphen
- Numerische Integration

7.4.1 Uneigentliche Integrale

Als uneigentliches Integral bezeichnet man ein bestimmtes Integral, bei dem mindestens eine der Integrationsgrenzen nicht endlich ist.

Definition

Es sei f eine stetige reelle Funktion und $a \in \mathbb{R}$. Existiert für jedes $b \geq a$ das Integral $\int_a^b f(x)\,\mathrm{d}x$ und existiert der Grenzwert

$$\lim_{b\to\infty} \int_a^b f(x)\,\mathrm{d}x,$$

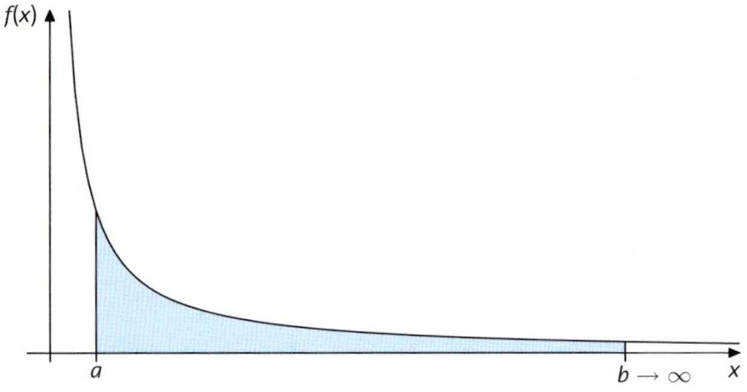

so bezeichnet man ihn als das **uneigentliche Integral** von f über $[a,\infty)$ und schreibt kurz

$$\int_a^\infty f(x)\,\mathrm{d}x.$$

Das uneigentliche Integral über $(-\infty, b]$ und über $(-\infty, \infty)$ ist analog definiert.

Tipp

Bei der praktischen Berechnung des uneigentlichen Integrals bestimmt man zunächst den Ausdruck $F(b) - F(a)$ und lässt anschließend b gegen unendlich gehen.

$$\int_a^\infty f(x)\,\mathrm{d}x = \lim_{b\to\infty} \int_a^b f(x)\,\mathrm{d}x = \lim_{b\to\infty} (F(b) - F(a))$$

Aufgabe 19

Berechnen Sie die folgenden uneigentlichen Integrale.

a) $\int_0^\infty e^{-x}\,\mathrm{d}x$

b) $\int_1^\infty \frac{1}{\sqrt{x^3}}\,\mathrm{d}x$

c) $\int_{-\infty}^\infty \frac{1}{1+x^2}\,\mathrm{d}x$

d) $\int_0^\infty x \cdot e^{-x}\,\mathrm{d}x$

Aufgabe 20

Es sei t ein reeller Parameter. Für welche Werte von t existiert das uneigentliche Integral

$$\int_0^\infty e^{tx}\,\mathrm{d}x?$$

Welchen Wert hat das Integral?

7.4.2
Berechnung von eingeschlossenen Flächen

Fläche zwischen zwei Funktionsgraphen

Haben zwei Funktionen f und g zwei Schnittpunkte x_1 und x_2, so schließen ihre Graphen zwischen diesen Punkten eine Fläche ein. Den Inhalt A dieser Fläche berechnet man durch

$$A = \left| \int_{x_1}^{x_2} f(x) - g(x)\,\mathrm{d}x \right|.$$

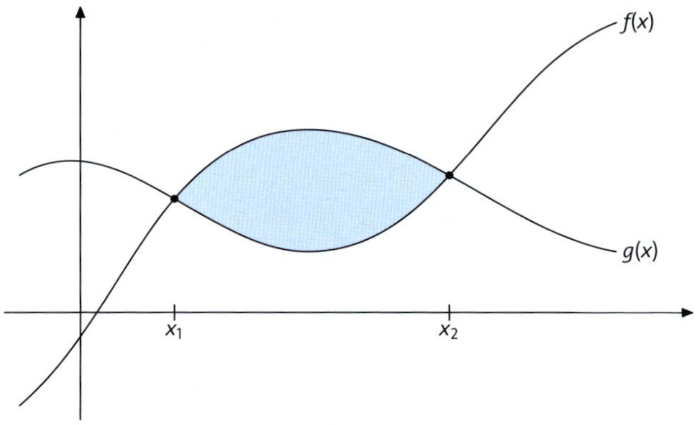

Tipp

Die Betragsbildung dient hier lediglich dazu, ein negatives Ergebnis zu vermeiden. Weiß man, dass f zwischen den beiden Schnittpunkten immer oberhalb von g verläuft, so kann man auf den Betrag auch verzichten.

Aufgabe 21

Berechnen Sie den Flächeninhalt, der von den Graphen folgender Funktionen eingeschlossen wird.

a) $f(x) = x^2$, $g(x) = x + 2$

b) $f(x) = x^2 - 8x + 17$, $g(x) = 7 - x$

c) $f(x) = \dfrac{1}{1+x^2}$, $g(x) = x^2 - \frac{1}{2}$

Haben die Funktionen mehrere Schnittstellen $x_1, x_2, \ldots, x_n$, so muss man die Teilflächen zwischen diesen Schnittstellen einzeln ausrechnen und die Beträge zur Gesamtfläche A addieren. Mit der Bezeichnung

$$A_i = \left| \int_{x_i}^{x_{i+1}} f(x) - g(x) \, \mathrm{d}x \right|$$

für $i = 1,2,\ldots,n-1$ gilt also

$$A = A_1 + A_2 + \cdots + A_{n-1}.$$

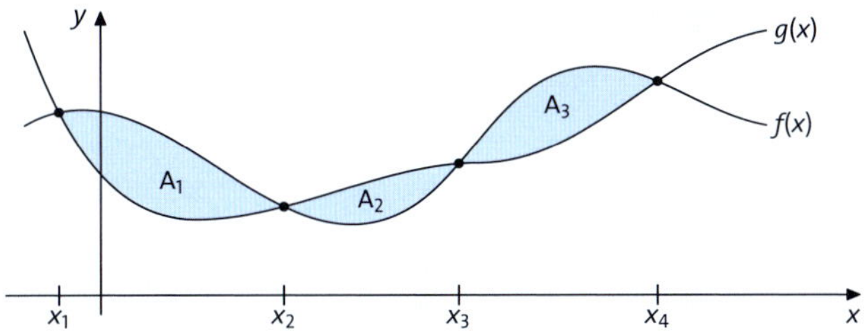

Aufgabe 22

Berechnen Sie den Flächeninhalt, der von den Graphen folgender Funktionen eingeschlossen wird.

a) $f(x) = \frac{1}{3}x^3 - \frac{4}{3}x$, $g(x) = \frac{1}{3}x^2 + \frac{2}{3}x$

b) $f(x) = 3x^2 + x + 1$, $g(x) = x^3 + 3x + 1$

Aufgabe 23

GTR

Berechnen Sie mithilfe des GTR die Fläche, die von den Graphen der Funktionen $f(x) = \frac{2}{3}x^3 - 4x^2 + 5x$ und $g(x) = 3\sin(2x - \frac{1}{2})$ eingeschlossen wird.

Aufgabe 24

Mit einem positiven reellen Parameter a sei die Kurvenschar

$$f_a(x) = (x - a) \cdot e^{-x}$$

definiert. Berechnen Sie den Inhalt der Fläche, die von den Graphen der beiden Funktionen $f_{a+1}(x)$ und $f_a(x)$ zwischen 0 und $+\infty$ eingeschlossen wird. Beachten Sie, dass es sich dabei um ein uneigentliches Integral handelt.

Aufgabe 25

Berechnen Sie den Inhalt der Fläche, den der Graph der Funktion $f(x) = \frac{1}{x}$, die Tangente an die Funktion in $x = 1$ und die senkrechte Gerade $x = 2$ einschließen.

7.4.3 Volumen von Rotationskörpern und Bogenlänge

Satz

Es sei $f(x)$ eine auf dem Intervall $[a,b]$ stetige Funktion. Rotiert der Graph dieser Funktion um die x-Achse, so entsteht dabei ein Körper, den man **Rotationskörper** nennt. Das Volumen V dieses Körpers berechnet man nach der Formel

$$V = \pi \cdot \int_a^b (f(x))^2 \, dx.$$

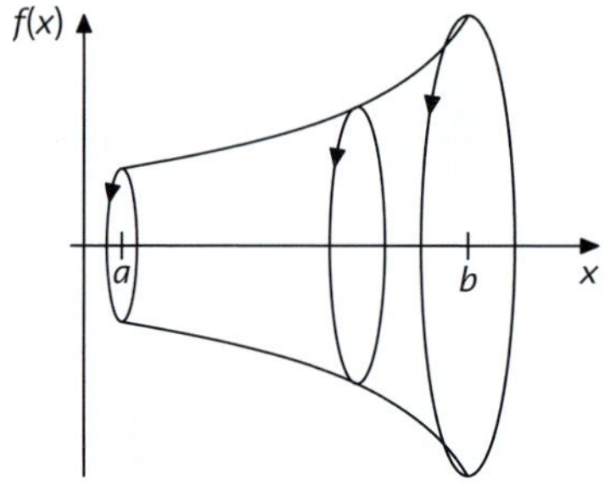

Aufgabe 26 Berechnen Sie das Volumen des Körpers (eines sogenannten **Paraboloids**), der durch Rotation der Funktion $f(x) = \sqrt{x}$ über dem Intervall $[0,1]$ um die x-Achse entsteht.

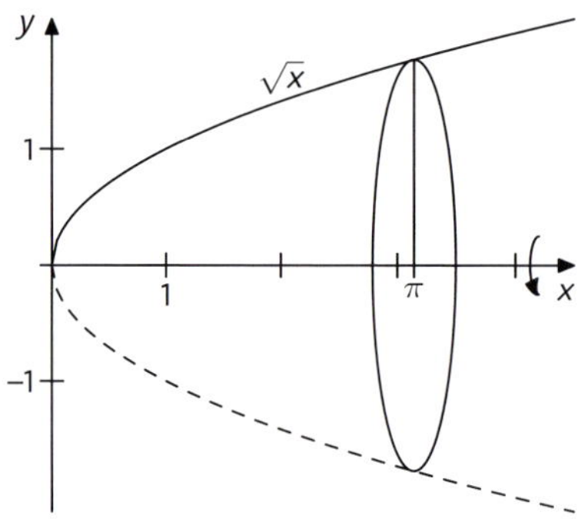

Aufgabe 27 Berechnen Sie das Volumen des Körpers, der durch Rotation der Funktion $f(x) = \sin x$ über dem Intervall $[0,\pi]$ um die x-Achse entsteht.

Aufgabe 28

Beweisen Sie durch Berechnung des Volumens eines geeigneten Rotationskörpers die folgenden elementargeometrischen Formeln.

a) Das Volumen eines Kreiszylinders mit Radius r und Höhe h ist
$V = \pi \cdot h \cdot r^2$.

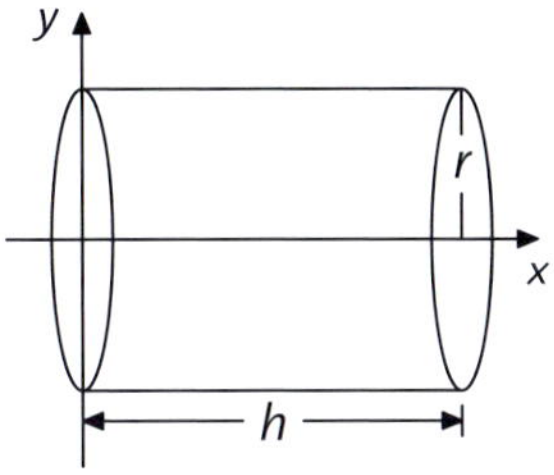

b) Das Volumen eines Kreiskegels mit Bodenradius r und Höhe h ist
$V = \frac{\pi}{3} \cdot h \cdot r^2$.

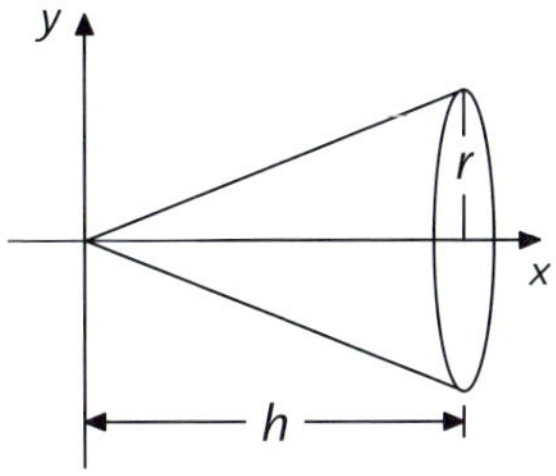

Satz

Es sei $f(x)$ eine auf dem Intervall $[a,b]$ differenzierbare Funktion. Die Länge L des Funktionsgraphen von $f(x)$ zwischen $x = a$ und $x = b$, die sogenannte **Bogenlänge** dieses Kurvenstücks, berechnet man nach der Formel

$$L = \int_a^b \sqrt{1 + (f'(x))^2}\, dx.$$

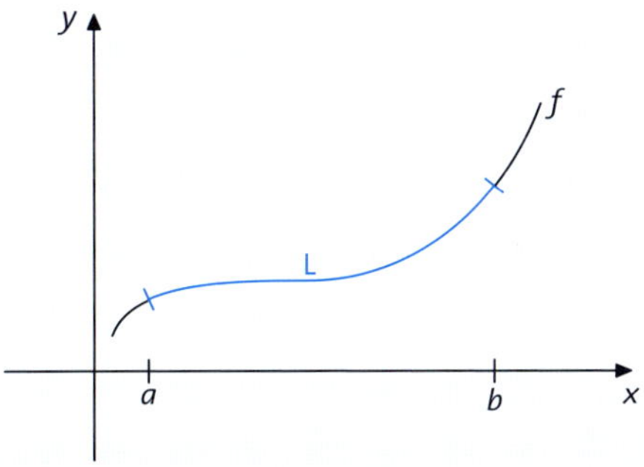

Aufgabe 29 Berechnen Sie die Länge des Graphen von $f(x) = \frac{2}{3} \cdot \sqrt{x^3}$ über dem Intervall $[3,15]$.

Aufgabe 30 Als **Kettenlinie** bezeichnet man den Graphen der Funktion

$$f(x) = \tfrac{1}{2}(e^x + e^{-x}).$$

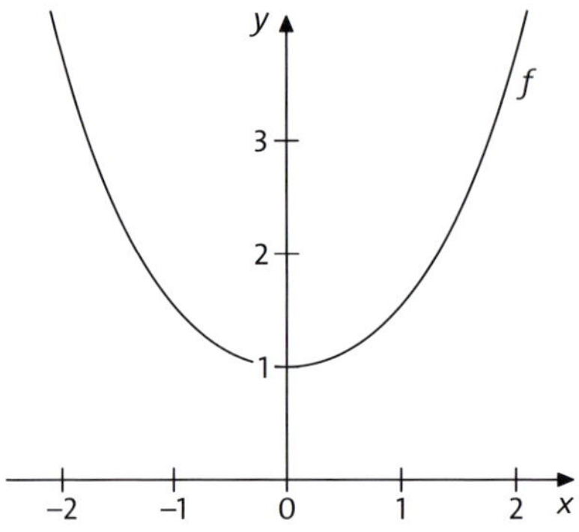

Berechnen Sie die Länge der Kettenlinie über dem Intervall $[-2,2]$.

Aufgabe 31 Für $x \geq 0$ sei $f(x) = \sqrt{e^{2x} - 1}$. Weiter sei $F(x)$ eine beliebige Stammfunktion von $f(x)$. Berechnen Sie die Länge des Graphen von $F(x)$ über dem Intervall $[0,1]$.

7.4.4 Numerische Integration: Die keplersche Fassregel

Häufig kann man ein bestimmtes Integral nicht oder nur mit sehr großem Aufwand exakt ermitteln. In diesem Fall benutzt man Näherungsformeln zur numerischen (also zahlenmäßigen) Integration der Funktion. Es gibt eine unüberschaubar große Zahl solcher Näherungsformeln. Fast alle beruhen auf der Idee, die zu integrierende Funktion zunächst durch ein Polynom zu interpolieren und dann dieses Polynom anstelle der eigentlichen Funktion zu integrieren. Allerdings merkt man den Verfahren diese Herleitung nicht mehr an, es handelt sich in der Anwendung nur noch um eine gewichtete Summe von Funktionswerten.

Im Folgenden üben wir das anhand der weit verbreiteten keplerschen Fassregel.

Satz

Es sei f eine im Intervall $[a,b]$ stetige Funktion. Mit h bezeichne man die halbe Länge des Intervalls, also $h = \frac{b-a}{2}$, und mit c den Mittelpunkt des Intervalls, also $c = \frac{a+b}{2}$.

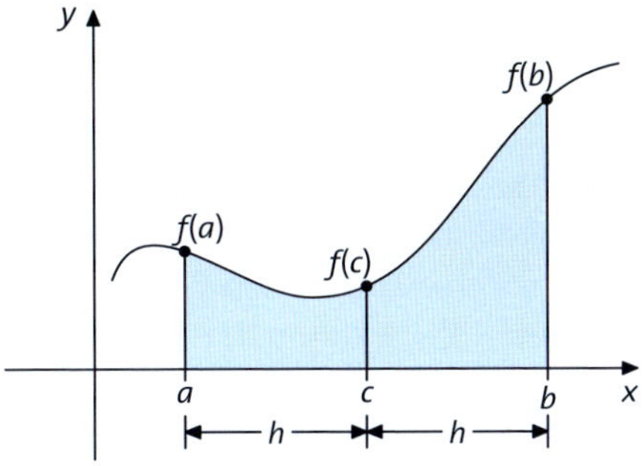

Dann lautet die **keplersche Fassregel:**

$$\int_a^b f(x)\,\mathrm{d}x \approx \frac{h}{3} \cdot (f(a) + 4f(c) + f(b)).$$

Die rechte Seite liefert also einen Näherungswert an das bestimmte Integral von f über $[a,b]$.

Aufgabe 32

Berechnen Sie mithilfe der keplerschen Fassregel eine Näherung an das Integral

$$\int_0^1 x^3\,\mathrm{d}x.$$

Vergleichen Sie den erhaltenen Näherungswert mit dem exakten Wert des Integrals.

Aufgabe 33

Integrieren Sie mithilfe der keplerschen Fassregel näherungsweise die Funktion $f(x) = 1 + e^{-x}$ über dem Intervall $[0,2]$.

Aufgabe 34

Berechnen Sie mithilfe der keplerschen Fassregel näherungsweise die Bogenlänge der Funktion $f(x) = x^3$ über dem Intervall $[0,1]$.

Aufgabe 35

a) Beweisen Sie, dass die keplersche Fassregel die konstante Funktion $f(x) = 1$ über jedem beliebigen Intervall $[a,b]$ exakt, also ohne Fehler, integriert.

b) Beweisen Sie, dass die keplersche Fassregel die Funktion $f(x) = x$ über jedem beliebigen Intervall $[a,b]$ exakt integriert.

c) Schließen Sie aus den Ergebnissen der Teile a) und b), dass die keplersche Fassregel jede lineare Funktion $f(x) = mx + c$ über einem beliebigen Intervall $[a,b]$ exakt integriert.

Tipp

Man kann zeigen, dass die keplersche Fassregel sogar alle quadratischen Polynome exakt integriert; das ist aber aufwendiger als die hier zu beweisenden Aussagen.

7.5 Grafisches Integrieren

Typische Aufgabenstellungen

- Ermitteln der Stammfunktion einer grafisch gegebenen Funktion
- Skizzieren des Funktionsgraphen der Stammfunktion
- Zuordnung gegebener Schaubilder

Dieses Thema ist das Pendant zum grafischen Ableiten. Anhand des Graphen einer Funktion sollen möglichst viele Informationen über ihre Stammfunktionen gewonnen und diese skizziert werden.

Aufgabe 36

Die Abbildung zeigt die Graphen einer Funktion und einer ihrer Stammfunktionen.

a) Welches ist die Funktion, welches die Stammfunktion?

b) Gibt es auch eine Stammfunktion, die mit der Funktion keinen Schnittpunkt hat?

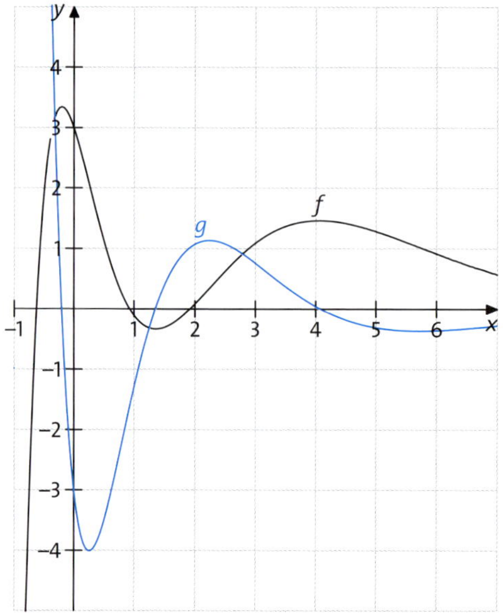

Aufgabe 37

Die Abbildung zeigt den Graphen einer Funktion $f(x)$. Welche der folgenden Aussagen über ihre Stammfunktion $F(x)$ sind richtig, welche falsch, und welche unentscheidbar?

a) $F(x)$ hat genau zwei lokale Extrema.

b) $F(x)$ ist für $-1{,}5 < x < 1{,}5$ streng monoton fallend.

c) Die Funktion $f(x)$ hat mit $F(x)$ genau zwei Schnittpunkte.

d) $F(x)$ ist eine gerade Funktion.

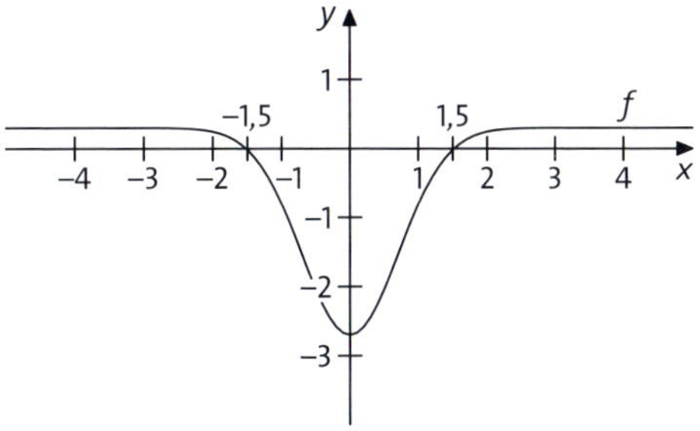

Aufgabe 38

Die Abbildung zeigt die Graphen eines Polynoms $p(x)$ dritten Grades. Mit $P(x)$ bezeichne man diejenige Stammfunktion von p, für die $P(0) = 1$ gilt.

a) Wie viele lokale Extrema hat $P(x)$?

b) An wie vielen Stellen hat $P(x)$ eine Tangente, die parallel zur Geraden $y = -4x + 1$ ist?

c) Skizzieren Sie den Graphen von $P(x)$.

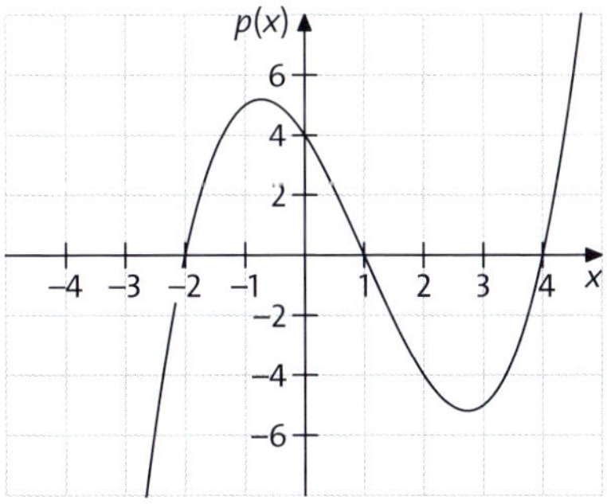

Trainingsklausuren

Anforderungsbereiche in den Abiturklausuren

Um die Aufgabenstellung und die Bewertung der Abiturprüfungen durchschaubar und vergleichbar zu machen, wurden durch die Kultusministerkonferenz drei Anforderungsbereiche für die Prüfungsfragen festgelegt, die den Schwierigkeitsgrad einer Aufgabe, v. a. aber den Grad der Selbstständigkeit bei deren Bearbeitung widerspiegeln.

Anforderungsbereich I

Reproduktion von Definitionen, Fakten, Regeln, Formeln, mathematischen Sätzen usw.; die Beschreibung und Verwendung gelernter Arbeitstechniken und Verfahrensweisen in einem begrenzten Gebiet und bei Vorgabe einfacher und gewohnter Bedingungen
Beispiele: Ableiten und Integrieren; Lösen von einfachen (Un)Gleichungen / Gleichungssystemen; Anfertigen von Skizzen; Extremwerte bestimmen; Lagebeziehungen festlegen; Bestimmen von Geraden- und Ebenengleichungen; Berechnen von Wahrscheinlichkeiten; Verwenden des TR / GTR als zielführendes Werkzeug
Typische Aufgabenstellungen: nennen Sie, bestimmen Sie, berechnen Sie, beschreiben Sie, geben Sie an, erstellen Sie, skizzieren Sie, zeichnen Sie

Anforderungsbereich II

Selbstständiges Auswählen, Anordnen, Verarbeiten und Darstellen von Sachverhalten unter vorgegebenen Gesichtspunkten in einem bekannten Zusammenhang; Übertragen des Gelernten auf vergleichbare neue Situationen
Beispiele: Übersetzen einer Ausgangssituation in ein geeignetes mathematisches Modell; Durchführen vollständiger Fallunterscheidungen; Vergleichen und Bewerten verschiedener Lösungsansätze; Übersetzen eines Schaubildes in einen Funktionsterm
Typische Aufgabenstellungen: beschreiben Sie, leiten Sie her, interpretieren Sie, überprüfen Sie, vergleichen Sie, zeichnen Sie, zeigen Sie, weisen Sie nach

Anforderungsbereich III

Planmäßiges, kreatives Bearbeiten komplexerer und offener Problemstellungen; selbstständiges Erarbeiten von Lösungen, Deutungen, Wertungen und Folgerungen; selbstständiges Auswählen geeigneter Methoden / Verfahren in neuartigen Situationen
Beispiele: Auffinden eines Lösungsansatzes für Probleme, bei denen Kenntnisse aus verschiedenen Teilgebieten der Mathematik verbunden werden müssen; Modellieren; Beweisführung, bei der eigenständige Beweisgedanken erforderlich sind
Typische Aufgabenstellungen: begründen Sie, ermitteln Sie, beurteilen Sie, beweisen Sie, widerlegen Sie, interpretieren Sie, vergleichen Sie, zeigen Sie

Die hier abgedruckten Trainingsklausuren sind als typische Musterklausuren zu verstehen, wie sie vom Umfang und Anforderungsgrad in einer Abiturprüfung vorkommen können. Der Aufbau einer Abiturklausur kann von Bundesland zu Bundesland variieren.
Die jeweiligen Anforderungsbereiche stehen hinter den Fragen in römischen Ziffern. Eine scharfe Trennung der Bereiche ist oft nicht möglich. In diesen Fällen sind zwei Bereiche angegeben (z. B. **I/II**).

Klausur 1

Aufgabe 1

10 Punkte

Die Abbildung zeigt das Schaubild der Ableitungsfunktion g' einer Funktion g 4. Grades.

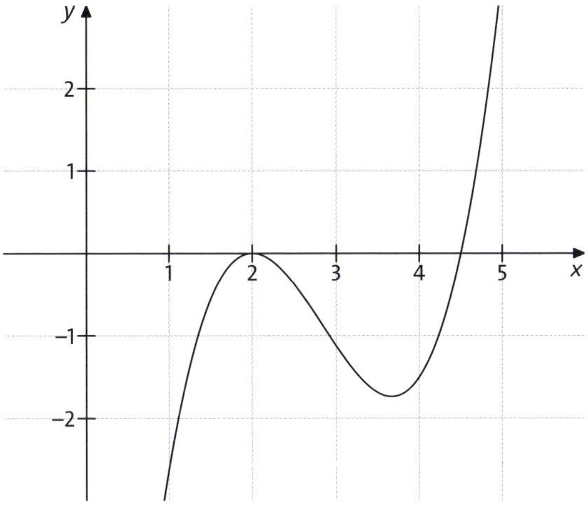

Treffen Sie begründet Aussagen über das Schaubild K der Funktion g bezüglich des Steigungsverhaltens und der Krümmungsbereiche.
An welchen Stellen hat K Hoch-, Tief- oder Wendepunkte?
Begründen Sie. **(II)**

Aufgabe 2 Für jedes $t \in \mathbb{R}^*$ ist die Funktion f_t gegeben durch

$$f_t(x) = 2x\left(\frac{x^2}{t} - 2x + t\right).$$

Das Schaubild von f_t heißt K_t.

13 Punkte **a)** Untersuchen Sie K_t in Abhängigkeit von t auf Schnittpunkte mit den Koordinatenachsen und Extrempunkte.
Auf welcher Kurve liegen die Wendepunkte aller K_t?
Bestimmen Sie in Abhängigkeit von t die Anstiegswinkel der Wendenormalen. **(II/III)**

4 Punkte **b)** Zeichnen Sie für $t \in \{-3; 3\}$ die Schaubilder K_t.
Zeigen Sie allgemein: Spiegelt man K_t an der y-Achse, so erhält man das Schaubild K_{-t}. **(II)**

4 Punkte **c)** Das Schaubild einer trigonometrischen Funktion berührt K_3 im Hochpunkt. Geben Sie einen möglichen Funktionsterm an und begründen Sie Ihr Vorgehen. **(III)**

GTR 4 Punkte **d)** Das Schaubild G der Funktion g mit

$$g(x) = 4\sin(4x)$$

und K_3 begrenzen eine Fläche. Bestimmen Sie ihren Inhalt. **(II)**

35 Punkte

Klausur 2

Aufgabe 1

Für jedes $t \in \mathbb{R}$ ist die Funktion h_t gegeben durch

$$h_t(x) = (x + 2t) \cdot e^{\frac{t-x}{2}}$$

Das Schaubild von h_t heißt K_t.

4 Punkte **a)** Geben Sie den maximalen Definitionsbereich für $h_t(x)$ an.
Bestimmen Sie die Nullstellen von h_t und untersuchen Sie das Verhalten für $x \to +\infty$ und für $x \to -\infty$. **(II)**

10 Punkte **b)** Untersuchen Sie K_t auf Extrempunkte.
Untersuchen Sie das Krümmungsverhalten von K_t und geben Sie eine Gleichung für die Ortskurve der Wendepunkte an.
Begründen Sie, dass alle Wendepunkte oberhalb der x-Achse liegen. **(III)**

3 Punkte **c)** Die Abbildung zeigt das Schaubild K_t' der Ableitung h_t' für einen bestimmten Wert von t.

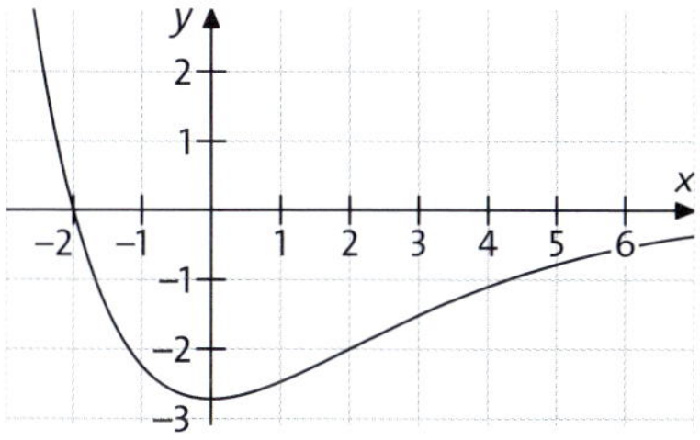

Bestimmen Sie diesen Wert von t. Begründen Sie Ihre Entscheidung. **(III)**

2 Punkte **d)** Zeigen Sie, dass H_t mit

$$H_t(x) = (-2x - 4 - 4t) \cdot e^{\frac{t-x}{2}}$$

eine Stammfunktion zu h_t ist. **(II)**

GTR 5 Punkte **e)** $K_{1,5}$ schließt mit der x-Achse, der Geraden $x = -1$ und der Tangente an $K_{1,5}$ in $x_0 = 0$ eine Fläche ein. Bestimmen Sie den Inhalt dieser Fläche. **(II)**

GTR 5 Punkte **f)** Gegeben ist die Funktion f mit

$$f(x) = -\frac{3}{2}x^2(x-3)^2 + 8.$$

Ermitteln Sie die Stelle für $0 \leq x \leq 3{,}5$, an der die Funktionswerte von $h_{1,5}$ und f am stärksten voneinander abweichen.
Wie groß ist diese maximale Abweichung? **(II)**

Aufgabe 2

6 Punkte

Gegeben sei die Funktion f mit

$$f(x) = x \cdot \ln(x), \qquad x > 0.$$

Zeigen Sie, dass f streng monoton wachsend ist auf $\left]\frac{1}{e}; +\infty\right[$.
Berechnen Sie für die Umkehrfunktion $f^{-1}\colon \left]-\frac{1}{e}; +\infty\right[\to \mathbb{R}$ die Ableitung an der Stelle $n \cdot e^n$ mit $n \in \mathbb{N}_0$. **(II/III)**

35 Punkte

Klausur 3

Aufgabe 1

Die Funktionen u und v mit $v(x) = e^x$ sind auf ganz $\mathbb{R}$ differenzierbar. Gegeben sind weiter die Funktionen f_1, f_2, f_3 und f_4' mit:

$$f_1 = u \cdot v, \qquad f_2 = \frac{v}{u}, \qquad f_3 = (u \cdot v)', \qquad f_4' = u \cdot v.$$

Die Schaubilder der Funktionen f_1, f_2, f_3 und f_4 sind K_1, K_2, K_3 und K_4.

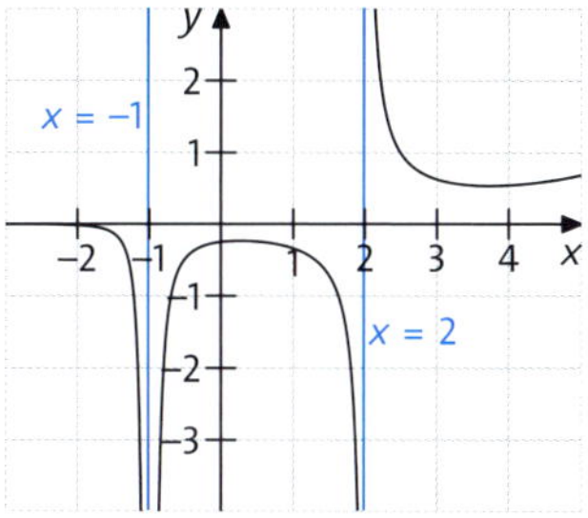

Bild 1

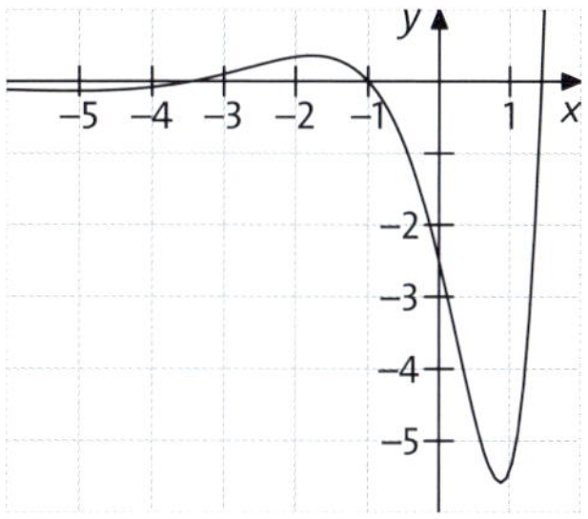

Bild 2

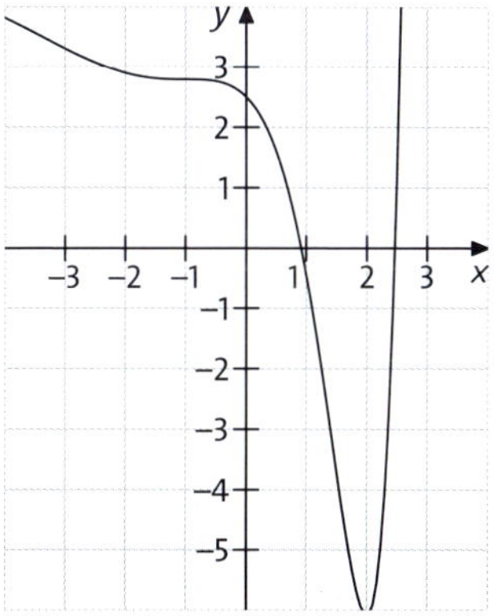

Bild 3

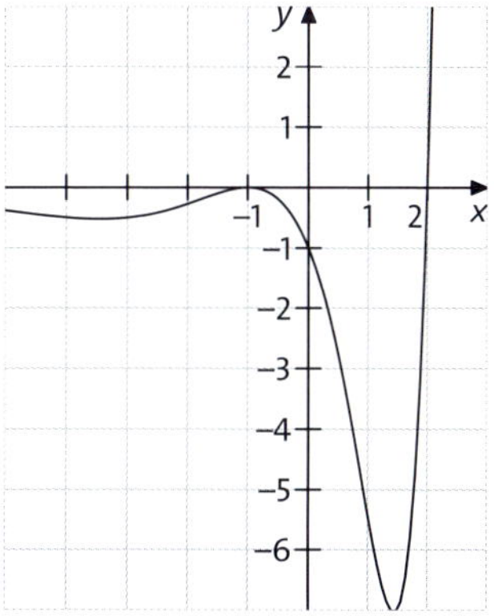

Bild 4

8 Punkte **a)** Begründen Sie, dass nur Bild 1 das Schaubild von f_2 sein kann. Ordnen Sie die Funktionen f_1, f_3 und f_4 den passenden Bildern zu und begründen Sie Ihre Entscheidung. **(II/III)**

8 Punkte **b)** Gegeben sei eine weitere Funktion f_5 mit dem Schaubild K_5:

$$f_5 = \frac{u}{v}$$

Geben Sie die Schnittpunkte von f_5 mit der x-Achse an. Begründen Sie, dass K_5 an der Stelle $x_1 = -1$ eine waagrechte Tangente hat. Erläutern Sie, an welchen weiteren Stellen K_5 waagrechte Tangenten besitzt. **(III)**

7 Punkte **c)** Die Funktion u sei eine Polynomfunktion 3. Grades. Bestimmen Sie nachvollziehbar ihren Funktionsterm.
[zur Kontrolle: $u(x) = \frac{1}{2}(x-2)(x+1)^2$]
Der Graph K_1 und die x-Achse begrenzen im 3. Quadranten ein sich ins Unendliche erstreckendes Flächenstück. Untersuchen Sie mithilfe der Stammfunktion, ob dieses Flächenstück einen endlichen Flächeninhalt hat. **(III)**

Aufgabe 2

Die aufgeheizte Herdplatte eines Ceranfeldes besitzt eine Temperatur von 250°C. Die Herdplatte wird abgeschaltet und kühlt nun langsam ab. Pro Minute beträgt die Abkühlung 30 % von der noch vorhandenen Temperaturdifferenz zur Raumtemperatur (20°C).

7 Punkte **a)** Ermitteln Sie die Gleichung für die Abkühlgeschwindigkeit. Folgern Sie aus dieser dann die Funktion, die die Temperatur in Abhängigkeit von der Zeit angibt.
Zeichnen Sie das Schaubild der Temperaturfunktion für die ersten 10 Minuten. **(III)**

2 Punkte **b)** Eine Warnleuchte signalisiert die heiße Platte. Das Signal verschwindet, wenn die Temperatur 60°C oder geringer ist. Ermitteln Sie rechnerisch, nach wie vielen Minuten das Signal verschwindet. **(II)**

3 Punkte **c)** Bestimmen Sie für die ersten 20 Minuten die mittlere Temperatur der Herdplatte. **(II)**

35 Punkte

Klausur 4

Aufgabe 1

Gegeben ist die Schar von Funktionen f_a mit

$$f_a(x) = \frac{2x^2 - a}{x^2 + a}; \; a \in \mathbb{R}\backslash\{0\}.$$

Das Schaubild von f_a heißt K_a.

11 Punkte **a)** Geben Sie für $f_a(x)$ den maximalen Definitionsbereich an und beschreiben Sie ausführlich den Verlauf des Schaubildes K_a in Abhängigkeit von a. **(III)**

4 Punkte **b)** Zeigen Sie: Wenn eine Funktion der Schar Wendestellen hat, dann hat sie keine Polstellen. **(III)**

GTR 7 Punkte **c)** Zeichnen Sie das Schaubild K_2 (1 LE = 2 cm).
Der Punkt $C(0|2)$ sei die Spitze von gleichschenkligen Dreiecken, die symmetrisch zur y-Achse liegen und deren Eckpunkte A und B auf dem Schaubild von f_2 liegen. Bestimmen Sie die Eckpunkte A und B des Dreiecks, mit dem größten Flächeninhalt und berechnen Sie diesen. **(II)**

GTR 6 Punkte **d)** Vom Punkt $P(10|-7)$ wird an K_2 im 2. Quadranten eine Tangente gelegt. Diese Tangente begrenzt mit der Geraden $x = 4$ und dem Schaubild von K_2 eine Fläche. Bestimmen Sie ihren Flächeninhalt.
Dieses Flächenstück wird nun entlang der y-Achse verschoben, so dass es gerade nicht mehr in das 4. Feld ragt. Rotiert diese verschobene Fläche nun um die x-Achse, so entsteht ein Drehkörper. Bestimmen Sie näherungsweise sein Volumen. **(I/II)**

Aufgabe 2

7 Punkte

Die Abbildung zeigt das Schaubild K einer Funktion h.

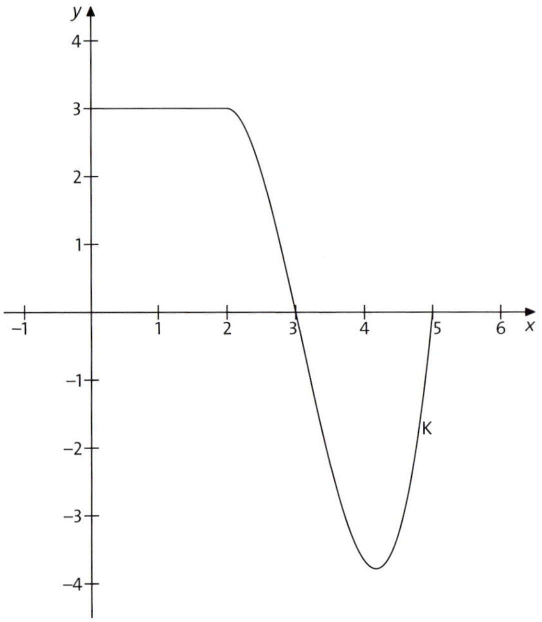

Zeichnen Sie mithilfe eines Näherungsverfahrens das Schaubild der Integralfunktion I mit

$$I_{1,5}(x) = \int_{1,5}^{x} h(x)\,\mathrm{d}x \text{ für } x \in [1,5;\, 5].$$

Erläutern Sie Ihre Überlegungen. **(III)**

35 Punkte

Klausur 5

Aufgabe 1

Die folgende Wertetabelle gehört zu einer Funktion f.

x	-3	-2	-1	0	1	2	3
$f(x)$	$6\frac{1}{4}$	-4	0	4	$2\frac{3}{4}$	0	$8\frac{1}{2}$
$f'(x)$	$-24\frac{3}{8}$	0	$5\frac{5}{8}$	$1\frac{1}{2}$	$3\frac{3}{8}$	0	$20\frac{5}{8}$
$f''(x)$	$36\frac{3}{4}$	$13\frac{1}{2}$	$-\frac{3}{4}$	-6	$-2\frac{1}{4}$	$10\frac{1}{2}$	$32\frac{1}{4}$

6 Punkte **a)** Welche Aussagen kann man mithilfe der Tabelle über Achsenschnittpunkte und Extrempunkte treffen?
Geben Sie die Bereiche an, in denen die Tangenten des Schaubildes oberhalb bzw. unterhalb der Kurve verlaufen. **(II)**

GTR 4 Punkte **b)** Die Wertetabelle gehört zu einer Polynomfunktion 4. Grades. Bestimmen Sie den Funktionsterm. **(II)**

Aufgabe 2

6 Punkte

Gegeben ist die Ellipse mit der Gleichung

$$\frac{x^2}{a^2} + \frac{y^2}{b^2} = 1,$$

wobei die Ellipsenachsen mit a und b abgekürzt sind.
In diese Ellipse soll ein Rechteck mit maximalem Fächeninhalt eingezeichnet werden, dessen Seiten parallel zu den Ellipsenachsen sind. Bestimmen Sie die Länge der Seiten c und d und den Flächeninhalt des Rechtecks. Fertigen Sie eine beschriftete Skizze an. **(III)**

Aufgabe 3

In einem Reiseführer über China findet man das folgende Schaubild, das die mittlere Tagestemperatur in Peking für jeden Monat in °C angibt.

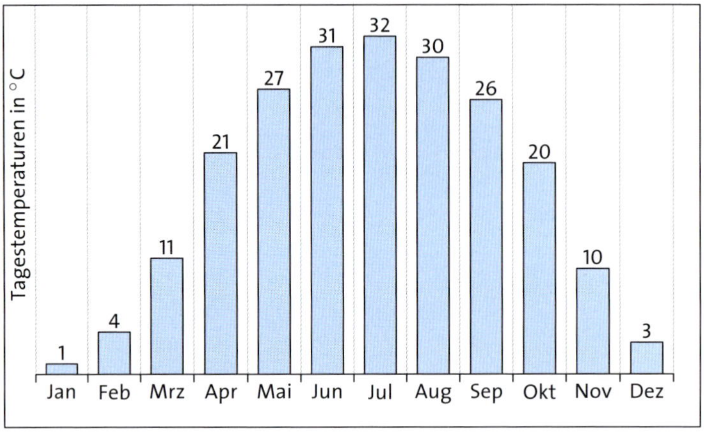

Die Temperatur in Abhängigkeit von der Zeit t (t in Monaten) wird näherungsweise durch die Funktion f beschrieben mit

$$f(t) = a \cdot \sin(b(t + c)) + d.$$

GTR 5 Punkte **a)** Bestimmen Sie nachvollziehbar die Koeffizienten a, b, c und d. Beschreiben Sie, wie das Schaubild von f aus dem Schaubild der normalen Sinusfunktion hervorgeht. **(II/III)**

Die im Aufgabenteil a) bestimmte Näherungsfunktion wird für die Bearbeitung der folgenden Aufgaben zugrunde gelegt.

2 Punkte **b)** Die Olympischen Sommerspiele in Peking beginnen am 8. August 2008. Mit welcher mittleren Tagestemperatur können die Organisatoren an diesem Tag rechnen? **(I)**

GTR 3 Punkte **c)** Zu welchem Zeitpunkt ist der Temperaturabfall am größten? Begründen Sie Ihr Ergebnis. **(II)**

3 Punkte **d)** Bestimmen Sie die durchschnittliche mittlere Tagestemperatur in Peking bezogen auf ein Jahr. **(II)**

GTR 6 Punkte **e)** Die Funktion f wird in einer Umgebung von $t_0 = 6$ näherungsweise durch eine Polynomfunktion 4. Grades p beschrieben. Dabei gilt: f und p stimmen an der Stelle $t_0 = 6$ im Funktionswert und in den ersten vier Ableitungen überein. Bestimmen Sie $p(t)$.
Ist die Funktion p als Näherungsfunktion geeignet? Erläutern Sie Ihre Meinung. **(III)**

35 Punkte

Klausur 6

Aufgabe 1

Die Abbildung zeigt eine Parabelschar p_a. In der Funktionsvorschrift kommt der Parameter a nur einmal vor.

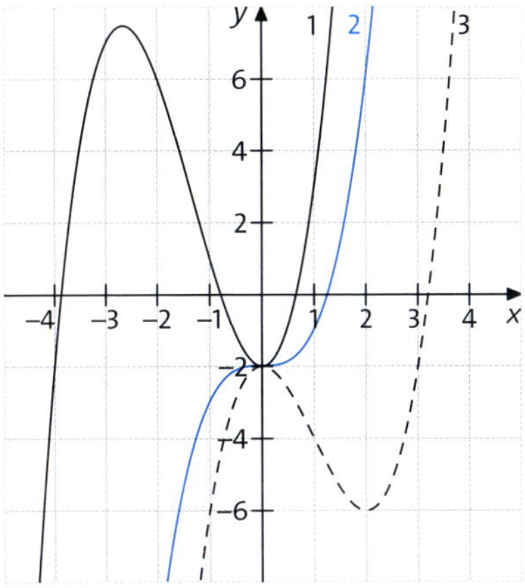

5 Punkte **a)** Bestimmen Sie einen möglichen Funktionsterm und ordnen Sie den drei dargestellten Parabeln den jeweils passenden Parameterwert zu. **(II)**

5 Punkte **b)** Mit demselben Parameter a sei weiter die Geradenschar g_a gegeben, mit

$$g_a(x) = ax - 2.$$

Untersuchen Sie in Abhängigkeit von a die gegenseitige Lage von Gerade und Parabel zueinander. **(II)**

Aufgabe 2

Die Lagerung von Mehl erfolgt bei einer großen Bäckerei in Silos. In ein Zwischensilo wird im Wechsel von außen Mehl gepumpt und zum Verbrauch entnommen. Im folgenden Diagramm ist die Füllmengenänderung (in kg/min) in Abhängigkeit von der Zeit t (in min) dargestellt.

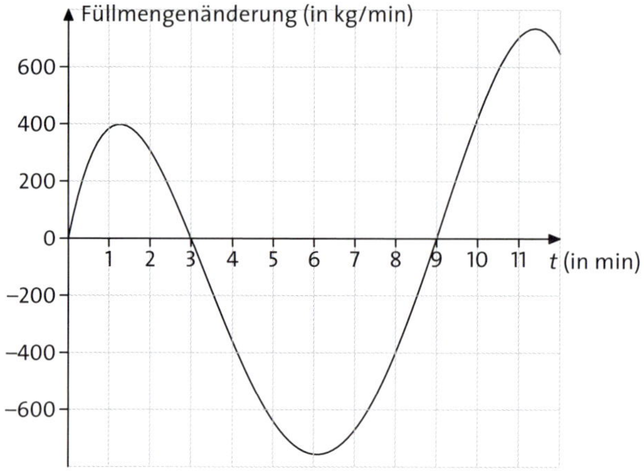

Nach 9 Minuten ist das Silo leer.

5 Punkte **a)** Treffen Sie anhand des Schaubildes Aussagen über den Füllvorgang bzw. den Füllstand des Silos. **(II)**

4 Punkte **b)** Ermitteln Sie eine Funktion f, deren Schaubild in dem oben dargestellten Zeitintervall eine Näherung darstellt. Begründen Sie Ihr Vorgehen. **(III)**

Für die Bearbeitung der folgenden Teilaufgaben liegt dem Schaubild die Funktion f zugrunde mit:

$$f(t) = -2t(t-3)(t-9)(t-13); \quad t \leq 12$$

9 Punkte **c)** Bestimmen Sie die Anfangsmehlmenge des Silos ($t = 0$).
Zu welchem Zeitpunkt innerhalb der ersten 12 Minuten ist das meiste Mehl im Silo. Berechnen Sie die durchschnittliche Mehlmenge im Silo in dem dargestellten Zeitintervall $t \in [0; 12]$. **(III)**

GTR 7 Punkte **d)** Die folgende Skizze zeigt den Querschnitt eines Silos.
Dieses entsteht durch Rotation des Schaubildes K um die x-Achse.
Eine Längeneinheit im Bild entspricht 1 m im Original.

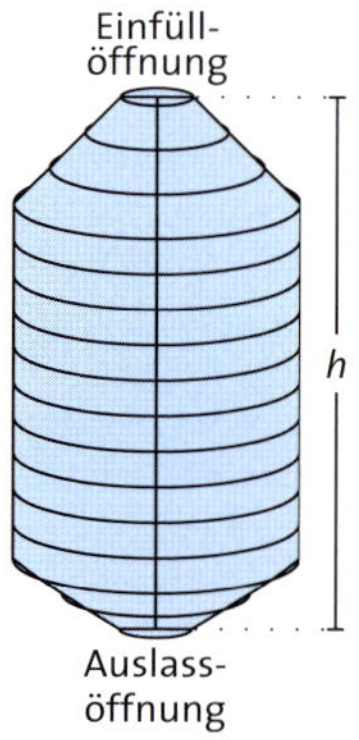

Der Verlauf der Randlinie lässt sich folgendermaßen beschreiben:

$$h(x) = \begin{cases} \frac{3}{\sqrt{2}} \sin\left(\frac{\pi}{8}x\right) + 0{,}5 & \text{für} \quad x \in [0; 2[\\ 2 & \text{für} \quad x \in [2; 12] \\ -0{,}5x + 8 & \text{für} \quad x \in]12; 15] \end{cases}$$

Wie hoch steht das Mehl im Silo, wenn dieses zu 25 % gefüllt ist?

Berechnen Sie die Masse an Stahl, die zur Herstellung des Silos gebraucht wird, wenn man von einer Wandstärke von 5 mm ausgeht? (Dichte von Stahl: $\rho = 7{,}7\ \frac{\text{g}}{\text{cm}^3}$) **(III)**

35 Punkte

Lösungen Wissen und Üben

Kapitel 1: Funktionen

Aufgabe 1

a) Diese Vorschrift ist eine Funktion.

b) Diese Vorschrift ist keine Funktion, denn dem Element $x = 0$, das im Definitionsbereich $[-1, 1]$ liegt, kann kein Funktionswert zugeordnet werden.

c) Diese Vorschrift ist auch keine Funktion, denn aus negativen Zahlen kann man keine reellen Wurzeln ziehen.

d) Und auch dies ist keine Funktion, denn als Wertevorrat sind die natürlichen Zahlen vorgegeben, aber beispielsweise ist

$$f(1) = \frac{1}{2}$$

also keine natürliche Zahl.

Aufgabe 2

a) Die Funktion $f(x) = 3x - 17$ ist umkehrbar, da sie auf ganz $\mathbb{R}$ streng monoton steigend ist.

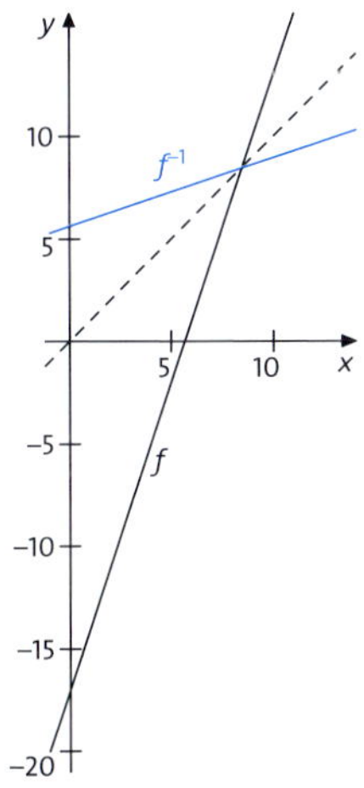

Ihre Umkehrfunktion ermittelt man durch Auflösen von $y = 3x - 17$ nach x und anschließendes Vertauschen von x und y. Es ergibt sich

$$f^{-1}(x) = \frac{x}{3} + \frac{17}{3}.$$

b) Die Funktion $g(x) = \frac{1}{x}$ ist auf dem angegebenen Definitionsbereich umkehrbar. Ihre Umkehrfunktion ist

$$g^{-1}(x) = \frac{1}{x}.$$

c) Die Funktion

$$h : \mathbb{R} \to \mathbb{R}, h(x) = x^2$$

ist nicht umkehrbar, da beispielsweise

$$h(-1) = h(1)$$

gilt, die Funktion also nicht streng monoton ist.

d) Auf diesem Definitionsbereich *ist* die Funktion umkehrbar, ihre Umkehrfunktion ist

$$k^{-1}(x) = \sqrt{x}.$$

Aufgabe 3

a) Die konstante Funktion ist periodisch mit jeder beliebigen Periode, denn für alle $p > 0$ gilt

$$f(x) = f(x + p) = c.$$

Eine Minimalperiode kann man hier nicht definieren.

b) Die Funktion $\sin(2x)$ ist periodisch mit der Minimalperiode π, $2\cos(x)$ ist periodisch mit der Minimalperiode 2π. Die Summe der beiden Funktionen ist daher periodisch mit der Minimalperiode 2π.

c) Wegen $\sin(x + \pi) = -\sin(x)$ für alle x gilt

$$\sin^2(x + \pi) = \sin^2(x)$$

für alle x.

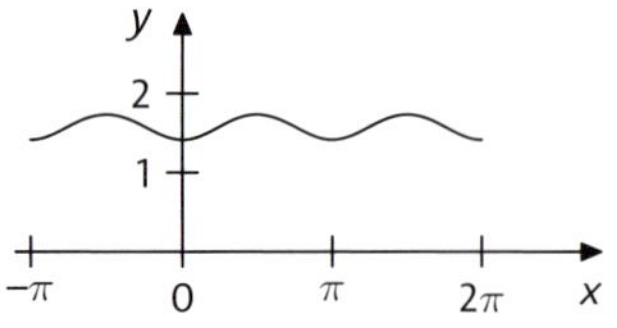

Diese Funktion hat also die Minimalperiode π und die anschließende Addition von 2 und das Ziehen der Wurzel ändert daran nichts. Die Funktion h ist also periodisch mit der Minimalperiode π.

d) Potenzen von x sind niemals periodisch, also auch diese Funktion nicht.

Tipp: Aus diesem Grund sind auch Polynome (ganzrationale Funktionen) niemals periodisch.

Aufgabe 4

a) Die Funktionen $\sin(x)$ und x^3 sind ungerade Funktionen, und damit auch ihre Summe.

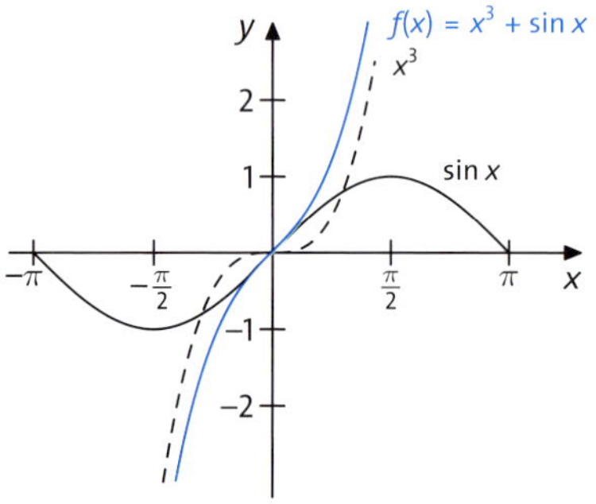

b) Beide Faktoren sind gerade Funktionen, damit ist auch ihr Produkt eine gerade Funktion.

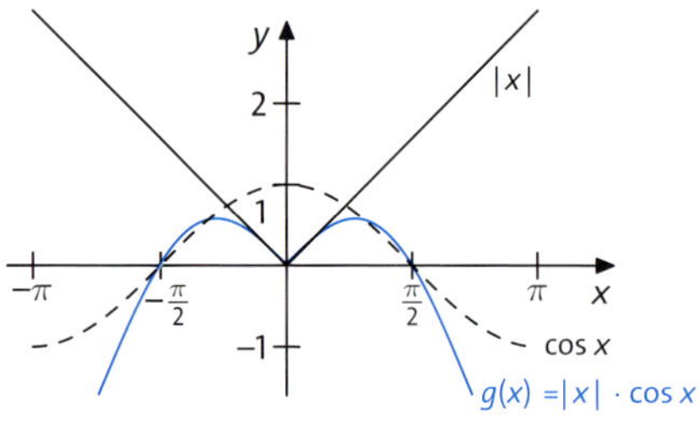

c) Das Produkt zweier ungerader Funktionen ist eine gerade Funktion, denn

$$\begin{aligned} h(-x) &= f_1(-x) \cdot f_2(-x) \\ &= (-f_1(x)) \cdot (-f_2(x)) = h(x). \end{aligned}$$

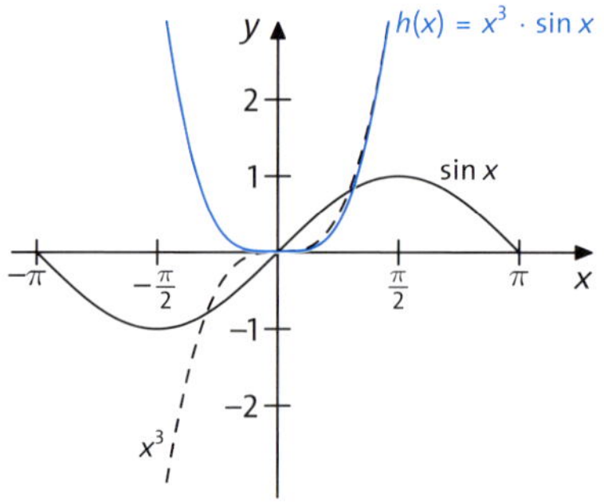

d) Diese Funktion ist weder gerade noch ungerade. Beispielsweise ist $k(1) = 2$ und $k(-1) = 0$, es gilt also für $x = 1$ weder $k(x) = k(-x)$ noch $k(x) = -k(-x)$.

Aufgabe 5

Für alle $x \in D$ gilt

$$g(-x) = \frac{f(-x) + f(-(-x))}{2} = g(x),$$

die Funktion g ist also gerade.

Aufgabe 6

Man setzt

$$g(x) = \frac{f(x) - f(-x)}{2}.$$

Aufgabe 7

a) Das Verhalten von f wiederholt sich nach jeweils p, dasjenige von g nach jeweils q Einheiten. Daher ist die gesuchte Minimalperiode gleich $\mathrm{kgV}(p, q)$.

b) Nein. Ist beispielsweise $p = 1$ und $q = \sqrt{2}$, gibt es keine gemeinsamen Vielfachen und damit auch kein kgV.

Aufgabe 8

a) Es ist

$$\begin{aligned} f \circ g(x) &= f(\sqrt{x+1}) = (x+1)^2 + 2(x+1) + 1 \\ &= (x^2 + 2x + 1) + (2x + 2) + 1 \\ &= x^2 + 4x + 4 = (x+2)^2. \end{aligned}$$

b) Der Wert der Betragsfunktion $|x|$ ist gleich x, falls x positiv oder gleich null ist, und gleich $-x$, falls x negativ ist. Damit wird

$$f \circ g(x) = f(|x|) = |x| - ||x|| = |x| - |x| = 0.$$

Die Verkettung ist also konstant gleich null.

Tipp: Die Betragsfunktion kommt in der gesamten Analysis häufig vor. Prägen Sie sie sich gut ein.

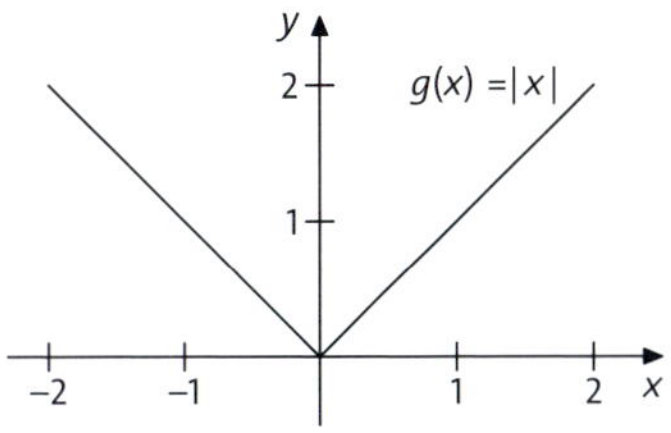

Aufgabe 9

a) Dies ist richtig: Da n gerade ist, kann man es in der Form $n = 2m$ mit einer natürlichen Zahl m schreiben. Damit ist

$$p_n(x) = x^n = x^{2m} = (x^2)^m.$$

Da x^2 eine gerade Funktion ist, gilt dies auch für p_n.

b) Dies ist richtig: Da k ungerade ist, kann man es in der Form $k = 2m + 1$ mit einer natürlichen Zahl m schreiben. Damit ist

$$p_k(x) = x^k = x^{2m+1} = x^{2m} \cdot x.$$

Da x^{2m} wie in a) gezeigt eine gerade Funktion ist, folgt für alle x:

$$p_k(-x) = (-x)^{2m} \cdot (-x) = x^{2m} \cdot (-x) = -p_k(x).$$

c) Das ist nicht richtig, beispielsweise gilt $p_2(-1) = p_2(1)$, die Funktion p_2 kann also nicht auf ganz $\mathbb{R}$ umkehrbar sein.
Richtig ist Folgendes: Ist n ungerade, so ist die Funktion p_n für jedes n auf ganz $\mathbb{R}$ umkehrbar. Ist n gerade, so ist p_n umkehrbar, wenn man den Definitionsbereich auf $\mathbb{R}^+$, die Menge der nicht negativen reellen Zahlen, einschränkt.

Aufgabe 10

Es ist die Gleichung $x^n = x^m$ für allgemeines n und m zu lösen. Dies ist gleichbedeutend mit $x^n - x^m = 0$. Ist – ohne Einschränkung der Allgemeinheit – $n > m$, so kann man dies umformen in

$$x^m \cdot (x^{n-m} - 1) = 0.$$

Diese Gleichung hat nur die Lösungen $x = 0$ und $x = 1$. Sind n und m beide ungerade, so ist $n - m$ gerade, damit hat die Gleichung die weitere Lösung $x = -1$.

Aufgabe 11

Der Graph von p_4 liegt unterhalb dessen von p_3, wenn x^4 kleiner ist als x^3. Dies ist genau dann der Fall, wenn $0 < x < 1$ ist.

Aufgabe 12

a) Die Quadratwurzel existiert, wenn der Radikand $t^2 - 1$ nicht negativ ist, also für $t \leq -1$ und $t \geq 1$.

b) Da $(t - 1)^2$ niemals negativ ist, existiert diese Wurzel immer; ihr Wert ist der Betrag des Radikanden.

c) Diese Wurzel existiert immer, da 3 ungerade ist. Ihr Wert ist $-t^2$.

Aufgabe 13

a) $f(x) = 17$ ist ein Polynom vom Grad null.

b) $g(x) = x^3 + 3^x$ ist kein Polynom, da der Term 3^x nicht von der angegebenen Form ist.

c) $h(x) = \sqrt{x^2 + 2x + 1}$ ist ein Polynom, denn es lässt sich mithilfe der binomischen Formel in der Form

$$h(x) = \sqrt{(x + 1)^2} = x + 1$$

schreiben.

d) $k(x) = x^2 + x^{-1}$ ist kein Polynom, da der Exponent -1 negativ ist.

Aufgabe 14

Die Parameter a und b müssen so bestimmt werden, dass die Exponenten natürliche Zahlen oder null sind. Dies führt auf folgende Lösungen: a muss von der Form

$$a = n + \frac{1}{2} \quad \text{mit } n \in \mathbb{N}, n \geq 2$$

sein, und b muss eine Quadratzahl oder null sein.

Aufgabe 15

a) Die Funktion r_1 ist eine rationale Funktion, ihr Definitionsbereich ist $D = \mathbb{R} \setminus \{1\}$.

b) Die Funktion r_1 ist eine rationale Funktion, ihr Definitionsbereich ist ganz $\mathbb{R}$, da der Nenner niemals null wird.

c) Auch dies ist eine rationale Funktion, hier ist $D = \mathbb{R} \setminus \{0\}$.

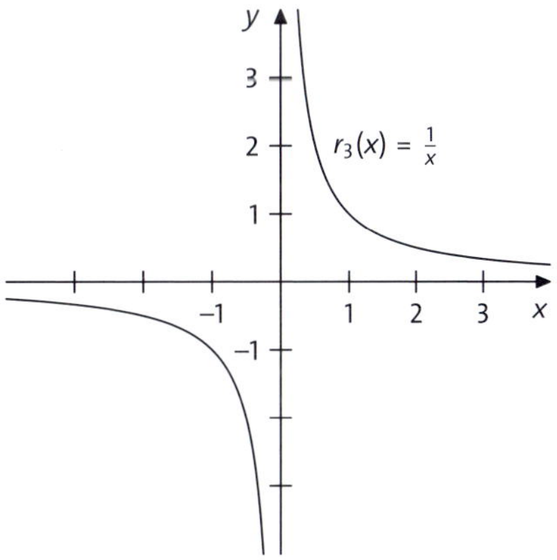

Man nennt diese Funktion auch Hyperbel.

d) Polynome wie die Funktion r_4 sind ebenfalls rationale Funktionen, man interpretiert sie als solche mit dem Nenner 1.

e) Die Funktion r_5 ist keine rationale Funktion, da der Nenner wegen des Exponenten $\frac{1}{2}$ kein Polynom ist.

Aufgabe 16

Nach n Zeiteinheiten hat man das Kapital

$$K \cdot \left(1 + \frac{p}{100}\right)^n.$$

Aufgabe 17

a) Die Masse nach n Zeiteinheiten ist $M \cdot 2^{-n}$.

b) Es sind noch vorhanden:

$$2^{-\frac{10.000}{5.776}} \text{ Kilogramm} \approx 0{,}301 \text{ Kilogramm}.$$

Tipp: Prägen Sie sich den Begriff Halbwertszeit und seine Definition gut ein.

Aufgabe 18

a) $\log_2(8) = 3$

b) $\log_{10}(0{,}001) = -3$

c) $\log_7(\sqrt[4]{7^3}) = \log_7(7^{\frac{3}{4}}) = \frac{3}{4}$

Aufgabe 19

Der einzige gemeinsame Punkt aller Graphen ist der Punkt $(1|0)$, da für jedes a gilt: $\log_a(1) = 0$.

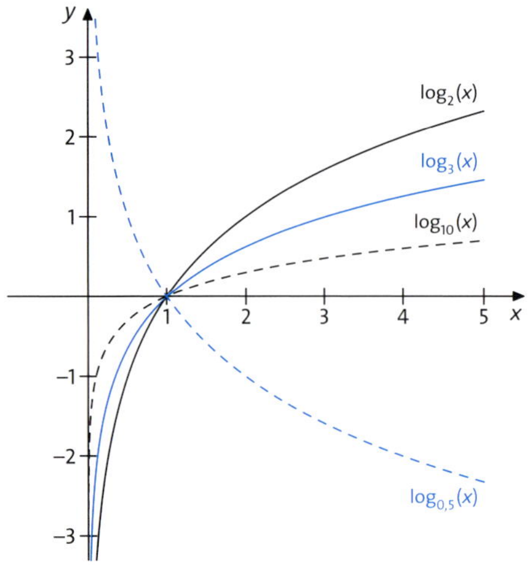

Aufgabe 20

Da der Logarithmus die Umkehrfunktion der Exponentialfunktion zur selben Basis a ist, gilt Folgendes: Für $0 < a < 1$ ist die Logarithmusfunktion streng monoton fallend, für $a > 1$ ist sie streng monoton wachsend.

Aufgabe 21

Es ist

$$\log_{1{,}04}(2) = \frac{\lg(2)}{\lg(1{,}04)} = \frac{0{,}301029995}{0{,}017033339} \approx 17{,}673.$$

Aufgabe 22

Im Gradmaß lauten die Aussagen wie folgt:

a) $\sin(\alpha)$ und $\cos(\alpha)$ sind periodisch mit der Minimalperiode $360°$.

b) Sinus ist eine ungerade Funktion, d. h. $\sin(-\alpha) = -\sin(\alpha)$ für alle $\alpha \in \mathbb{R}$.

c) Cosinus ist eine gerade Funktion, d. h. $\cos(-\alpha) = \cos(\alpha)$ für alle $\alpha \in \mathbb{R}$.

d) $\sin(\alpha + 90°) = \cos(\alpha)$ für alle $\alpha \in \mathbb{R}$.

e) $\sin^2(\alpha) + \cos^2(\alpha) = 1$ für alle $\alpha \in \mathbb{R}$.

f) Die Nullstellen des Sinus sind genau die ganzzahligen Vielfachen von $180°$, also die Zahlen der Form $n \cdot 180°$ mit $n \in \mathbb{Z}$.

g) Die Nullstellen des Cosinus sind genau die Zahlen der Form $n \cdot 180° + 90°$ mit $n \in \mathbb{Z}$.

Aufgabe 23

a) Da $\sin^2(x)+\cos^2(x) = 1$ für alle $x \in \mathbb{R}$ gilt und $\cos^2(x)$ nicht negativ sein kann, kann $\sin^2(x)$ nicht größer als 1 sein, also $\sin^2(x) \leq 1$. Wegen

$$|\sin(x)| = \sqrt{\sin^2(x)}$$

gilt dies auch für den Betrag. Die Aussage über den Cosinus beweist man analog.

b) Für alle $x \in \mathbb{R}$ gilt

$$\sin(x + \frac{\pi}{2}) = \cos(x).$$

Setzt man hier $x = -\frac{\pi}{4}$, ergibt sich $\sin(\frac{\pi}{4}) = \cos(\frac{\pi}{4})$. Die Funktionswerte von Sinus und Cosinus sind an der Stelle $x = \frac{\pi}{4}$ also gleich. Setzt man diesen Wert nun in die Gleichung $\sin^2(x) + \cos^2(x) = 1$ ein, folgt

$$2\sin^2\left(\frac{\pi}{4}\right) = 1.$$

Division durch 2 und Ziehen der Wurzel auf beiden Seiten ergibt die Behauptung.

Aufgabe 24

Man muss hier nur beachten, dass $\sin(-y) = -\sin(y)$ und $\cos(-y) = \cos(y)$ ist, dann folgen die gesuchten Aussagen direkt aus dem davorstehenden Satz:

$$\sin(x - y) = \sin(x)\cos(y) - \cos(x)\sin(y)$$
$$\cos(x - y) = \cos(x)\cos(y) + \sin(x)\sin(y)$$

Aufgabe 25

Setzt man im ersten Additionstheorem $x = y$, ergibt sich

$$\begin{aligned}\sin(2x) &= \sin(x + x)\\ &= \sin(x)\cos(x) + \cos(x)\sin(x)\\ &= 2\sin(x)\cos(x).\end{aligned}$$

Die Formel für $\cos(2x)$ ergibt sich völlig analog aus dem zweiten Additionstheorem.

Aufgabe 26

Aus $\sin^2(\frac{\pi}{3}) + \cos^2(\frac{\pi}{3}) = 1$ folgt

$$\cos^2(\frac{\pi}{3}) = 1 - \frac{3}{4} = \frac{1}{4}.$$

Da Cosinus zwischen 0 und $\frac{\pi}{2}$ positiv ist, muss hier die positive Wurzel gezogen werden, es ergibt sich

$$\cos(\frac{\pi}{3}) = \frac{1}{2}.$$

Nun benutzt man die Winkelverdoppelungsformel und erhält

$$\sin\left(\frac{2\pi}{3}\right) = 2\sin\left(\frac{\pi}{3}\right)\cos\left(\frac{\pi}{3}\right) = 2\cdot\frac{\sqrt{3}}{2}\cdot\frac{1}{2} = \frac{\sqrt{3}}{2}$$

sowie

$$\cos\left(\frac{2\pi}{3}\right) = \cos^2\left(\frac{\pi}{3}\right) - \sin^2\left(\frac{\pi}{3}\right) = \frac{1}{4} - \frac{3}{4} = -\frac{1}{2}.$$

Aufgabe 27

a) Die Nullstellen sind

$$\frac{n\cdot\pi - c}{b} \quad \text{für } n \in \mathbb{Z}.$$

b) Falls $d = 0$ ist, lautet der maximale Funktionswert $|a|$, im allgemeinen Fall erfolgt noch eine Verschiebung um d nach oben; die Antwort lautet also: Der maximale Funktionswert ist $|a| + d$.

c) Lediglich die Konstante b hat Einfluss auf die Periodenlänge.

Aufgabe 28

Der Funktionsgraph sieht wie folgt aus:

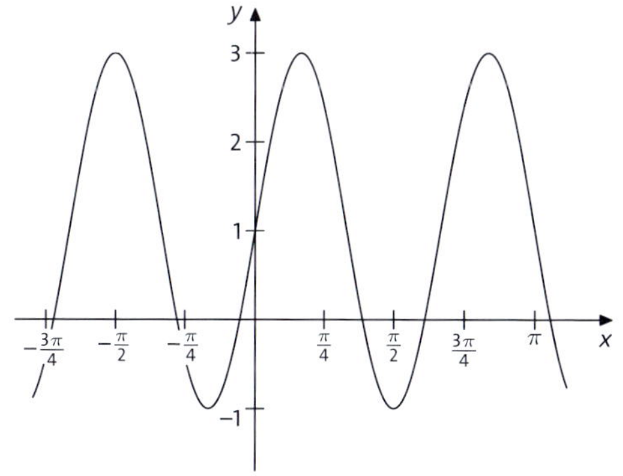

Kapitel 2: Gleichungen

Aufgabe 1

a) Einsetzen von $x = 1$ liefert auf beiden Seiten der Gleichung den Wert 1, $x = 1$ ist also Lösung dieser Gleichung.

b) Die linke Seite der Gleichung ist für $x = 1$ nicht definiert, dieser Wert kann also nicht Lösung der Gleichung sein.

Aufgabe 2

a) Dies ist eine lineare Gleichung, ihre Normalform lautet $-2x - 16 = 0$.

b) Auch dies ist eine lineare Gleichung, ihre Normalform lautet $8x - 4 = 0$.

c) Dies ist wegen des nicht verschwindenden x^2-Terms keine lineare Gleichung.

d) Dies wiederum ist eine lineare Gleichung, denn der x^2-Term hebt sich nach dem Auflösen weg. Die Normalform lautet $x + 2 = 0$.

Aufgabe 3

Die im Satz angegebene Formel liefert unmittelbar die folgenden Lösungen:

a) $x = -8$

b) $x = \frac{1}{2}$

d) $x = -2$

Aufgabe 4

a) Diese Gleichung hat zwei verschiedene Lösungen, $x_1 = -1$ und $x_2 = -2$.

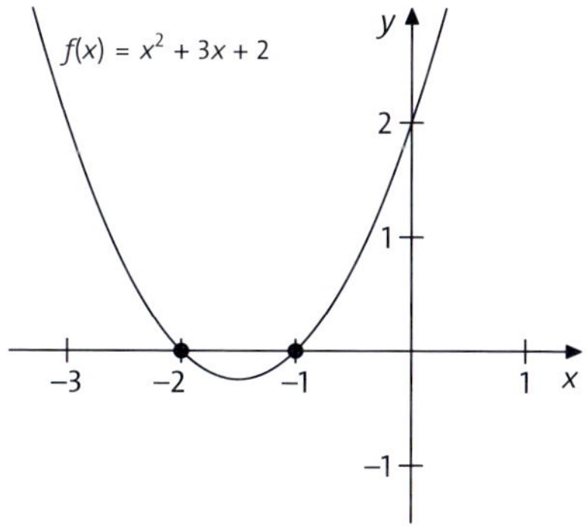

b) Hier ist $x_1 = x_2 = 2$.

Lösungen

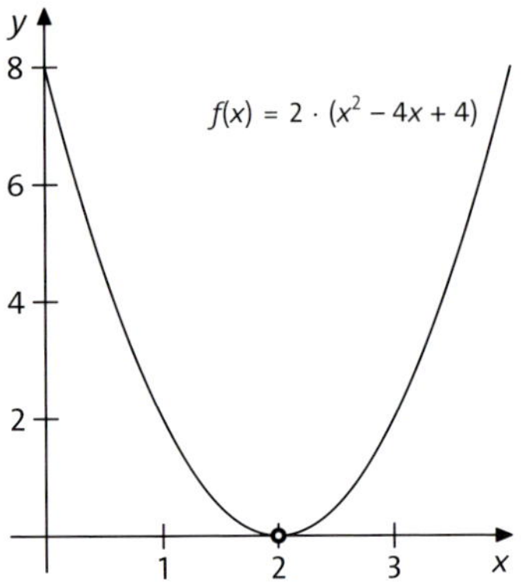

c) Diese Gleichung hat keine Lösung, da der Radikand gleich -2, also negativ ist.

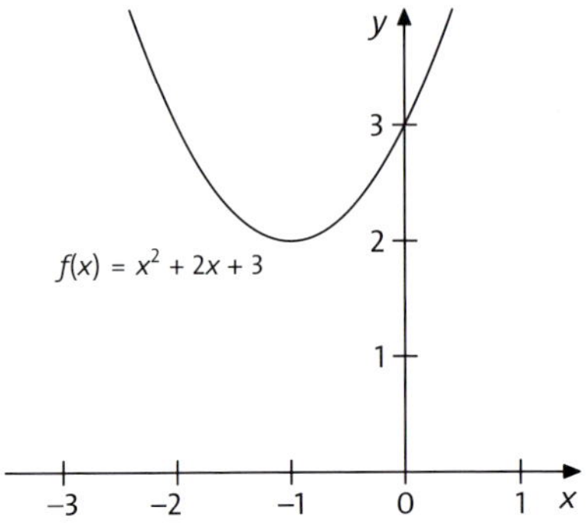

d) Hier ist $x_1 = x_2 = -\sqrt{2}$.

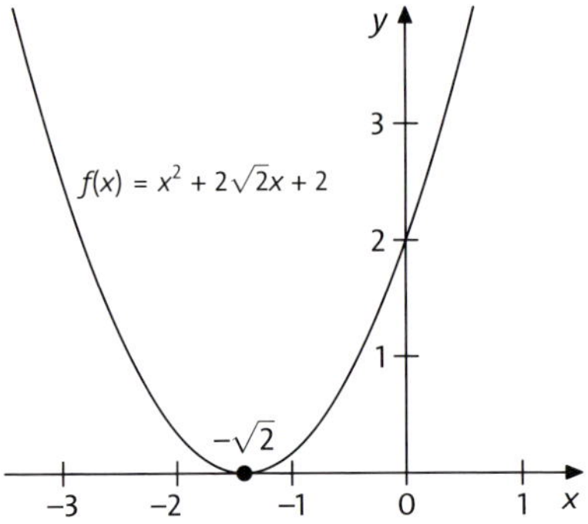

Aufgabe 5

Ausmultiplizieren der rechten Seite ergibt

$$2(x-1)(x+17) = 2(x^2+16x-17) = 2x^2+32x-34.$$

Aufgabe 6

a) Nach Abdividieren des Faktors $(x-1)$ verbleibt das Polynom (x^2-4) mit den Nullstellen 2 und -2. Die Ausgangsgleichung $x^3 - x^2 - 4x + 4 = 0$ hat also die drei Lösungen $x_1 = 1, x_2 = 2, x_3 = -2$.

b) Nach Abdividieren des Faktors $(x-1)$ verbleibt das Polynom (x^2+1). Dieses hat keine Nullstellen, die Ausgangsgleichung $x^3 - 2x^2 + x - 2 = 0$ hat also nur die Lösung $x_1 = 1$.

Aufgabe 7

a) Das Polynom $x^3 - 9x$ hat kein Absolutglied, man kann also x ausdividieren und erhält $x^2 - 9$. Dieses hat die beiden Nullstellen ± 3, die Ausgangsgleichung $x^3 - 9x = 0$ hat also die drei Lösungen $x_1 = 0, x_2 = -3, x_3 = 3$.

b) Bei dem Polynom $8x^4 + 2x^3 - 3x^2$ kann man sogar x^2 abdividieren und erhält als Ergebnis $8x^2 + 2x - 3$. Dieses quadratische Polynom hat die beiden Nullstellen $\frac{1}{2}$ und $-\frac{3}{4}$, die man mit der p-q-Formel ermitteln kann. Die Ausgangsgleichung $8x^4 + 2x^3 - 3x^2 = 0$ hat somit die Lösungen $x_1 = x_2 = 0, x_3 = \frac{1}{2}, x_4 = -\frac{3}{4}$.

c) Mit dem im Text angegebenen Tipp findet man zunächst heraus, dass die Gleichung $x^3 - 19x - 30 = 0$ die Lösung $x_1 = -2$ hat. Abdividieren von $(x+2)$ ergibt $x^2 - 2x - 15$. Dieses quadratische Polynom hat die beiden Nullstellen 5 und -3, die Ausgangsgleichung $x^3 - 19x - 30 = 0$ hat somit die Lösungen $x_1 = -2$, $x_2 = 5, x_3 = -3$.

Aufgabe 8

a) Die substituierte Gleichung lautet $u^2 - 3u + 2 = 0$, ihre Lösungen sind $u_1 = 1$ und $u_2 = 2$. Da beide Zahlen positiv sind, kann man jeweils die Wurzel ziehen und erhält vier Lösungen der Ausgangsgleichung: $x_{11} = 1, x_{12} = -1, x_{21} = \sqrt{2}, x_{22} = -\sqrt{2}$.

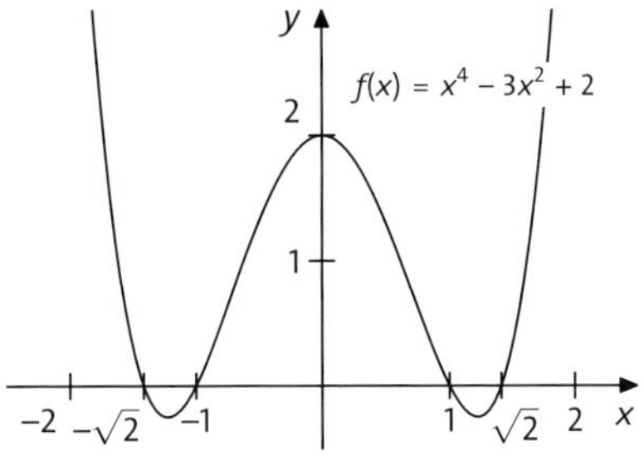

b) Die substituierte Gleichung lautet $u^2 - 18u + 81 = 0$, sie hat nur die Lösung $u_1 = 9$. Die Ausgangsgleichung hat daher die beiden Lösungen $x_{11} = 3$ und $x_{12} = -3$.

c) Die substituierte Gleichung $u^2 - 3u - 4 = 0$ hat die beiden Lösungen $u_1 = -1$ und $u_2 = 4$. Aus u_1 kann keine Wurzel gezogen werden, die Ausgangsgleichung hat nur die beiden Lösungen $x_{21} = 2$ und $x_{22} = -2$.

d) Die substituierte Gleichung $2u^2+4u+8=0$ hat keine reellen Lösungen, die Ausgangsgleichung daher auch nicht.

Aufgabe 9

a) Die Gleichung $x^3+2x-1=0$ hat nur eine reelle Lösung, nämlich $x_1 \approx 0.4534$ (auf vier Nachkommastellen gerundet).
b) Die Gleichung $x^3-4x-1=0$ hat die drei Lösungen $x_1 \approx -1{,}8608$, $x_2 \approx -0{,}2541$ und $x_3 \approx 2{,}1149$.

Aufgabe 10

Die unter a) und c) genannten Gleichungen sind Wurzelgleichungen, die unter b) stehende Gleichung nicht; hier kommt zwar eine Wurzel vor, der Radikand enthält aber keine Variable.

Aufgabe 11

a) Quadrieren beider Seiten ergibt die lineare Gleichung $x-3=4$ mit der Lösung $x=7$. Einsetzen dieses Wertes in die Ausgangsgleichung liefert auf beiden Seiten den Wert 2, $x=7$ ist also eine Lösung.
b) Quadrieren beider Seiten ergibt die lineare Gleichung $13-2x=x+10$ mit der Lösung $x=1$. Einsetzen dieses Wertes in die Ausgangsgleichung liefert auf beiden Seiten den Wert $\sqrt{11}$, $x=1$ ist also eine Lösung.
c) Quadrieren beider Seiten ergibt die quadratische Gleichung $8x-12=4x^2-8x$, also $4x^2-16x+12=0$ mit den Lösungen $x_1=3$ und $x_2=1$. Einsetzen von 3 in die Ausgangsgleichung liefert auf beiden Seiten den Wert $\sqrt{12}=2\cdot\sqrt{3}$, $x_1=3$ ist also eine Lösung. Dagegen ergibt das Einsetzen von 1 auf der linken Seite den Ausdruck $2\sqrt{-1}$, der im Reellen nicht definiert ist. Daher ist $x_2=1$ nur eine Scheinlösung.
d) Quadrieren beider Seiten ergibt zunächst das Zwischenresultat $x+\sqrt{5x-10}=2$. Bringt man x auf die rechte Seite und quadriert nochmals, erhält man $5x-10=(2-x)^2$. Dies ist eine quadratische Gleichung, ihre Normalform lautet $x^2-9x+14=0$, und ihre Lösungen sind $x_1=2$ und $x_2=7$. Einsetzen von 2 in die Ausgangsgleichung liefert auf beiden Seiten den Wert $\sqrt{2}$, $x_1=2$ ist also eine Lösung. Dagegen liefert das Einsetzen von 7 die offensichtlich falsche „Gleichung"
$$\sqrt{12}=\sqrt{2}.$$
Daher ist $x_2=7$ nur eine Scheinlösung.

Aufgabe 12

Es ist die Wurzelgleichung
$$\sqrt{x-4}=14-\sqrt{x+24}$$
zu lösen. Quadrieren liefert das Zwischenergebnis
$$x-4=196-28\sqrt{x+24}+(x+24),$$
also
$$\sqrt{x+24}=8.$$
Erneutes Quadrieren ergibt $x+24=64$, somit ist $x=40$. Einsetzen dieses Wertes in die Ausgangsgleichung liefert auf beiden Seiten den Wert 6. $x=40$ ist also tatsächlich eine Lösung der Wurzelgleichung, und der gesuchte Schnittpunkt lautet $(40|6)$.

Aufgabe 13

Quadrieren der Gleichung ergibt die quadratische Gleichung
$$ax+3a^2=(x+a)^2$$
mit den Lösungen $x_1=a$ und $x_2=-2a$. Einsetzen von x_2 in die Ausgangsgleichung liefert $\sqrt{a^2}=-a$, was genau dann richtig ist, wenn a kleiner oder gleich null ist. Einsetzen von x_1 ergibt $2\sqrt{a^2}=2a$. Dies ist genau dann richtig, wenn a größer oder gleich null ist.
Die Wurzelgleichung hat also die einzige Lösung $x=a$, falls $a\geq 0$ ist, und sie hat die einzige Lösung $x=-2a$, falls $a\leq 0$ ist. Im Falle $a=0$ sind diese beiden Lösungen identisch, die Wurzelgleichung hat also für jeden Wert von a genau eine Lösung.

Aufgabe 14

a) Dies ist keine Bruchgleichung, denn die Variable kommt nur im Zähler vor.
b) Dies ist eine Bruchgleichung.
c) Auch dies ist formal eine Bruchgleichung, wenngleich man für $x\neq 1$ die rechte Seite zu $1+x$ kürzen kann.

Aufgabe 15

a) Multiplikation mit dem Nenner $x-1$ ergibt $x=1$. Dieser Wert ist aber keine Lösung der Bruchgleichung, denn er ist Nullstelle der Nenner. Die Gleichung hat keine Lösung.
b) Multiplikation mit dem Hauptnenner $(x+3)(2x-1)$ liefert die Gleichung $(x-1)(2x-1)=2x(x+3)$. Ausmultiplizieren und Sortieren ergibt eine lineare Gleichung mit der Lösung $x=\frac{1}{9}$. Diese ist auch Lösung der Bruchgleichung.
c) Multiplizieren mit x ergibt die quadratische Gleichung $x^2+2=3x$ mit den beiden Lösungen $x_1=2$ und $x_2=1$. Beide sind auch Lösungen der Ausgangsgleichung.

Aufgabe 16

a) Der Hauptnenner ist $x\cdot(x^2-c^2)$. Multipliziert man die Bruchgleichung hiermit durch und sortiert die sich ergebende Gleichung, erhält man
$$x\cdot(c-1)=-c^2.$$

Falls $c = 1$ ist, hat diese Gleichung keine Lösung; falls $c \neq 1$ ist, kann man durch $c-1$ dividieren und erhält als Lösung

$$x_1 = -\frac{c^2}{c-1}.$$

b) Die in a) ermittelte Lösung x_1 der linearen Gleichung ist genau dann auch Lösung der Bruchgleichung, wenn x_1 nicht Nullstelle eines der drei Nenner ist, wenn es also verschieden von den Zahlen 0, c und $-c$ ist. Die drei Gleichungen $x_1 = 0$, $x_1 = c$ und $x_1 = -c$ ergeben die Lösungen $c = 0$ und $c = \frac{1}{2}$.
Insgesamt ergibt sich folgende Lösung: Die Bruchgleichung hat die Lösung $x_1 = -\frac{c^2}{c-1}$, falls $c \notin \{0, \frac{1}{2}, 1\}$, andernfalls hat sie keine Lösung.

Aufgabe 17

a) Die Gleichung $3^x - 5 = 0$ ist eine Exponentialgleichung.

b) Die Gleichung $x^3 - 5 = 0$ ist keine Exponentialgleichung, sondern eine Polynomgleichung.

c) Die Gleichung $e^{x^2} - 4e^{-x} + 4 = 0$ ist eine Exponentialgleichung.

Aufgabe 18

a) Ausklammern von e^x führt auf $e^x \cdot (e-1) = 1$, also ist

$$x = \ln\left(\frac{1}{e-1}\right).$$

b) Die Gleichung wird wie folgt umgeformt:

$$4 \cdot 2^x - 12 \cdot 2^x = -64,$$

also $8 \cdot 2^x = 64$. Damit ist $2^x = 8$ und $x = 3$.

c) Die Gleichung ist äquivalent zu $16 \cdot 4^x = 4^x \cdot e^x$. Da $4^x > 0$ ist, darf man durch diesen Term dividieren und erhält $16 = e^x$. Also ist $x = \ln(16)$.

Tipp: Mit Ausdrücken der Form $a^x, a > 0$ darf man immer durchmultiplizieren oder -dividieren, da sie positiv sind und somit das Vorzeichen der Terme nicht ändern und diese insbesondere nicht zu null machen.

Aufgabe 19

a) Die substituierte Gleichung ist $u^2 - 2u - 3 = 0$ mit den Lösungen $u_1 = -1$ und $u_2 = 3$. Da e^x immer positiv ist, ist die Bedingung $e^x = -1$ nicht erfüllbar. Die Gleichung hat somit die einzige Lösung $x_1 = \ln(3)$.

b) Die Substitution $u = e^{2x}$ führt auf die quadratische Gleichung $u^2 - 5u + 6 = 0$ mit den Lösungen $u_1 = 2$ und $u_2 = 3$. Die Ausgangsgleichung hat also die beiden Lösungen

$$x_1 = \frac{\ln(2)}{2} \quad \text{und} \quad x_2 = \frac{\ln(3)}{2}.$$

c) Multiplikation mit e^x führt auf $e^{2x} + 1 = 2e^x$, anschließende Substitution auf die quadratische Gleichung $u^2 - 2u + 1 = 0$ mit der einzigen Lösung $u_1 = 1$. Somit ist $x_1 = 0$ die einzige Lösung der Ausgangsgleichung.

Aufgabe 20

Die unter a) und b) genannten Ausdrücke sind trigonometrische Gleichungen, der unter c) genannte nicht, da die Sinus-Terme nur Konstanten sind.

Aufgabe 21

a) Die Substitution $z = \cos(x)$ führt auf die quadratische Gleichung

$$2z^2 + z - 1 = 0.$$

Diese hat die beiden Lösungen $z_1 = \frac{1}{2}$ und $z_2 = -1$. Es ergeben sich folgende Bedingungen: $\cos(x) = \frac{1}{2}$, also $x_{11} = \frac{\pi}{3}$ oder $x_{12} = \frac{5\pi}{3}$, sowie $\cos(x) = -1$, also $x_2 = \pi$. Die Gleichung $2\cos^2(x) + \cos(x) - 1 = 0$ hat also im angegebenen Intervall die Lösungsmenge $\mathbb{L} = \{\frac{\pi}{3}, \pi, \frac{5\pi}{3}\}$.

b) Die Substitution $z = \sin(x)$ führt auf die quadratische Gleichung

$$z^2 - 3z + 2 = 0$$

mit den beiden Lösungen $z_1 = 1$ und $z_2 = 2$. Die Bedingung $\sin(x) = 1$ führt auf $x_1 = \frac{\pi}{2}$, die Bedingung $\sin(x) = 2$ ist nicht erfüllbar, da die Funktionswerte des Sinus kleiner oder gleich 1 sind. Somit ist $x_1 = \frac{\pi}{2}$ die einzige Lösung der Gleichung $\sin^2(x) - 3\sin(x) + 2 = 0$ in $[0, 2\pi)$.

c) Die Substitution $z = \sin(x)$ führt auf die kubische Gleichung $z^3 + z = 0$, also $z \cdot (z^2 + 1) = 0$. Diese hat nur die Lösung $z = 0$. Die Bedingung $\sin(x) = 0$ ist auf $\mathbb{R}$ an allen ganzzahligen Vielfachen von π erfüllt, die Gleichung $\sin^3(x) + \sin(x) = 0$ hat also auf $\mathbb{R}$ die Lösungsmenge $\mathbb{L} = \{x; x = k \cdot \pi \text{ mit } k \in \mathbb{Z}\}$.

Aufgabe 22

Für einen gemeinsamen Punkt müsste es ein x geben, für das $f(x) = g(x)$ gilt, also

$$1 = \cos(x) - \cos^2(x).$$

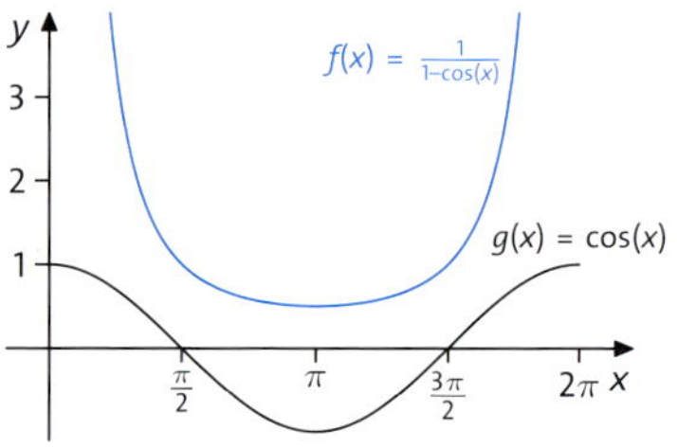

Die Substitution $z = \sin(x)$ führt auf die quadratische Gleichung $z^2 - z + 1 = 0$, die keine reelle Lösung hat. Damit ist auch die Gleichung $f(x) = g(x)$ nicht lösbar.

Kapitel 3: Ableitungen

Aufgabe 1

a) Einsetzen von $f(x) = x$ und $a = 1$ in den Differenzenquotienten $\dfrac{f(x) - f(a)}{x - a}$ liefert

$$\frac{x-1}{x-1}.$$

Für $x \neq 1$ darf man dies kürzen und erhält als Resultat 1. Dies ist also eine konstante Folge, und der Grenzübergang $x \to 1$ hat überhaupt keine Auswirkung. Somit ist also

$$f'(1) = \lim_{x \to 1} \frac{x-1}{x-1} = 1.$$

b) Da für alle x gilt: $g(x) = g(1) = 17$ erhält man sofort

$$g'(1) = \lim_{x \to 1} \frac{17-17}{x-1} = 0.$$

c) Hier ist der Differenzenquotient

$$\frac{x^2-1}{x-1}$$

zu untersuchen. Mithilfe der dritten binomischen Formel ergibt sich

$$\begin{aligned} h'(1) &= \lim_{x \to 1} \frac{x^2-1}{x-1} = \lim_{x \to 1} \frac{(x-1)(x+1)}{x-1} \\ &= \lim_{x \to 1} (x+1) = 2. \end{aligned}$$

Tipp: Die Argumentation in Teil b) ist offenbar weder von der Zahl 17 noch von der Stelle 1 abhängig: Ganz genauso zeigt man, dass die Ableitung jeder konstanten Funktion an jeder beliebigen Stelle gleich null ist.
Ebenso zeigt man genau wie in c), dass die Ableitung der Funktion x^2 an einer beliebigen Stelle a gleich $2a$ ist; probieren Sie's mal aus!

Aufgabe 2

a) Da die Funktion rechts und links des kritischen Punktes unterschiedlich definiert ist, müssen rechts- und linksseitiger Grenzwert separat betrachtet werden. Der linksseitige Grenzwert ist

$$\lim_{x \to 0} \frac{3x^2-0}{x-0} = \lim_{x \to 0} 3x = 0,$$

der rechtsseitige

$$\lim_{x \to 0} \frac{3x-0}{x-0} = \lim_{x \to 0} 3 = 3.$$

Da die beiden Werte nicht übereinstimmen, ist die Funktion f in $a = 0$ nicht differenzierbar.

b) Da $g(1) = 0$ ist, erhält man hier als linksseitigen Grenzwert

$$\lim_{x \to 1} \frac{(x-1)^2-0}{x-1} = \lim_{x \to 1} (x-1) = 0.$$

Da der rechtsseitige Grenzwert offensichtlich auch gleich null ist, ist die Funktion g in $a = 1$ differenzierbar, und es gilt $g'(1) = 0$.

c) Die Betragsfunktion $h(x)$ ist definiert durch

$$h(x) = \begin{cases} -x, & \text{falls } x \leq 0, \\ x, & \text{falls } x > 0. \end{cases}$$

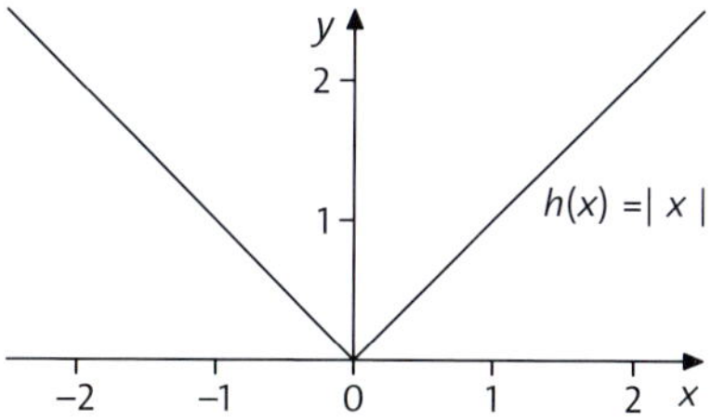

Damit ergibt sich als linksseitiger Grenzwert an der Stelle $a = 0$:

$$\lim_{x \to 0} \frac{|x|-0}{x-0} = \lim_{x \to 0} \frac{-x}{x} = -1,$$

während der rechtsseitige Grenzwert lautet:

$$\lim_{x \to 0} \frac{|x|-0}{x-0} = \lim_{x \to 0} \frac{x}{x} = +1.$$

Die beiden Werte sind verschieden, die Funktion ist also in $a = 0$ nicht differenzierbar.

d) Hier kann man beide Grenzwerte gleichzeitig berechnen, da die Funktion links und rechts der Stelle $a = 2$ identisch definiert ist, man muss jedoch beachten, dass der Funktionswert an der Stelle $a = 2$ explizit als 4 definiert ist; damit ergibt sich:

$$\begin{aligned} \lim_{x \to 2} \frac{\frac{x^2-4}{x-2} - 4}{x-2} &= \lim_{x \to 2} \frac{(x+2)-4}{x-2} \\ &= \lim_{x \to 2} \frac{x-2}{x-2} = 1. \end{aligned}$$

Die Funktion k ist also in $a = 2$ differenzierbar, der Wert der Ableitung ist $k'(2) = 1$.

Aufgabe 3

Es ist $f(1) = -1$. Als linksseitiger Grenzwert an der Stelle $a = 1$ ergibt sich daher

$$\begin{aligned} \lim_{x \to 1} \frac{x^2+5x-7-(-1)}{x-1} &= \lim_{x \to 1} \frac{x^2+5x-6}{x-1} \\ &= \lim_{x \to 1} \frac{(x-1)(x+6)}{x-1} \\ &= \lim_{x \to 1} (x+6) = 7. \end{aligned}$$

Als rechtsseitigen Grenzwert erhält man

$$\begin{aligned}&\lim_{x\to 1}\frac{(1+t)x^2+(5-2t)x+t-7-(-1)}{x-1}\\&=\lim_{x\to 1}\frac{(x^2+5x-6)+t(x^2-2x+1)}{x-1}\\&=\lim_{x\to 1}\frac{(x-1)(x+6)+t(x-1)^2}{x-1}\\&=\lim_{x\to 1}(x+6)+t(x-1)\;=\;7.\end{aligned}$$

Dieser Grenzwert ist also *unabhängig von t* gleich 7. Damit erhält man folgendes Ergebnis: Die Funktion f ist für alle reellen Werte von t in $a=1$ differenzierbar, der Wert der Ableitung ist $f'(1)=7$.

Aufgabe 4

Nach Definition der Summenfunktion ist

$$(f+g)(x)=f(x)+g(x).$$

Damit kann man den Differenzialquotienten wie folgt berechnen:

$$\begin{aligned}&\lim_{x\to a}\frac{(f+g)(x)-(f+g)(a)}{x-a}\\&=\lim_{x\to a}\frac{(f(x)+g(x))-(f(a)+g(a))}{x-a}\\&=\lim_{x\to a}\left(\frac{f(x)-f(a)}{x-a}+\frac{g(x)-g(a)}{x-a}\right)\\&=\lim_{x\to a}\frac{f(x)-f(a)}{x-a}+\lim_{x\to a}\frac{g(x)-g(a)}{x-a}\\&=f'(a)+g'(a).\end{aligned}$$

Aufgabe 5

Mithilfe der Tabelle und der Linearität erhält man folgende Ableitungen:

a) $f'(x)=9x^2-2\cos(x)$

b) $g'(x)=-\dfrac{2}{x^2}-2e^x$

c) $h'(x)=\dfrac{2}{\sqrt{1-x^2}}$

d) Man benutzt die Potenzschreibweise $k(x)=x^{\frac{1}{n}}$ und erhält

$$k'(x)=\frac{1}{n}\cdot x^{\frac{1}{n}-1}=\frac{1}{n}\cdot x^{\frac{1-n}{n}}=\frac{1}{n}\cdot x^{-\frac{n-1}{n}},$$

also

$$k'(x)=\frac{1}{n\cdot\sqrt[n]{x^{n-1}}}.$$

Tipp: Zum Ableiten einer Wurzelfunktion sollte man immer die Potenzschreibweise benutzen.

Aufgabe 6

Mithilfe der Produktregel und der in der Tabelle angegebenen Ableitungen der wichtigsten Funktionen ergeben sich folgende Lösungen:

a) $f_1'(x)=x\cdot e^x+e^x=(x+1)\cdot e^x$

b) $f_2'(x)=\sqrt{x}\cdot\cos(x)+\dfrac{\sin(x)}{2\sqrt{x}}$

c) $f_3'(x)=2x\cdot(-\sin(x))+2\cdot\cos(x)=2(\cos(x)-x\sin(x))$

d) $f_4'(x)=\ln(x)\cdot 9x^2+\dfrac{1}{x}\cdot 3x^3=3x^2(3\ln(x)+1)$

e) $f_5'(x)=x\cdot e^x\cdot(x\cos(x)+(2+x)\sin(x))$

Aufgabe 7

a) Die Ableitung der Funktion $f(x)=x$ ist $f'(x)=1$. Daher ergibt die Anwendung der Produktregel für drei Faktoren:

$$(x\cdot x\cdot x)'=x\cdot x+x\cdot x+x\cdot x=3x^2.$$

Dieses Ergebnis erhält man auch, wenn man das Produkt der drei Funktionen, also x^3, direkt ableitet.

b) Das Produkt der drei Funktionen ist gerade 1, die Ableitung also 0. Dieses Ergebnis erhält man auch, wenn man die Produktregel anwendet, denn sie liefert:

$$\begin{aligned}&(x\cdot x^{-4}\cdot x^3)'\\&=x\cdot x^{-4}\cdot 3x^2+x\cdot(-4x^{-5})\cdot x^3+x^{-4}\cdot x^3\\&=3x^{-1}-4x^{-1}+x^{-1}=0.\end{aligned}$$

Aufgabe 8

Unter Verwendung des Tipps erhält man zunächst

$$\begin{aligned}(f\cdot g\cdot h)'(x)&=(f\cdot(g\cdot h))'(x)\\&=f(x)\cdot(g\cdot h)'(x)+f'(x)\cdot(g\cdot h)(x).\end{aligned}$$

Nun wendet man nochmals die Produktregel an, diesmal auf das Produkt $g(x)\cdot h(x)$ und erhält so die rechte Seite der Produktregel für drei Faktoren.

Aufgabe 9

Mithilfe der Quotientenregel und der in der Tabelle angegebenen Ableitungen der wichtigsten Funktionen ergeben sich folgende Ableitungen:

a) $f_1'(x)=\dfrac{e^x-xe^x}{e^{2x}}=\dfrac{1-x}{e^x}$

b) $$\begin{aligned}f_2'(x)&=\frac{\sin(x)\cdot\frac{1}{2\sqrt{x}}-\sqrt{x}\cdot\cos(x)}{\sin^2(x)}\\&=\frac{1}{2\sqrt{x}\cdot\sin(x)}-\frac{\sqrt{x}\cdot\cos(x)}{\sin^2(x)}\end{aligned}$$

c) $f_3'(x) = \dfrac{(x^2+1)\cdot 2x - (x^2-1)\cdot 2x}{(x^2+1)^2} = \dfrac{4x}{(x^2+1)^2}$

d) $f_4'(x) = \dfrac{x^2\cdot(-\sin(x)) - \cos(x)\cdot 2x}{x^4}$

$= -\dfrac{x\cdot\sin(x) + 2\cos(x)}{x^3}$

Aufgabe 10

a) Produktregel:

$$f'(x) = \ln(x)\cdot(-2x^{-3}) + x^{-1}\cdot x^{-2} = x^{-3}\cdot(1 - 2\ln(x))$$

Quotientenregel: Es ist $f(x) = \frac{\ln(x)}{x^2}$, also

$$f'(x) = \frac{x^2\cdot x^{-1} - \ln(x)\cdot 2x}{x^4} = \frac{1 - 2\ln(x)}{x^3}$$

in Übereinstimmung mit dem Ergebnis der Produktregel.

b) Produktregel: Es ist $g(x) = e^x\cdot\frac{1}{2}x^{-3}$, also

$$g'(x) = -\frac{3}{2}x^{-4}\cdot e^x + e^x\cdot\frac{1}{2}x^{-3} = \frac{1}{2}e^x\cdot(x^{-3} - 3x^{-4}).$$

Quotientenregel:

$$g'(x) = \frac{2x^3\cdot e^x - e^x\cdot 6x^2}{4x^6} = \frac{2x^2(x-3)\cdot e^x}{4x^6} = \frac{(x-3)\cdot e^x}{2x^4}$$

in Übereinstimmung mit dem Ergebnis der Produktregel.

Aufgabe 11

Bezeichnet man wie üblich die äußere Funktion mit f und die innere mit g, ergeben sich folgende Lösungen:

a) $f_1(x) = \ln(x)$, $g_1(x) = 1 + x^2$

b) $f_2(x) = \sqrt(x)$, $g_2(x) = \sin(x) + 2$

c) $f_3(x) = e^x$, $g_3(x) = 1 + \cos(x)$

d) $f_4(x) = \sin(x)$, $g_4(x) = \dfrac{1}{1+e^x}$

Aufgabe 12

a) $h_1'(x) = \dfrac{1}{1+x^2}\cdot 2x = \dfrac{2x}{1+x^2}$

b) $h_2'(x) = \dfrac{1}{2\sqrt{\sin(x)+2}}\cdot\cos(x) = \dfrac{\cos(x)}{2\sqrt{\sin(x)+2}}$

c) $h_3'(x) = -\sin(x)\cdot e^{1+\cos(x)}$

d) $h_4'(x) = -\dfrac{e^x}{(1+e^x)^2}\cdot\cos\left(\dfrac{1}{1+e^x}\right)$

Tipp: Da die Exponentialfunktion e^x gleich ihrer Ableitung ist, lässt sich das Ergebnis aus Teilaufgabe c) wie folgt verallgemeinern: Die Ableitung einer Funktion der Form $e^{g(x)}$ lautet

$$g'(x)\cdot e^{g(x)}.$$

Dies kann man oft gut gebrauchen.

Aufgabe 13

Die erste Anwendung der Kettenregel liefert

$$h'(x) = \cos(e^{1-x^2})\cdot(e^{1-x^2})'.$$

Als Ableitung von e^{1-x^2} erhält man durch nochmalige Anwendung der Kettenregel die Funktion

$$-2x\cdot e^{1-x^2}.$$

Durch Zusammenfassen dieser Teilergebnisse ergibt sich

$$h'(x) = -2x\cdot\cos(e^{1-x^2})\cdot e^{1-x^2}.$$

Aufgabe 14

Die Aussage folgt unmittelbar aus der Kettenregel, hier ist die äußere Funktion der Logarithmus und die innere Funktion $f(x)$.

Aufgabe 15

Zur Kontrolle sind hier die Ableitungen der im Aufgabentext genannten Funktionen angegeben. Die Herleitung erfolgt mithilfe der Produkt-, Quotienten- und Kettenregel sowie der in der Tabelle angegebenen Ableitungen der elementaren Funktionen.

a) $f_1'(x) = 2\cos(x^2) - 4x^2\sin(x^2)$

b) $f_2'(x) = \sqrt{1-x^2}\cdot\cos(x) - \dfrac{x\cdot\sin(x)}{\sqrt{1-x^2}}$

c) $f_3'(x) = \dfrac{-3x-7}{(x+1)^3}$

d) $f_4'(x) = e^{\cos(x)}\cdot(1 - x\cdot\sin(x))$

e) $f_5'(x) = -x\cdot\sqrt{(1+x^2)^{-3}}$

f) $f_6'(x) = 2\sin(x)\cos(x)$

g) $f_7'(x) = 0$ (Die Funktion ist aufgrund der Additionstheoreme für trigonometrische Funktionen gleich 1, ihre Ableitung somit 0. Man kann aber auch die Kettenregel oder die Produktregel auf die beiden Summanden anwenden und erhält dasselbe Ergebnis.)

h) $f_8'(x) = \dfrac{x}{1+x^2} + \arctan(x)$

i) Hier sollte man die dritte Wurzel zunächst mithilfe der Potenzschreibweise umformen zu $f_9(x) = (1 + 2x^2)^{\frac{1}{3}}$. Dann ergibt sich $f_9'(x) = \dfrac{4}{3}x(1+2x^2)^{-\frac{2}{3}}$.

j) $f_{10}'(x) = -2\ln(5)\cdot\sin(2x)\cdot 5^{\cos(2x)}$

Lösungen

Aufgabe 16

a) $f_a'(x) = \dfrac{x^2 + 2x + 1 - a}{(x+1)^2}$

b) $g_a'(x) = \dfrac{a}{2} - \dfrac{a}{(x-a)^2}$

c) Die Funktion $f_a'(x)$ hat die beiden Nullstellen $x_1 = -1 + \sqrt{a}$ und $x_2 = -1 - \sqrt{a}$, die Funktion $g_a'(x)$ hat die beiden Nullstellen $x_1 = a + \sqrt{2}$ und $x_2 = a - \sqrt{2}$.

Aufgabe 17

Eine direkte Berechnungsmethode für die zweite Ableitung gibt es im Allgemeinen nicht, man muss zunächst die erste Ableitung bestimmen und anschließend noch mal ableiten.

a) $f_1'(x) = (3x^2 - x^3) \cdot e^{-x}$, damit
$f_1''(x) = (x^3 - 6x^2 + 6x) \cdot e^{-x}$.

b) $f_2'(x) = 2x \sin\left(\dfrac{x}{3}\right) + \dfrac{x^2}{3} \cdot \cos\left(\dfrac{x}{3}\right)$,

damit

$$f_2''(x) = \left(2 - \frac{x^2}{9}\right) \cdot \sin\left(\frac{x}{3}\right) + \frac{4x}{3} \cdot \cos\left(\frac{x}{3}\right).$$

c) $f_3'(x) = \ln(x) + 1$, damit $f_3''(x) = \dfrac{1}{x}$.

d) $f_4'(x) = \dfrac{1 + 2x^2}{\sqrt{1+x^2}}$,

damit

$$f_4''(x) = \frac{3x + 2x^3}{\sqrt{(1+x^2)^3}}.$$

e) $f_5'(x) = \dfrac{24 - 6x^2}{(x^2+4)^2}$,

damit

$$f_5''(x) = \frac{12x^3 - 144x}{(x^2+4)^3}.$$

Aufgabe 18

Der linksseitige Grenzwert der Differenzenquotienten ist

$$\lim_{x \to 0} \frac{-x^2 - 0}{x - 0} = \lim_{x \to 0} -x = 0,$$

der rechtsseitige ist

$$\lim_{x \to 0} \frac{x^2 - 0}{x - 0} = \lim_{x \to 0} x = 0,$$

beide Werte stimmen überein und die Funktion ist differenzierbar. Die Ableitungsfunktion ist

$$f'(x) = \begin{cases} -2x, & \text{falls } x < 0, \\ 2x, & \text{falls } x \geq 0. \end{cases}$$

Dieselbe Grenzwertbetrachtung wie oben führt hier auf den linksseitigen Grenzwert -2 und den rechtsseitigen Grenzwert $+2$. Beide stimmen also nicht überein, somit ist die Funktion f' in $a = 0$ nicht differenzierbar.
Alternativ kann man auch argumentieren, dass $f'(x) = 2|x|$ ist, und somit in $a = 0$ nicht differenzierbar.

Aufgabe 19

Um eine genau n-mal differenzierbare Funktion zu erhalten, setzt man beispielsweise

$$f(x) = \begin{cases} -x^{n+1}, & \text{falls } x < 0, \\ x^{n+1}, & \text{falls } x \geq 0. \end{cases}$$

Aufgabe 20

Aufgrund der Linearität der Ableitung und der Tatsache, dass die Ableitung einer Konstanten gleich null ist, erhält man:

$$p^{(n)}(x) = n! \cdot a_n \quad \text{und} \quad p^{(n+1)}(x) = 0.$$

Tipp: Hieraus folgt, dass die k-te Ableitung jedes Polynoms vom Grad n gleich null ist, falls $k > n$.

Aufgabe 21

Man berechnet am besten zunächst die ersten Ableitungen und findet

$$f'(x) = \sin'(x) = \cos(x)$$
$$f''(x) = \sin''(x) = -\sin(x)$$
$$f'''(x) = \sin'''(x) = -\cos(x)$$
$$f^{(4)}(x) = \sin^{(4)}(x) = \sin(x).$$

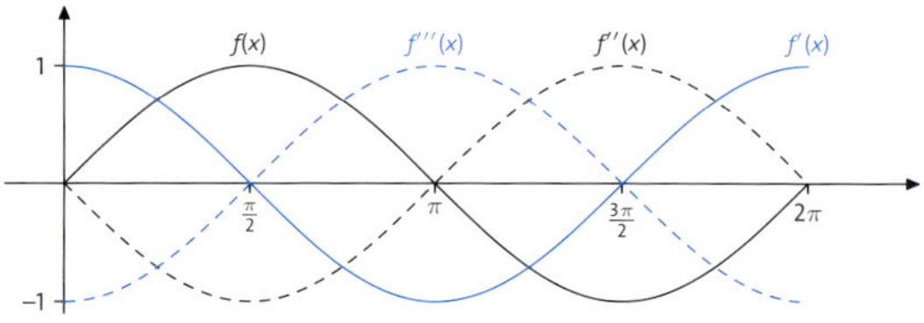

Die vierte Ableitung stimmt also mit der Ausgangsfunktion überein, damit auch die achte, zwölfte usw. Allgemein gilt $\sin^{(4i)}(x) = \sin(x)$ für alle $i \in \mathbb{N}$. Somit ist $\sin^{(40)}(x) = \sin(x)$ und

$$\sin^{(41)}(x) = \left(\sin^{(40)}\right)'(x) = \cos(x).$$

Tipp: Dieses zyklische Verhalten der Ableitungen gilt ebenso für $\cos(x)$.

Kapitel 4: Funktionsuntersuchungen

Aufgabe 1

Wäre die Funktion nicht differenzierbar, so hätte sie an der Stelle x_0 einen Knick oder sogar eine Sprungstelle. In beiden Fällen könnte man ihr an dieser Stelle keine eindeutige Steigung zuordnen, also auch keine Tangente anlegen.

Aufgabe 2

Die gesuchte Tangente ist die Gerade g_1. g_2 schneidet die Kurve, ist also eine Sekante, g_3 ist die Normale.

Aufgabe 3

a) Es ist $f'(x) = e^x$, also $f'(0) = 1$. Damit liefert die im Satz angegebene Formel die Lösung $t(x) = x + 1$.

b) Hier ist $g'(x) = 2x - \frac{1}{x^2}$, also $t(x) = x + 1$.

c) Wegen $h'(x) = -x + 3$ folgt $t(x) = x + 1$.

d) Die Quotientenregel liefert

$$k'(x) = \frac{-3x^2 - 2x + 3}{(x^2+1)^2},$$

also $k'(1) = -\frac{1}{2}$, und damit $t(x) = -\frac{1}{2} \cdot x + \frac{5}{2}$.

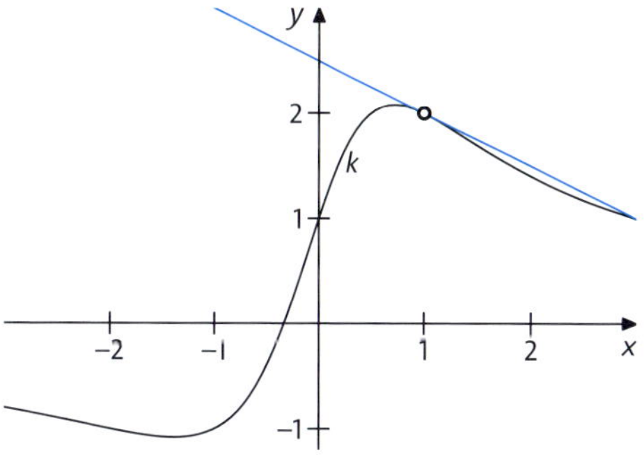

Aufgabe 4

Die Ableitung ist $f'(x) = -\frac{1}{x^2}$, es ist also die Gleichung $-\frac{1}{x_0^2} = -4$ zu lösen. Da x_0 positiv sein soll, ergibt sich die eindeutige Lösung $x_0 = \frac{1}{2}$. Nun kann man die im Satz angegebene Formel anwenden und erhält die Tangentengleichung $t(x) = -4x + 6$.

Aufgabe 5

Der GTR liefert folgendes Ergebnis:

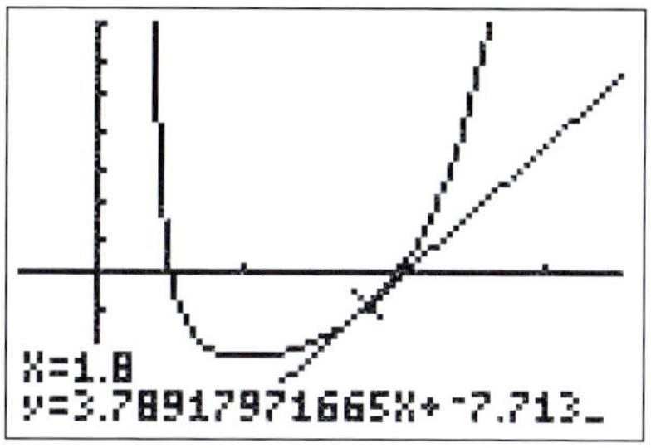

Aufgabe 6

Eine waagrechte Tangente hat die Funktion genau dann, wenn Ihre Ableitung gleich null ist. Es ist also die Gleichung $x_0^2 - a^2 = 0$ zu lösen. Diese hat die Lösungen $x_0 = \pm a$, eine eindeutige Lösung liegt also genau dann vor, wenn $a = 0$ ist. In diesem Fall lautet die Tangentengleichung $t(x) = 1$.

Tipp: Die Formulierung „waagrechte Tangente" kommt in solchen Aufgabenstellungen häufig vor. Das bedeutet einfach, dass die Tangentensteigung gleich null, die Tangente also eine Konstante ist.

Aufgabe 7

Die Tangenten müssen die gleiche Steigung haben, also muss die Gleichung $f'(x_0) = g'(x_0)$ erfüllt sein. Ableiten der beiden Funktionen und Zusammenfassen führt auf die Gleichung

$$e^{x_0} \cdot (x_0^2 + 2x_0 + 1) = 0$$

mit der einzigen Lösung $x_0 = -1$. Für diesen x-Wert haben die beiden Funktionen also parallele Tangenten.

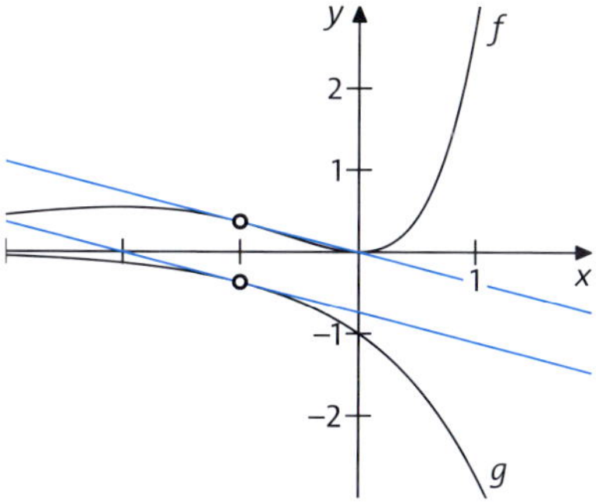

Aufgabe 8

a) Es ist die Gleichung $-e^{x_0} = e^{x_0} \cdot (-x_0)$ zu lösen. Da $e^{x_0} \neq 0$ ist, darf man dadurch dividieren und erhält $x_0 = 1$. Damit ist $y_0 = e^1 = e$ und ebenso $f'(x_0) = e$. Die oben beschriebene Methode liefert die Tangente $t(x) = e \cdot x$.

b) Die zu lösende Gleichung lautet

$$-1-(x_0^2-1)=2x_0(1-x_0),$$

also $x_0^2 = 2x_0$ mit den beiden Lösungen 0 und 2. Im ersten Fall ergibt sich als Tangente die Konstante $t(x)=-1$, im zweiten die Funktion $t(x)=4x-5$.

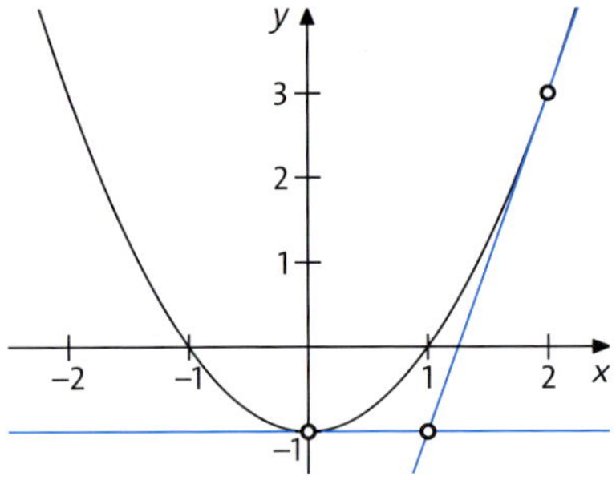

c) Zum Ermitteln eines Berührpunktes $(x_0|y_0)$ muss man die Gleichung

$$1-(3x_0+1)=3(1-x_0)$$

lösen, die jedoch auf $0 = 3$ führt, also unlösbar ist. In diesem Fall gibt es also keine Tangente mit der gewünschten Eigenschaft.
Alternativ kann man sich auch überlegen, dass die Funktion $k(x)$ ja eine Gerade darstellt, der Punkt $(1|1)$ aber nicht auf dieser Geraden liegt. Da die einzige Tangente an eine Gerade aber die Gerade selbst ist, kann dieses Problem nicht lösbar sein.

Tipp: Eine Gerade ist ihre eigene Tangente, und zwar in jedem beliebigen Punkt dieser Geraden.

Aufgabe 9

a) Der Wert der Ableitung in $x_0 = 0$ ist 1, der Funktionswert ist $f(0) = 1$, damit ist die Normale $n(x) = -x+1$.

b) Diese Funktion wurde in Aufgabe 3 bereits untersucht, der Wert der Ableitung ist $g'(1) = -\frac{1}{2}$, und damit $n(x)=2x$.

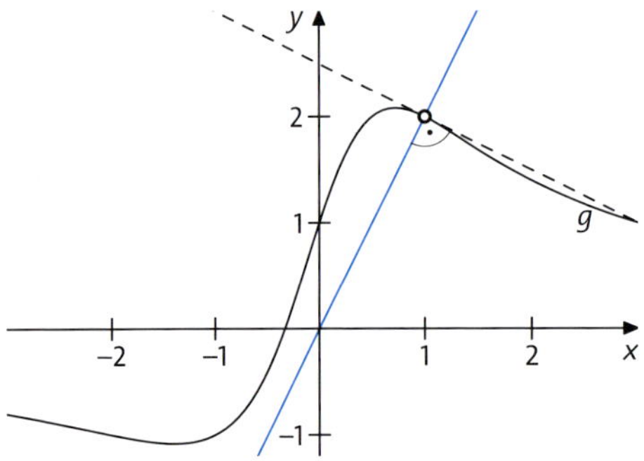

c) Die Funktion h hat in $x_0 = 1$ eine waagrechte Tangente, die Normale ist also die senkrechte Gerade mit der Gleichung $x = 1$.

Aufgabe 10

Die Ableitung der Funktion ist $f'(x) = 9x^2-2x$, also ist $f'(1) = 7$. Die Normale an dieser Stelle muss also die Steigung $-\frac{1}{7}$ haben. Die Gerade durch die beiden angegebenen Punkte hat aber die Steigung

$$m=\frac{-1-2}{3-(-1)}=-\frac{3}{4},$$

ist also keine Normale.

Aufgabe 11

Die Ableitung der Funktion ist $f'(x) = 2x+a$, ihr Wert an der Stelle also $f'(0) = a$. Damit hat die Normale die Gleichung

$$n(x)=-\frac{x}{a}-1.$$

Wenn der Punkt $(1|1)$ auf dieser Geraden liegt, muss die Gleichung $1=-\frac{1}{a}-1$ erfüllt sein, also $a=-\frac{1}{2}$.

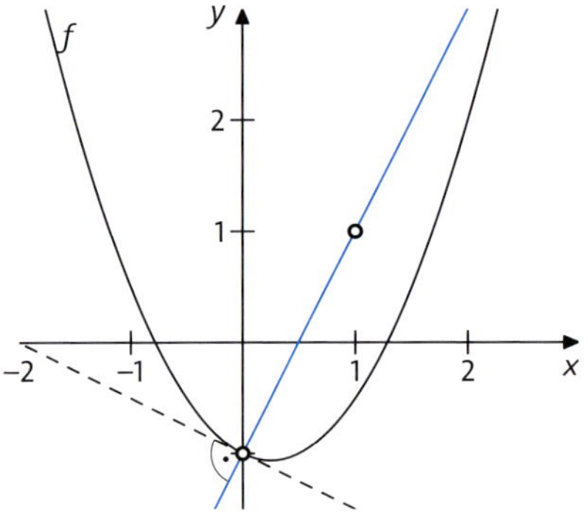

Aufgabe 12

a) Wegen $f(0)=1$ ist der Schnittpunkt mit der y-Achse bei $(0|1)$. Da die Exponentialfunktion immer positiv ist, hat sie keine Nullstellen.

b) Die Funktion ist nur für $x > 0$ definiert, hat also keinen Schnittpunkt mit der y-Achse. Die einzige Nullstelle liegt bei $x_0 = 1$.

c) Wegen $h(0) = 0$ ist der Schnittpunkt mit der y-Achse bei $(0|0)$. Die Funktion lässt sich faktorisieren in $h(x)=x(x-3)^2$, sie hat also Nullstellen in $x_0 = 0$ und in $x_1 = 3$.

d) Die Funktion ist in $x = 0$ definiert und hat dort den Wert -1, der Schnittpunkt mit der y-Achse ist also bei $(0|-1)$. Zur Ermittlung der Nullstellen muss man nur den Zähler gleich null setzen, dies ergibt die einzige Lösung $x_0 = 1$.

e) Die Funktion ist in $x = 0$ nicht definiert. Sie hat weder mit der x-Achse noch mit der y-Achse einen Schnittpunkt.

Aufgabe 13

a) Das Polynom p_1 hat die beiden reellen Nullstellen $x_1 = -1$ und $x_2 = 3$. Mehr Nullstellen kann ein Polynom zweiten Grades nicht haben, seine Linearfaktorenzerlegung lautet

$$p_1(x) = 2(x+1)(x-3).$$

b) Offensichtlich ist die erste Nullstelle dieses Polynoms $x_1 = 0$. Dividiert man den Faktor x ab, erhält man das Restpolynom $q(x) = x^2 + 2$. Dieses hat keine reellen Nullstellen mehr, die Zerlegung lautet also

$$p_2(x) = x(x^2+2).$$

c) Dies ist ein biquadratisches Polynom. Die Substitution $x^2 = u$ führt auf das quadratische Polynom

$$u^2 - 5u + 4$$

mit den beiden Nullstellen 1 und 4. Das Ausgangspolynom hat also die vier Nullstellen ± 1 und ± 2, seine Linearfaktorenzerlegung lautet

$$p_3(x) = (x-1)(x+1)(x-2)(x+2).$$

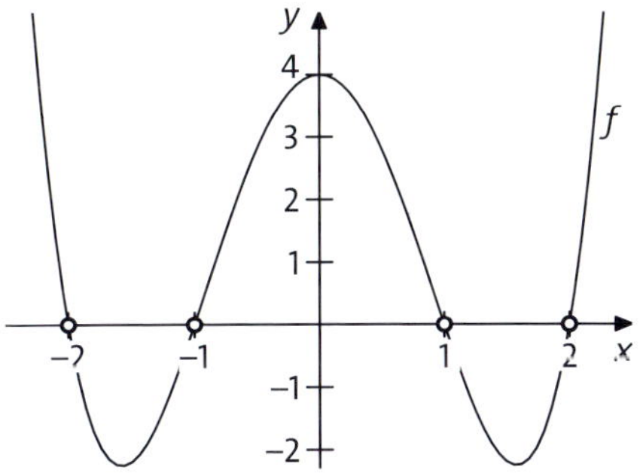

d) Das Polynom p_4 hat offenbar die Nullstelle $x_1 = 1$. Dividiert man den Faktor $(x-1)$ ab, erhält man das Restpolynom $q(x) = x^2 + x + 1$. Dieses hat keine reellen Nullstellen mehr, die Zerlegung lautet also

$$p_4(x) = (x-1)(x^2+x+1).$$

Aufgabe 14

a) Das Polynom $p(x)$ hat nur eine reelle Nullstelle, nämlich $x_1 \approx -1{,}3148$, seine Zerlegung lautet

$$p(x) \approx (x+1{,}3148)(x^2+0{,}1132).$$

b) Das Polynom $q(x)$ hat die drei Nullstellen $x_1 \approx -1{,}8608$, $x_2 \approx -0{,}2541$ und $x_3 \approx 2{,}1149$, seine Zerlegung lautet

$$q(x) \approx (x+1{,}8608)(x+0{,}2541)(x-2{,}1149).$$

Aufgabe 15

a) $p_1(x) = x^2 - a$ ist eine nach oben geöffnete Parabel. Der Wert an der Stelle $x = 0$ ist $-a$, also negativ, damit muss die Kurve zwei Schnittpunkte mit der x-Achse, also zwei Nullstellen, haben.

b) $p_2(x) = -(x-a)^2$ ist eine nach unten geöffnete Parabel. An ihrem Scheitelpunkt $x = a$ hat sie den Wert 0, also die einzige Nullstelle.

c) $p_3(x) = -x^2 - a$ ist eine nach unten geöffnete Parabel. An ihrem Scheitelpunkt $x = 0$ hat sie den negativen Wert $-a$, somit hat sie keine Nullstelle.

Aufgabe 16

Die Differenz der beiden Polynome ist wieder ein Polynom, und zwar fünften Grades. Somit kann diese Differenz höchstens fünf Nullstellen haben, die Ausgangspolynome höchstens fünf Schnittpunkte. Sie haben mindestens einen Schnittpunkt, da das Differenzpolynom als Polynom ungeraden Grades mindestens eine Nullstelle hat.

Aufgabe 17

a) Um die Schnittpunkte von f_1 und g_1 zu berechnen, muss man die Nullstellen der Funktion $(f_1 - g_1)(x) = x^2 - x - 2$ berechnen. Diese sind $x_1 = -1$ und $x_2 = 2$. Die Schnittpunkte sind also $S_1(-1|1)$ und $S_2(2|4)$.

b) Die Differenzfunktion lautet hier $(f_2 - g_2)(x) = x^3 - 3x^2 + 2x$, ihre Nullstellen sind $x_1 = 0$, $x_2 = 1$ und $x_3 = 2$, die Schnittpunkte somit $S_1(0|5)$, $S_2(1|9)$ und $S_3(2|19)$.

c) Man sucht zunächst die Schnittstellen von $f_3(x) = x^2 - 8x + 16$ und $2x$, also die Nullstellen der Differenzfunktion $x^2 - 10x + 16$. Diese sind $x_1 = 2$ und $x_2 = 8$. Da aber 8 nicht im Definitionsbereich der Teilfunktion $2x$ liegt, bleibt nur $x_1 = 2$ übrig. Der erste Schnittpunkt ist also $S_1(2|4)$.
Ebenso geht man mit der Teilfunktion $-2x + 16$ vor; hier lautet die Differenzfunktion $x^2 - 6x$, ihre Nullstellen sind 0 und 6. Hier ist 0 außerhalb des Definitionsbereichs, der zweite Schnittpunkt lautet also $S_2(6|4)$. Weitere Schnittpunkte gibt es nicht.

Lösungen

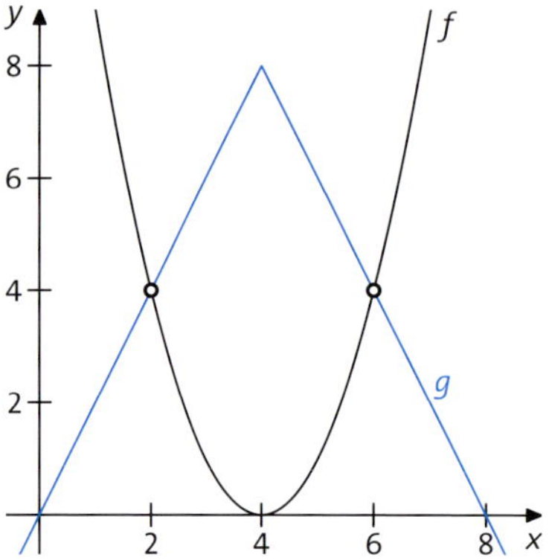

d) Die Differenzfunktion lautet hier

$$\frac{-x^4 - \frac{1}{2}x^2 + \frac{3}{2}}{1 + x^2}.$$

Die Gleichung $-x^4 - \dfrac{1}{2}x^2 + \dfrac{3}{2} = 0$ ist eine biquadratische Gleichung, ihre reellen Nullstellen sind $x_1 = -1$ und $x_2 = 1$. Die Punkte $S_1(-1|\frac{1}{2})$ und $S_2(1|\frac{1}{2})$ sind also die Schnittpunkte der Funktionen $f_4(x)$ und $g_4(x)$.

e) Der GTR berechnet als einzigen Schnittpunkt $S(0{,}7391|0{,}7391)$.

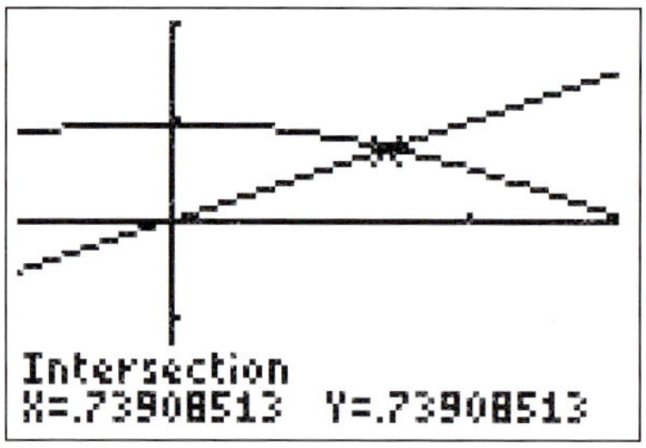

Aufgabe 18

Das Newtonverfahren lautet hier

$$x_n = x_{n-1} + \frac{\cos(x_{n-1}) - x_{n-1}}{\sin(x_{n-1}) + 1}, \quad n = 1,2,3,\ldots$$

Die Werte der ersten Folgeglieder stehen in der Tabelle.

x_0	1,0
x_1	0,7503639
x_2	0,7391129
x_3	0,7390851
x_4	0,7390851

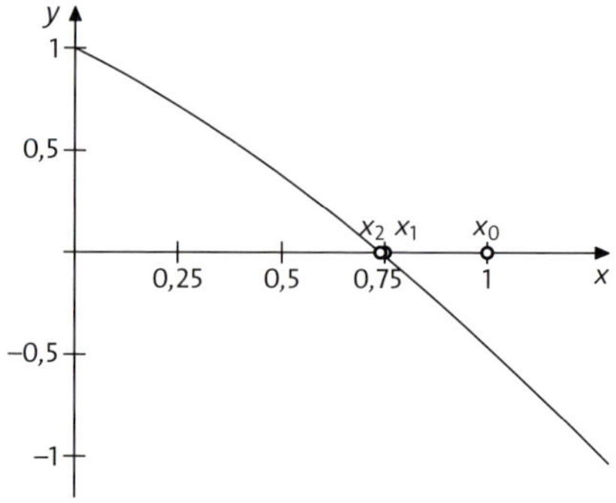

Aufgabe 19

Um den Schnittpunkt zweier Funktionen zu berechnen, wendet man das Newtonverfahren auf die Differenz der beiden Funktionen an, in diesem Fall ist das die Funktion $h(x) = 3x - 4$. Wegen $h'(x) = 3$ erhält man die Berechnungsvorschrift

$$x_n = \frac{4}{3}, \quad n = 1,2,3,\ldots$$

Die Newtonfolge ist also hier konstant und insbesondere unabhängig vom Startwert x_0, der Wert x_{17} ist (wie alle anderen Werte) gleich $\frac{4}{3}$.

Aufgabe 20

a) Das Newtonverfahren lautet hier

$$x_n = x_{n-1} - \frac{x_{n-1}^m - a}{m \cdot x_{n-1}^{m-1}}, \quad n = 1,2,3,\ldots$$

b) Für $m = 2$ und $a = 2$ kann man das Verfahren in der kompakteren Form

$$x_n = \frac{1}{2}\left(x_{n-1} + \frac{2}{x_{n-1}}\right), \quad n = 1,2,3,\ldots$$

schreiben.
Die Werte der ersten Folgeglieder stehen in nachfolgender Tabelle.

x_0	1,0
x_1	1,5
x_2	1,4166667
x_3	1,4142157
x_4	1,4142136

c) Für $m = 5$ und $a = 15$ lautet das Verfahren

$$x_n = x_{n-1} + \frac{x_{n-1}^5 - 15}{5 \cdot x_{n-1}^4}, \quad n = 1,2,3,\ldots$$

Die Werte der ersten Folgeglieder stehen in nachfolgender Tabelle.

x_0	2,0
x_1	1,7875
x_2	1,7238577
x_3	1,7188018
x_4	1,7187719

Aufgabe 21

a) Die Funktion $f(x) = x^3$ ist auf dem gesamten Intervall streng monoton steigend. Sie nimmt daher ihren kleinsten Wert am linken Rand des Intervalls an, das einzige Minimum liegt also bei $x_1 = -1$. Aus demselben Grund liegt das einzige Maximum bei $x_2 = +1$.

b) Da die Funktion $g(x) = |x|$ niemals negativ wird, hat sie ein Minimum bei $x_0 = 0$, wo auch der Funktionswert gleich null ist. Bei $x_{1/2} = \pm 1$ hat sie jeweils ein Maximum mit dem Wert $+1$.

c) Da der Nenner der Funktion $h(x) = \dfrac{1}{1+x^2}$ für $x_0 = 0$ am kleinsten ist, hat sie dort ein lokales Maximum. An den Stellen $x_{1/2} = \pm 1$ hat sie jeweils ein Minimum mit dem Wert $\dfrac{1}{2}$.

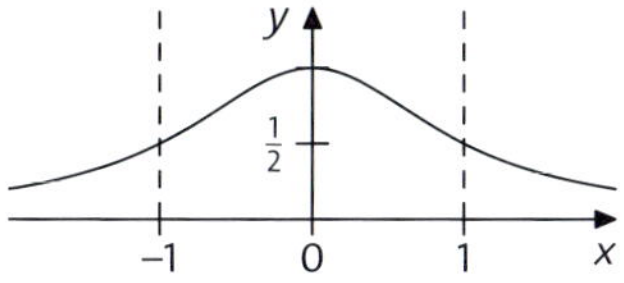

Aufgabe 22

a) Die Ableitung von $f(x) = x^3$ ist $f'(x) = 3x^2$, die einzige Nullstelle der ersten Ableitung liegt also bei $x_0 = 0$. Dies ist aber keine Extremalstelle. Die Funktion hat, wie oben ausgeführt, ihre einzigen Extremalstellen am Rand des Intervalls; dort ist aber die Ableitung nicht null.

b) Die Betragsfunktion ist im Punkt $x_0 = 0$ nicht differenzierbar, daher ist das Kriterium hier nicht anwendbar.

c) Die Ableitung lautet $h'(x) = \dfrac{-2x}{(1+x^2)^2}$, sie hat ihre einzige Nullstelle bei $x_0 = 0$. Dies ist auch, wie oben erklärt wurde, eine Extremalstelle von h.

Aufgabe 23

a) Es ist $f_1'(x) = 2x$ und $f_1''(x) = 2$. Die einzige Nullstelle der ersten Ableitung ist also $x_0 = 0$. Die zweite Ableitung hat an dieser Stelle wie überall den Wert 2, dieser ist positiv, und somit handelt es sich um eine Minimalstelle.

b) Es ist $f_2'(x) = \dfrac{-2x}{(1+x^2)^2}$, die einzige Nullstelle dieser ersten Ableitung ist also auch hier $x_0 = 0$. Die zweite Ableitung erhält man durch Anwendung von Quotienten- und Kettenregel:

$$f_2''(x) = \frac{-2(1+x^2)+8x^2}{(1+x^2)^3}.$$

Eine weitere Vereinfachung dieses Ausdrucks ist zwar möglich, aber nicht nötig, denn man muss ja nur den Punkt x_0 einsetzen und auswerten; dies ergibt $f_2''(0) = -2$, also einen negativen Wert, und somit ist $x_0 = 0$ eine Maximalstelle der Funktion.

c) Es ist $f_3'(x) = \dfrac{1-x^2}{(1+x^2)^2}$. Diese Funktion hat die beiden Nullstellen $x_0 = -1$ und $x_1 = +1$. Zur weiteren Überprüfung braucht man die zweite Ableitung, diese lautet $\dfrac{-6x+2x^3}{(1+x^2)^3}$. Einsetzen der beiden Nullstellen der ersten Ableitung ergibt $f''(-1) = \frac{4}{8} = \frac{1}{2} > 0$ und $f''(1) = -\frac{4}{8} = -\frac{1}{2} < 0$. Somit ist -1 eine Minimal- und $+1$ eine Maximalstelle von f_3.

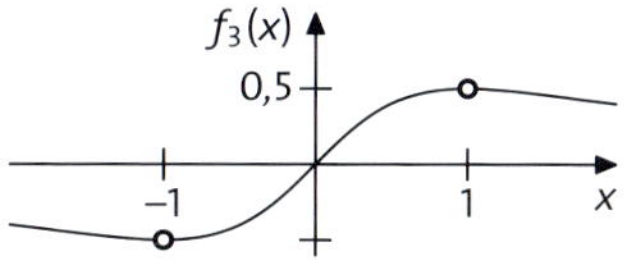

d) Es ist $f_4'(x) = 12x^3 - 12x^2 + 12x - 12$. Eine Nullstelle hiervon ist $x_0 = 1$, dividiert man den Linearfaktor $(x-1)$ ab, bleibt als Rest $12(x^2+1)$. Da dieser Rest nicht null werden kann, ist $x_0 = 1$ die einzige Nullstelle von $f_4'(x)$. Die zweite Ableitung der Funktion ist $f_4''(x) = 36x^2 - 24x + 12$, ihr Wert an der Stelle 1 ist $f_4''(1) = 24 > 0$, somit ist $x_0 = 1$ eine Minimalstelle von f_4.

e) Nach der Kettenregel ist $f_5'(x) = 2x \cdot e^{x^2}$, die einzige Nullstelle von $f_5'(x)$ ist also $x_0 = 0$. Die zweite Ableitung ist $f_5''(x) = (2+4x^2) \cdot e^{x^2}$, also $f_5''(0) = 2 > 0$ Somit hat die Funktion $f_5(x) = e^{x^2}$ bei $x_0 = 0$ eine Minimalstelle.

f) Es ist $f_6'(x) = (1-x) \cdot e^{1-x}$ und $f_6''(x) = (x-2) \cdot e^{1-x}$. Die einzige Nullstelle der ersten Ableitung ist also $x_0 = 1$. Setzt man diese in die zweite Ableitung ein, ergibt sich $f_6''(1) = -1$, $x_0 = 1$ ist also eine Maximalstelle der Funktion $f_6(x)$.

g) Es ist $f_7'(x) = e^x$, und da die Exponentialfunktion niemals null wird, hat die Funktion $f_7(x)$ keine Extremalstellen.

Aufgabe 24

Auflösen der x-Koordinate nach k ergibt $k = \dfrac{x}{2}$. Setzt man dies wiederum in die y-Koordinate ein, erhält man $y = 8 \cdot \dfrac{x^3}{2^3} = x^3$. Die gesuchte Ortskurve lautet also einfach $y = x^3$.

Lösungen

Aufgabe 25

a) Es ist $f_k'(x) = 2x + k$, die einzige Nullstelle der ersten Ableitung liegt also bei $x_0 = -\frac{k}{2}$. Da $f_k''(x) = 2$ positiv ist, handelt es sich um eine Minimalstelle. Der zugehörige Funktionswert ist

$$f_k(x_0) = \frac{k^2}{4} - \frac{k^2}{2} + 2 = -\frac{k^2}{4} + 2.$$

b) Auflösen der x-Koordinate nach k liefert $k = -2x_0$. Setzt man dies in den Funktionswert $f_k(x_0)$ ein, ergibt sich

$$-\frac{(-2x_0)^2}{4} + 2 = -x_0^2 + 2.$$

Die gesuchte Ortskurve der Minima lautet also

$$y = -x^2 + 2.$$

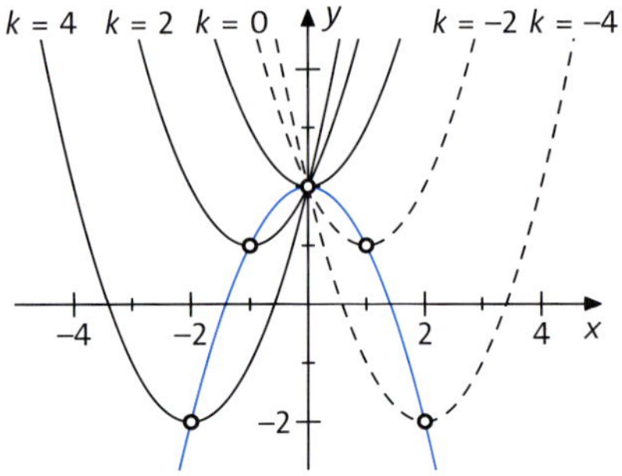

Aufgabe 26

Die erste Ableitung der Funktion f_k lautet

$$f_k'(x) = \frac{k \cdot e^x \cdot (k - e^{2x})}{(e^{2x} + k)^2}.$$

Da der Faktor e^x niemals null werden kann, ergibt sich als einzige Nullstelle $x_0 = \frac{1}{2} \cdot \ln(k)$. Laut Aufgabenstellung hat die Funktion f_k genau eine Maximalstelle, diese hat somit die Koordinaten

$$\left(\frac{\ln(k)}{2}, \frac{\sqrt{k}}{2}\right).$$

Löst man die Gleichung der x-Koordinate nach k auf, ergibt sich $k = e^{2x_0}$, und setzt man dies in die Gleichung der y-Koordinate ein, erhält man $y = \frac{1}{2} \cdot e^{x_0}$. Also lautet die Gleichung der Ortskurve

$$y = \frac{1}{2} \cdot e^x.$$

Aufgabe 27

Es ist

$$f_k'(x) = \frac{x^2}{2k} - 2x + \frac{3k}{2},$$

die beiden Nullstellen dieser Funktion sind $x_0 = 3k$ und $x_1 = k$. Die zweite Ableitung ist $f_k''(x) = \frac{x}{k} - 2$. Somit ist $f_k''(3k) = +1$ und $f_k''(k) = -1$, die Stelle $x_0 = 3k$ ist also eine Minimal-, und die Stelle $x_1 = k$ eine Maximalstelle der Funktion. Die zugehörigen Funktionswerte lauten

$$f_k(3k) = \frac{27k^2}{6} - 9k^2 + \frac{9k^2}{2} = 0$$

und

$$f_k(k) = \frac{k^2}{6} - k^2 + \frac{3k^2}{2} = \frac{2k^2}{3}.$$

Die Ortskurve der Minima ist also die Konstante $y = 0$, die der Maxima ist $y = \frac{2x^2}{3}$.

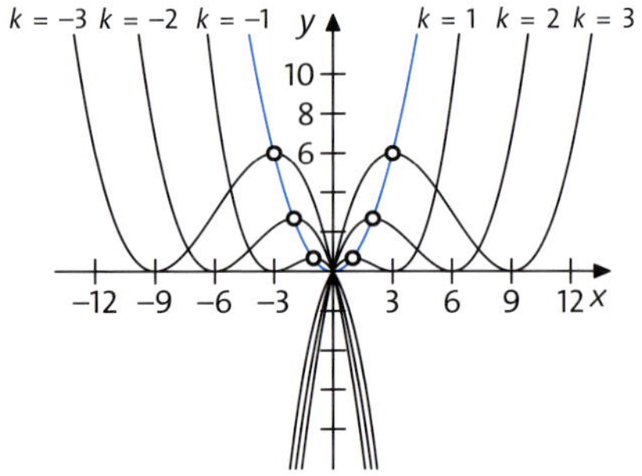

Aufgabe 28

a) Es ist $f'(x) = 3x^2$, $f''(x) = 6x$ und $f'''(x) = 6$. Somit gilt $f'(0) = f''(0) = 0$ und $f'''(0) > 0$, in der Terminologie des Satzes ist also $x_0 = 0$ und $n = 3$. Da dies eine ungerade Zahl ist, folgt, dass 0 keine Extremalstelle ist. Da aber 0 der einzige „Kandidat" war, hat die Funktion $f(x) = x^3$ gar keine Extremalstellen.

b) Hier ist $f'(x) = 4x^3$, $f''(x) = 12x^2$, $f'''(x) = 24x$ und $f^{(4)}(x) = 24$. In der Terminologie des Satzes ist also $x_0 = 0$ und $n = 4$. Da dies eine gerade Zahl ist und $f^{(4)}(0) > 0$, ist $x_0 = 0$ eine Minimalstelle der Funktion.

c) Die ersten m Ableitungen der Funktion $h(x)$ lauten

$$h^{(n)}(x) = m \cdot (m-1) \cdots (m-n+1) \cdot (1+x)^{m-n},$$

für $n = 0, 1, \ldots, m-1$, und $h^{(m)}(x) = m!$.
Insbesondere ist also

$$h'(-1) = h''(-1) = \cdots = h^{(m-1)}(-1) = 0$$

und $h^{(m)}(-1) > 0$. Andere Nullstellen der ersten Ableitung gibt es nicht.
Damit hat man folgendes Ergebnis: Ist m ungerade, so hat die Funktion $h(x)$ keine Extremalstelle, ist m gerade, so hat sie in $x_0 = -1$ ihre einzige Extremalstelle, und diese ist eine Minimalstelle.

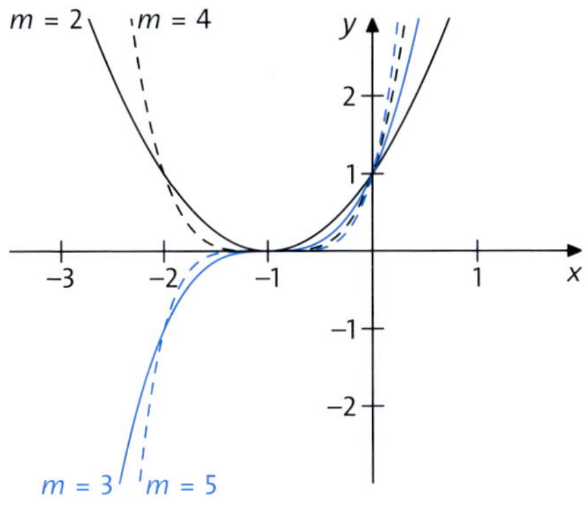

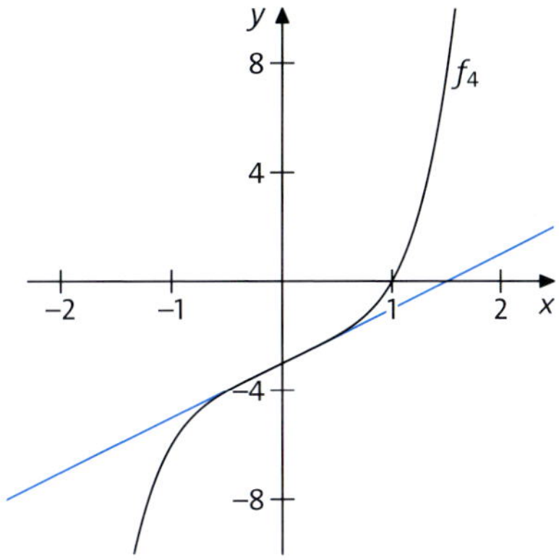

Aufgabe 29

a) Es ist $f_1'(x) = 3x^2$, $f_1''(x) = 6x$ und $f'''(x) = 6$. Die einzige Nullstelle der zweiten Ableitung ist also $x_0 = 0$, und da $f'''(0)$ nicht gleich null ist, hat die Funktion in $x_0 = 0$ eine Wendestelle. Zusätzlich ist noch $f'(0) = 0$, daher handelt es sich um einen Sattelpunkt.

b) Die zweite Ableitung dieser Funktion wurde bereits in Aufgabe 23 berechnet, es ist $f_2''(x) = 36x^2 - 24x + 12$. Mit der p-q-Formel findet man heraus, dass diese zweite Ableitung keine Nullstellen hat, die Funktion selbst hat also keine Wendepunkte.

c) Die ersten beiden Ableitungen dieser Funktion lauten $f_3'(x) = -2x \cdot e^{x^2}$ und $f_3''(x) = (-2 + 4x^2) \cdot e^{x^2}$. Da der Exponentialterm niemals null wird hat diese zweite Ableitung die beiden einzigen Nullstellen $x_{01} = \frac{-1}{\sqrt{2}}$ und $x_{02} = \frac{1}{\sqrt{2}}$. Als dritte Ableitung findet man

$$f_3'''(x) = (2 - 4x^2) \cdot 2x \cdot e^{x^2} + 8x \cdot e^{x^2}.$$

Einsetzen der beiden Kandidaten liefert jeweils einen von null verschiedenen Wert, es handelt sich also in beiden Fällen um eine Wendestelle. Da die erste Ableitung an beiden Stellen nicht verschwindet (sie hat ihre einzige Nullstelle bei 0), liegt kein Sattelpunkt vor.

d) Es ist $f_4'(x) = 5x^4 + 2$ und $f_4''(x) = 20x^3$. Die zweite Ableitung hat also ihre einzige Nullstelle bei $x_0 = 0$. Da dies aber auch eine Nullstelle der dritten Ableitung $f_4'''(x) = 60x^2$ ist, muss man weiter ableiten und findet $f_4^{(4)} = 120x$ sowie $f_4^{(5)} = 120$. Die erste nicht in 0 verschwindende Ableitung ist also die fünfte, und da fünf eine ungerade Zahl ist, ist $x_0 = 0$ eine Wendestelle. Wegen $f_4'(0) = 2$ ist diese kein Sattelpunkt.

Aufgabe 30

a) Die ersten Ableitungen der Funktion f_a lauten $f_a'(x) = 3ax^2 - 3$, $f_a''(x) = 6ax$ und $f_a'''(x) = 6a$. Die notwendige Bedingung für eine Wendestelle lautet $f_a''(x) = 0$, also $x_0 = 0$. Hinreichend ist, dass die dritte Ableitung nicht verschwindet. Dies ist offenbar für alle $a \neq 0$ der Fall. Da der Funktionswert an der Stelle $x_0 = 0$ lautet: $f_a(0) = 0$, ist die Lösung dieses Aufgabenteils: Für alle reellen Zahlen $a \neq 0$ besitzt die Funktion $f_a(x)$ einen Wendepunkt, dieser hat die Koordinaten $(0|0)$.

b) Da die Koordinaten des Wendepunkts nicht von a abhängen, degeneriert die Ortskurve aller Wendepunkte zum Punkte $(0|0)$.

c) Damit der Wendepunkt ein Sattelpunkt ist, muss zusätzlich die erste Ableitung der Funktion an der Wendestelle verschwinden, also $f_a'(0) = 0$ sein. Dies ist aber nicht möglich, da immer $f_a'(0) = -3$ ist. Somit ist der Wendepunkt von f_a niemals ein Sattelpunkt.

Aufgabe 31

Die Funktion hat in $(0|-2)$ einen Wendepunkt, der aber kein Sattelpunkt ist.

Aufgabe 32

Es ist

$$f_k'(x) = 1 - \frac{1}{(x-k)^2} \quad \text{und} \quad f_k''(x) = \frac{2}{(x-k)^3}.$$

Die zweite Ableitung kann niemals null werden, somit hat kein Element der Funktionenschar f_k eine Wendestelle.

Aufgabe 33

Die Ableitungen der Funktion f_k lauten

$$f_k'(x) = 3x^2 + 6x + 3k, \quad f_k''(x) = 6x + 6, \quad f_k'''(x) = 6.$$

Lösungen

Daraus ergibt sich Folgendes:

a) Die einzige Nullstelle der zweiten Ableitung liegt bei $x_0 = -1$. Da $f_k'''(-1) = 6 \neq 0$ ist, ist dies eine Wendestelle von f_k. Der Funktionswert an dieser Stelle lautet $f_k(-1) = -1 + 3 - 3k - 2 = -3k$. Somit lautet die Antwort: Die Funktion f_k hat für jeden Wert des Parameters k genau einen Wendepunkt, dieser lautet $(-1|-3k)$.

b) Einsetzen der Wendestelle $x_0 = -1$ in die erste Ableitung ergibt $f_k'(-1) = -3 + 3k$. Der Wendepunkt ist also genau dann ein Sattelpunkt, wenn $k = 1$ ist.

Aufgabe 34

Es ist

$$f_k'(x) = \frac{x^2}{2k} - 2x + \frac{3k}{2} \quad \text{und} \quad f_k''(x) = \frac{x}{k} - 2.$$

Die einzige Nullstelle der zweiten Ableitung ist also $x_0 = 2k$. Setzt man dies in die dritte Ableitung $f_k'''(x) = \frac{1}{k}$ ein, ergibt sich der von null verschiedene Wert $\frac{1}{k}$. Der Funktionswert an der Stelle x_0 ist $\frac{k^2}{3}$, somit lautet der (einzige) Wendepunkt der Funktion $f_k(x)$:

$$\left(2k \middle| \frac{k^2}{3}\right).$$

Zur Ermittlung der Ortskurve löst man die Gleichung der x-Koordinate, also $x_0 = 2k$, nach k auf und setzt den so erhaltenen Wert $\frac{x_0}{2}$ in die y-Koordinate ein. Es ergibt sich

$$y = \frac{1}{3} \cdot \frac{x_0^2}{4} = \frac{x_0^2}{12},$$

also

$$y = \frac{x^2}{12}$$

als Ortskurve.

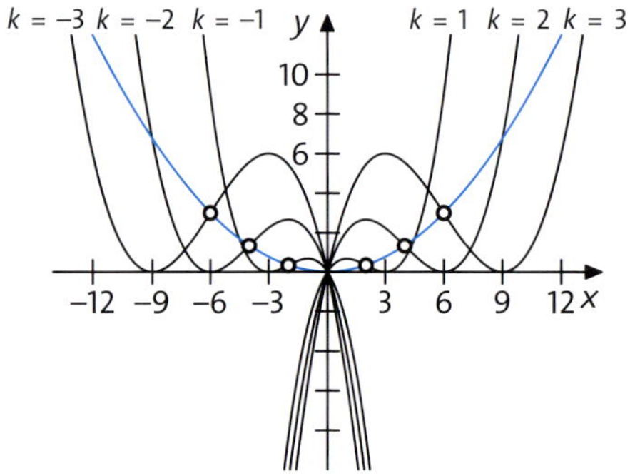

Aufgabe 35

a) Die Ableitung dieser Funktion ist $f'(x) = 1$. Da diese Ableitung für alle reellen x positiv ist, ist die Funktion $f(x)$ auf ganz $\mathbb{R}$ streng monoton steigend.

b) Es ist $g'(x) = 3x^2 - 3$. Um die Bereiche mit unterschiedlichem Monotonieverhalten zu identifizieren, muss man zunächst die Nullstellen von $g'(x)$ bestimmen, diese lauten $x_0 = -1$ und $x_1 = 1$. Liegt x zwischen diesen beiden Zahlen, ist also $|x| < 1$, so ist $g'(x)$ negativ, die Funktion $g(x)$ ist also in diesem Bereich streng monoton fallend. Für $x < -1$ oder $x > 1$ ist $g'(x)$ positiv, somit die Funktion in diesen Bereichen streng monoton steigend.

c) Es ist $h'(x) = -2x \cdot e^{-x^2}$. Da der Exponentialterm immer positiv ist, wird das Vorzeichen dieses Ausdrucks allein vom Term $-2x$ bestimmt. Dieser ist positiv, wenn x negativ ist, und umgekehrt. Damit lautet das Ergebnis: Die Funktion $h(x)$ ist streng monoton steigend für $x < 0$ und streng monoton fallend für $x > 0$.

d) Man formt die Funktion $k(x)$ zunächst zweckmäßigerweise um zu $k(x) = \frac{-4x}{(1+x)^2}$. Die Quotientenregel liefert dann

$$k'(x) = \frac{4x - 4}{(1+x)^3}.$$

Ein Bruch ist genau dann positiv, wenn Zähler und Nenner dasselbe Vorzeichen haben. Dies liefert im vorliegenden Fall das Resultat:

$$k'(x) \begin{cases} > 0, & \text{falls } x < -1 \text{ oder } x > 1, \\ < 0, & \text{falls } -1 < x < 1. \end{cases}$$

Die Funktion $k(x)$ ist also im erstgenannten Bereich streng monoton steigend, im zweiten streng monoton fallend.

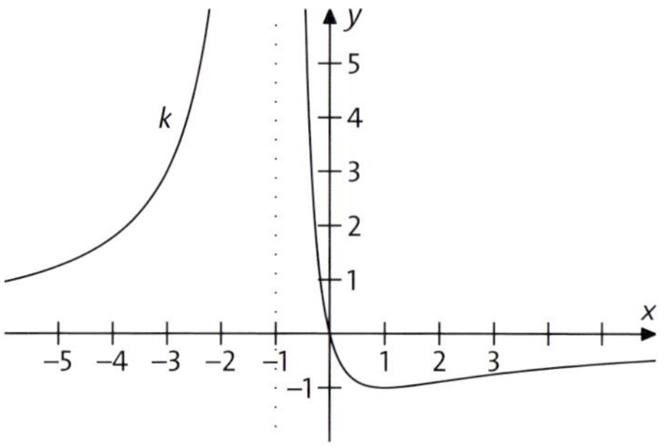

Aufgabe 36

Das einfachste Beispiel ist die Funktion $f(x) = x^3$ auf dem Intervall $[-1,1]$. Offensichtlich ist die Funktion streng monoton steigend, jedoch gilt $f'(0) = 0$.

Tipp: Dieses Beispiel zeigt, dass die im Text genannten Kriterien für strenge Monotonie zwar hinreichend, aber nicht notwendig sind.

Aufgabe 37

Es soll an der Funktion $f(x) = x^2 + 1$ eine Kurvendiskussion durchgeführt werden.

a) Die Funktion hat keine Definitionslücken, der maximale Definitionsbereich ist somit $D = \mathbb{R}$.

b) Es handelt sich um ein Polynom ohne ungerade Exponenten, die Funktion ist daher eine gerade Funktion, also symmetrisch zur y-Achse.

c) Der Schnittpunkt mit der y-Achse ist bei $f(0) = 1$. Nullstellen, also Schnittpunkte mit der x-Achse, existieren nicht, da $x^2 + 1$ immer positiv ist.

d) Es ist $f'(x) = 2x$ und $f''(x) = 2$. Daher hat die Funktion nur eine Extremalstelle, diese ist ein Minimum bei $x_0 = 0$. Der Funktionswert ist 1.

e) Da die gerade berechnete zweite Ableitung niemals null wird, gibt es keine Wendepunkte.

f) Für negative Werte von x ist $f'(x) < 0$, die Funktion ist also in diesem Bereich streng monoton fallend. Aus demselben Grund ist sie für $x > 0$ streng monoton steigend. Den zweiten Punkt kann man auch mit der Symmetrie begründen.

g) Für $x \to \pm\infty$ gilt in beiden Fällen $f(x) \to +\infty$. Polstellen besitzt die Funktion nicht.

h) Die Funktionswerte sind immer größer oder gleich 1. Da die Funktion stetig ist und unendlich groß wird, ist der Wertebereich: $W = \{x \in \mathbb{R}; x \geq 1\}$. Man kann dies auch in Intervallform schreiben: $W = [1, \infty)$.

i) Graph der Funktion:

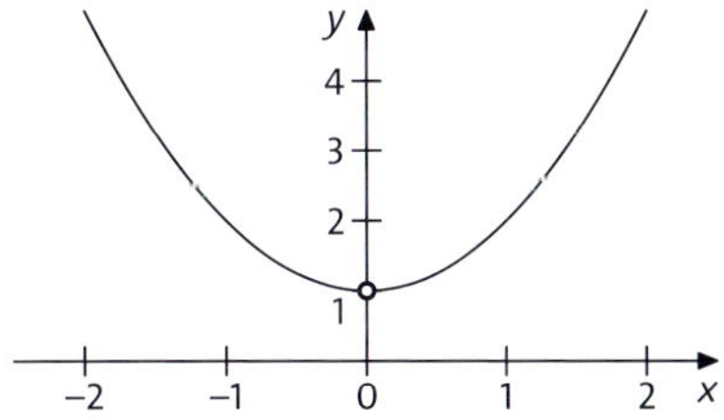

Aufgabe 38

Es soll an der Funktion $f(x) = x^3 \cdot e^{-x}$ eine Kurvendiskussion durchgeführt wird.

a) Beide Faktoren haben keine Definitionslücken, somit ist die Funktion auf ganz $\mathbb{R}$ definiert.

b) Es ist $f(-x) = -x^3 \cdot e^x$, dies stimmt weder mit $f(x)$ noch mit $-f(x)$ überein, daher ist die Funktion f weder gerade noch ungerade.

c) Es ist $f(0) = 0$, der Achsenschnittpunkt mit der y-Achse also der Ursprung. Auch die Gleichung $f(x) = 0$ hat nur die Lösung $x_0 = 0$, somit ist dies auch die einzige Nullstelle von f.

d) Mittels der Produktregel findet man

$$f'(x) = (3x^2 - x^3) \cdot e^{-x} = (3 - x) \cdot x^2 \cdot e^{-x}.$$

Diese erste Ableitung hat also die beiden Nullstellen $x_1 = 0$ und $x_2 = 3$. Zum Nachprüfen der notwendigen Bedingung braucht man mindestens die zweite Ableitung; diese lautet

$$f''(x) = (x^3 - 6x^2 + 6x) \cdot e^{-x}.$$

Somit ist $f''(0) = 0$ und $f''(3) = -9 \cdot e^{-3} < 0$. $x_2 = 3$ ist also eine lokale Maximalstelle der Funktion mit dem Funktionswert $f(3) = 27 \cdot e^{-3} \approx 1{,}344$. Zur Untersuchung von $x_1 = 0$ benötigt man weitere Ableitungen. Es ist

$$f'''(x) = (-x^3 + 9x^2 - 18x + 6) \cdot e^{-x},$$

also $f'''(0) = 6 \neq 0$. Da drei eine ungerade Zahl ist, liegt hier kein Extremum vor.

e) Aus dem gerade Gezeigten folgt, dass bei $x_1 = 0$ ein Wendepunkt vorliegt, er hat die Koordinaten $W_1(0|0)$. Da außerdem $f'(0) = 0$ ist, handelt es sich sogar um einen Sattelpunkt.
Zur Bestimmung der anderen Wendepunkte muss man die weiteren Nullstellen der zweiten Ableitung finden. Hierzu löst man die quadratische Gleichung $x^2 - 6x + 6 = 0$; es ergibt sich

$$x_2 = 3 - \sqrt{3} \approx 1{,}2679$$

und

$$x_3 = 3 + \sqrt{3} \approx 4{,}7321.$$

Da sowohl die erste als auch die dritte Ableitung an diesen Stellen nicht null ist, handelt es sich um Wendepunkte, aber keine Sattelpunkte. Die zugehörigen Funktionswerte bestimmt man mit dem GTR und findet $W_2(1{,}2679|0{,}5736)$ und $W_3(4{,}7321|0{,}9334)$.

f) Das Vorzeichen der ersten Ableitung und damit das Monotonieverhalten der Funktion hängt nur vom Faktor $3x^2 - x^3$ ab, da der Exponentialterm e^{-x} immer positiv ist. Den genannten Faktor wiederum zerlegt man am besten in der Form $x^2(3 - x)$. Hieran erkennt man sofort, dass dieser Faktor und damit die erste Ableitung der Funktion positiv ist, falls $x < 3$, und negativ, falls $x > 3$ ist. Somit ist f für $x < 3$ streng monoton steigend und für $x > 3$ streng monoton fallend.

g) Für $x \to -\infty$ strebt die Funktion gegen $-\infty$, für $x \to +\infty$ geht sie wegen des dominierenden Exponentialterms gegen null.

h) Der Wertebereich umfasst alle reellen Zahlen, die kleiner oder gleich dem Maximalwert der Funktion sind, also

$$W = \{x \in \mathbb{R}; x \leq 27 \cdot e^{-3}\} = (-\infty, 27 \cdot e^{-3}].$$

Lösungen

i) Graph der Funktion:

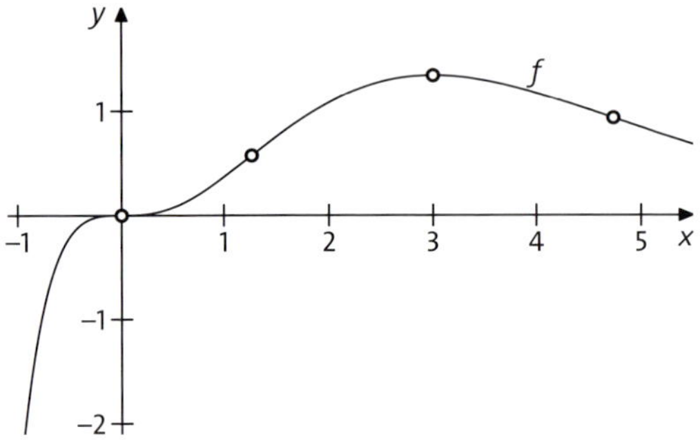

Aufgabe 39

Es soll an der Funktion $f(x) = x \cdot \ln(x)$ eine Kurvendiskussion durchgeführt werden.

a) Da der Logarithmus nur für positive Werte definiert ist, ist der Definitionsbereich der Funktion f die Menge $D = (0, +\infty)$.

b) Es liegen keine offensichtlichen Symmetrien vor.

c) Der Logarithmus hat seine einzige Nullstelle bei $x_0 = 1$, dies ist somit auch die einzige Nullstelle der Funktion f. Da $x_1 = 0$ nicht im Definitionsbereich der Funktion liegt, gibt es keinen Schnittpunkt mit der y-Achse.

d) Es ist $f'(x) = 1 + \ln(x)$ und $f''(x) = \frac{1}{x}$. Die Gleichung $f'(x) = 0$ ist für $x_1 = e^{-1}$ erfüllt. Da $f''(e^{-1}) = e > 0$ ist, liegt an der Stelle x_1 ein lokales Minimum vor, der Funktionswert ist $-e^{-1} \approx -0{,}368$.

e) Die zweite Ableitung hat keine Nullstellen, daher hat die Funktion selbst keine Wendepunkte.

f) Die erste Ableitung ist negativ für $0 < x < e^{-1}$ und positiv für $x > e^{-1}$. Daher ist die Funktion f streng monoton fallend für $0 < x < e^{-1}$ und streng monoton steigend für $x > e^{-1}$.

g) Für $x \to 0$ geht die Funktion gegen null, für $x \to +\infty$ gegen $+\infty$.

h) Der Wertebereich enthält alle reellen Zahlen oberhalb des Minimums, also

$$W = \{x \in \mathbb{R}; x \geq -e^{-1}\} = [e^{-1}, \infty).$$

i) Graph der Funktion:

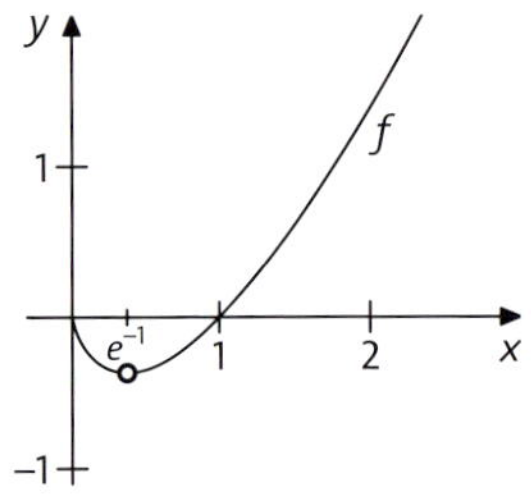

Aufgabe 40

Es soll an der Funktion $f(x) = -2x + 4\sqrt{x-1} + 8$ eine Kurvendiskussion durchgeführt werden.

a) Da die Wurzel für negative Radikanden nicht definiert ist, ist der Definitionsbereich $D = \{x \in \mathbb{R}; x \geq 1\}$.

b) Es liegen keine Symmetrien vor.

c) Da $x_0 = 0$ nicht zum Definitionsbereich gehört, gibt es keinen Schnittpunkt mit der y-Achse. Zur Ermittlung der Nullstellen muss man die Wurzelgleichung $-2x + 4\sqrt{x-1} + 8 = 0$ lösen. Diese lässt sich durch Umsortieren und Quadrieren in die quadratische Gleichung

$$16(x-1) = 4x^2 - 32x + 64$$

umformen, die die beiden Lösungen $x_1 = 2$ und $x_2 = 10$ hat. Nun darf man das Überprüfen auf Scheinlösungen nicht vergessen. Einsetzen von $x_1 = 2$ in die Ausgangsgleichung liefert die unwahre Aussage $8 = 0$, während $x_2 = 10$ die Gleichung tatsächlich erfüllt. x_2 ist also die einzige Nullstelle der Funktion.

d) Die ersten beiden Ableitungen der Funktion f sind

$$f'(x) = \frac{2}{\sqrt{x-1}} - 2 \quad \text{und} \quad f''(x) = -\frac{1}{\sqrt{(x-1)^3}}.$$

Die einzige Nullstelle der ersten Ableitung ist $x_3 = 2$, der zugehörige Funktionswert ist $f(2) = 8$. Da $f''(2) = -1$ negativ ist, handelt es sich um ein lokales Maximum.

e) Da $f''(x)$ keine Nullstellen hat, besitzt die Funktion f keine Wendepunkte.

f) Durch Überprüfen des Vorzeichens von $f'(x)$ findet man heraus, dass $f(x)$ monoton steigend ist für $1 \leq x \leq 2$ und monoton fallend für $x \geq 2$.

g) Für $x \to +\infty$ geht die Funktion gegen $-\infty$, Asymptoten gibt es nicht.

h) Der Wertebereich der Funktion ist die Menge aller reellen Zahlen, die kleiner oder gleich dem Maximalwert 8 sind, also $W = (-\infty, 8]$.

i) Graph der Funktion:

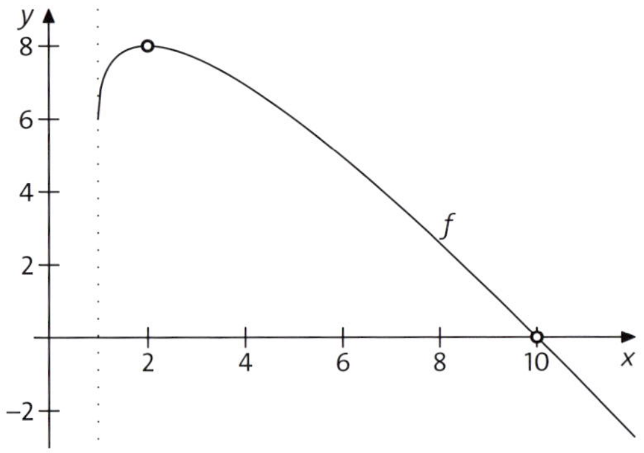

Aufgabe 41

Es soll an der Funktion $f(x) = \frac{(2+x)^2}{x-2}$ eine Kurvendiskussion durchgeführt werden.

a) Die einzige Nullstelle des Nenners und damit die einzige Definitionslücke der Funktion ist $x_0 = 2$, der maximale Definitionsbereich ist also $D = \mathbb{R} \setminus \{2\}$. Da der Zähler an der Stelle 2 nicht verschwindet, handelt es sich um einen Pol.

b) Da die Funktion sowohl gerade als auch ungerade Potenzen von x enthält, ist sie weder gerade noch ungerade.

c) Den Schnittpunkt mit der y-Achse findet man wie fast immer leicht, hier ist er bei $f(0) = -2$. Um die Nullstellen zu bestimmen, muss man die Gleichung $(2+x)^2 = 0$ lösen, die offenbar nur die Lösung $x_1 = -2$ hat. Somit ist $x_1 = -2$ die einzige Nullstelle der Funktion f.

d) Um die lokalen Extremstellen zu finden, muss man zunächst die Ableitungen bestimmen. Es ergibt sich

$$f'(x) = \frac{2x^2 - 8 - (2+x)^2}{(x-2)^2} = \frac{x^2 - 4x - 12}{(x-2)^2}$$

und – nach einigen Umformungen –

$$f''(x) = \frac{32}{(x-2)^3}.$$

Die Nullstellen der ersten Ableitung, also die Lösungen der Gleichung

$$x^2 - 4x - 12 = 0,$$

sind $x_2 = -2$ und $x_3 = 6$. Einsetzen dieser Werte in die zweite Ableitung liefert

$$f''(-2) = -\frac{1}{2} \quad \text{und} \quad f''(6) = \frac{1}{2}.$$

Die Funktion besitzt also an der Stelle $x_2 = -2$ ein lokales Maximum mit dem Funktionswert $f(-2) = 0$ und an der Stelle $x_3 = 6$ ein lokales Minimum mit dem Funktionswert $f(6) = 16$.

e) Da die zweite Ableitung niemals null wird, hat die Funktion f keine Wendepunkte.

f) Um das Monotonieverhalten der Funktion zu bestimmen, untersucht man das Vorzeichen der ersten Ableitung. Da der Nenner niemals negativ wird, genügt es, den Zähler zu untersuchen, also die Funktion $x^2 - 4x - 12$. Diese ist positiv, wenn $x < -2$ oder wenn $x > 6$ ist, und negativ für $-2 < x < 6$. Hieraus folgt: Die Funktion f ist streng monoton steigend, falls $x < -2$ oder $x > 6$, sie ist streng monoton fallend, falls $-2 < x < 2$ oder $2 < x < 6$ ist, und sie ist an der Stelle $x_0 = 2$ nicht definiert.

g) Um das asymptotische Verhalten der Funktion zu klären, führt man am besten zunächst eine Polynomdivision von Zähler und Nenner durch; diese liefert

$$(x^2 + 4x + 4) : (x - 2) = x + 6 + \frac{16}{x-2}.$$

Die Funktion verhält sich also für betragsmäßig große Werte von x wie die Gerade $y = x + 6$, diese Gerade stellt also die Asymptote der Funktion dar.
Für das Verhalten der Funktion in der Nähe der Polstelle 2 ist das Vorzeichen von Zähler und Nenner verantwortlich. Der Zähler ist stets positiv, der Nenner ist rechts von 2 positiv und links davon negativ. Daher strebt die Funktion für $x \to 2$ bei Annäherung von rechts gegen $+\infty$, bei Annäherung von links gegen $-\infty$.

h) Aus dem Bisherigen folgt, dass der Funktionsgraph in zwei Äste zerfällt. Der linke Ast gehört zum Variablenbereich $x < 2$, die Funktionswerte liegen zwischen $-\infty$ und dem Maximalwert 0, der an der Stelle -2 angenommen wird. Der rechte Ast gehört zum Variablenbereich $2 < x$, die Funktionswerte liegen zwischen $+\infty$ und dem Minimalwert 16, der an der Stelle 6 angenommen wird. Als Wertebereich ergibt sich also $W = \{x \in \mathbb{R}; x \leq 0 \text{ oder } x \geq 16\}$ bzw. $W = (-\infty, 0] \cup [16, \infty)$.

i) Graph der Funktion:

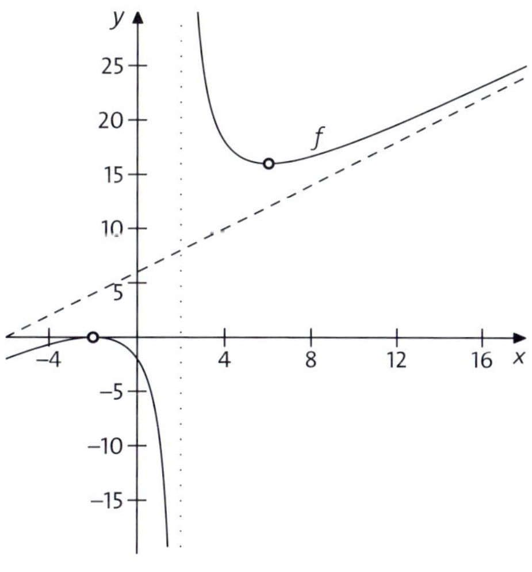

Aufgabe 42

Es handelt sich um die Funktion $f_1(x)$. Da die Parabel nach unten geöffnet ist, muss der Koeffizient von x^2 negativ sein, daher scheidet f_3 aus, der Graph der Funktion f_2 wäre um 2 nach links verschoben und hätte eine Nullstelle bei $x_0 = -2$.

■ **Aufgabe 43**

Alle drei Funktionen haben eine Polstelle bei $x_0 = -1$, dieses (ansonsten oft hilfreiche) Unterscheidungskriterium scheidet hier also aus. Die Funktion $r_1(x)$ ist jedoch die einzige der drei, die bei $y = 0$ die y-Achse schneidet, also ist sie im linken Bild dargestellt. Für $x \to \infty$ nähert sich die Funktion $r_2(x)$ der Konstanten -4 an, die Funktion $r_3(x)$ dagegen der Konstanten 0. Also ist r_2 rechts und r_3 in der Mitte abgebildet.

■ **Aufgabe 44**

Die Funktion hat eine Polstelle bei $x_0 = 0$, der Nenner muss also hier eine Nullstelle haben, somit ist $c = 0$. Die Gerade $y = 4$ ist eine Asymptote, daher muss $a = 4$ sein. Die Funktion hat also die Form $r(x) = \frac{4x^2 + b}{x^2}$. Da sie bei $x_1 = \frac{1}{2}$ eine Nullstelle hat, gilt $1 + b = 0$, also $b = -1$. Die gesuchte Funktion lautet also

$$r(x) = \frac{4x^2 - 1}{x^2}.$$

■ **Aufgabe 45**

Offenbar hat die Funktion bei $x_0 = 2$ eine Polstelle, daher muss $d = 2$ sein. Der Nenner lautet also $(x-2)^2 = x^2 - 4x + 4$. Nun macht man eine Polynomdivision; diese ergibt

$$r(x) = ax + (b + 4a) + \frac{(12a + 4b)x - 16a - 4b + c}{(x-2)^2}.$$

Da offenbar die Gerade $y = x + 1$ Asymptote der Funktion ist, muss

$$x + 1 = ax + (b + 4a)$$

gelten. Dies ergibt $a = 1$ und $b = -3$, die Funktion r hat also die Form

$$r(x) = \frac{x^3 - 3x^2 + c}{(x-2)^2}.$$

Schließlich ergibt sich aus der Abbildung, dass $r(0) = \frac{3}{4}$ ist, also $\frac{c}{4} = \frac{3}{4}$, somit $c = 3$. Die gesuchte Funktion lautet also

$$r(x) = \frac{x^3 - 3x^2 + 3}{(x-2)^2}.$$

■ **Aufgabe 46**

a) Da $f(x)$ zwei lokale Extremstellen und keinen Sattelpunkt hat, besitzt die Ableitung zwei Nullstellen. Zwischen den beiden Extremstellen von $f(x)$ muss eine Wendestelle liegen, also besitzt die Ableitung eine Extremstelle.

b) Offenbar ist $f(x)$ für $x < -2$ und für $x > 1$ streng monoton steigend, in beiden Bereichen befinden sich keine Wendestellen. Daher ist $f'(x)$ für $x < -2$ und für $x > 1$ positiv und geht gegen $+\infty$.

c) Die Lage der Wendestelle ist (abgelesen) bei $-0{,}5$. Hieraus und aus den obigen Ergebnissen ergibt sich qualitativ folgende Skizze.

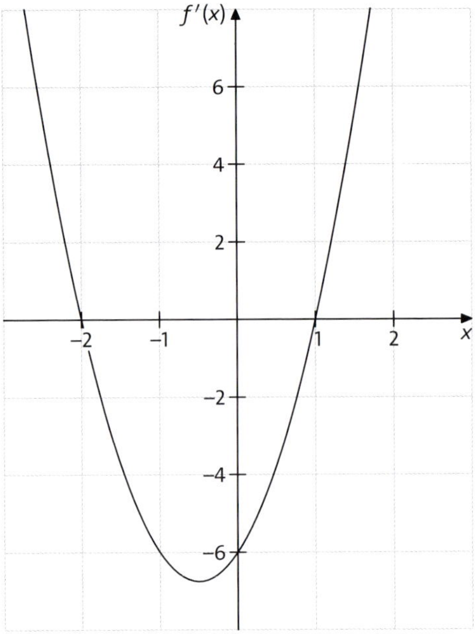

■ **Aufgabe 47**

Die Skizze sieht qualitativ wie folgt aus:

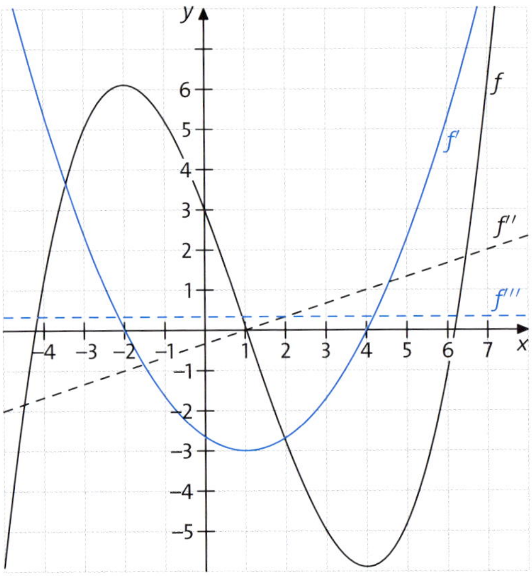

■ **Aufgabe 48**

a) Die Funktion ist an der Stelle $x_1 = -1$ offenbar nicht differenzierbar.

b) Für $x < -1$ ist der Funktionsgraph eine Gerade mit der Steigung -2, für $x > -1$ ist die Steigung überall positiv, wobei sie an der Wendestelle $x_0 = 0$ am kleinsten ist. Daraus ergibt sich folgende Skizze:

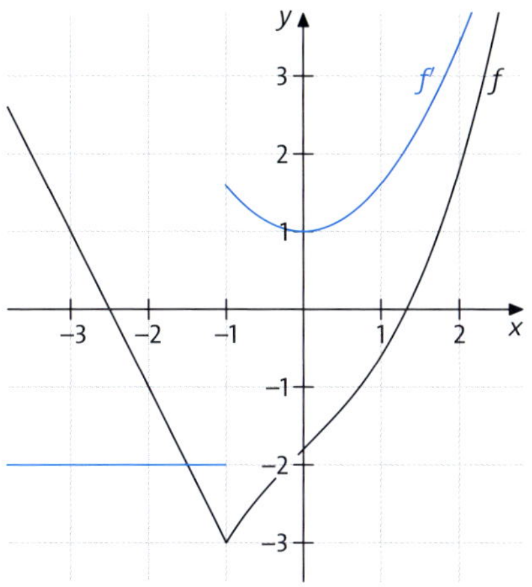

Kapitel 5: Bestimmung von Funktionen mit vorgegebenen Bedingungen

Aufgabe 1

a) Das zu lösende Gleichungssystem lautet:

$$a + b = 2$$
$$2a + b = 3.$$

Es hat die Lösungen $a = 1$ und $b = 1$, die gesuchte Gerade hat also die Gleichung $y = x + 1$.

b) Die gesuchte Gerade ist die Konstante $y = 2$.

c) Die Gerade lautet $y = -4x + 10$.

Aufgabe 2

a) Die Geradengleichung lautet $y = 1$, daher liegt der Punkt $(2|2)$ nicht auf der Geraden.

b) Die Geradengleichung lautet $y = 17x$, daher liegt der Punkt $(1|17)$ auf der Geraden.

Aufgabe 3

a) Das ist Unsinn, beispielsweise widerlegen die drei Punkte aus Aufgabe 2 a) diese Behauptung.

b) Auch dies ist falsch. Beispielsweise liegen die drei Punkte $(0|0)$, $(1|1)$ und $(2|2)$ auf der gemeinsamen Geraden $y = x$.

c) Dies ist richtig, die drei Punkte liegen auf der gemeinsamen Geraden $y = y_1$.

d) Dies ist richtig: Die Gerade durch die Punkte P_1 und P_2 hat die Gleichung

$$y = \frac{y_2 - y_1}{x_2 - x_1} \cdot x + \left(y_2 - \frac{y_2 - y_1}{x_2 - x_1} \cdot x_2\right).$$

Nach Aufgabenstellung ist dies gleich

$$y = \frac{y_3 - y_2}{x_3 - x_2} \cdot x + \left(y_2 - \frac{y_3 - y_2}{x_3 - x_2} \cdot x_2\right).$$

Zu zeigen ist nun, dass der Punkt P_3 ebenfalls auf dieser Geraden liegt, dass also das Einsetzen von x_3 zum Funktionswert y_3 führt. Dazu setzt man $x = x_3$ und findet

$$\begin{aligned} y &= \frac{y_3 - y_2}{x_3 - x_2} \cdot x_3 + \left(y_2 - \frac{y_3 - y_2}{x_3 - x_2} \cdot x_2\right) \\ &= \frac{(y_3 - y_2)x_3 + y_2(x_3 - x_2) - (y_3 - y_2)x_2}{x_3 - x_2} \\ &= \frac{y_3x_3 - y_3x_2}{x_3 - x_2} \\ &= y_3. \end{aligned}$$

Aufgabe 4

Die gesuchte Gerade $y = ax + b$ muss durch die Punkte $P_1 = (x_1|f(x_1)) = (-1|-3)$ und $P_2 = (x_2|f(x_2)) = (0|1)$ verlaufen. Dies führt zu dem Gleichungssystem

$$-a + b = -3$$
$$b = 1$$

mit der Lösung $a = 4$ und $b = 1$. Es handelt sich also um die Gerade $y = 4x + 1$.

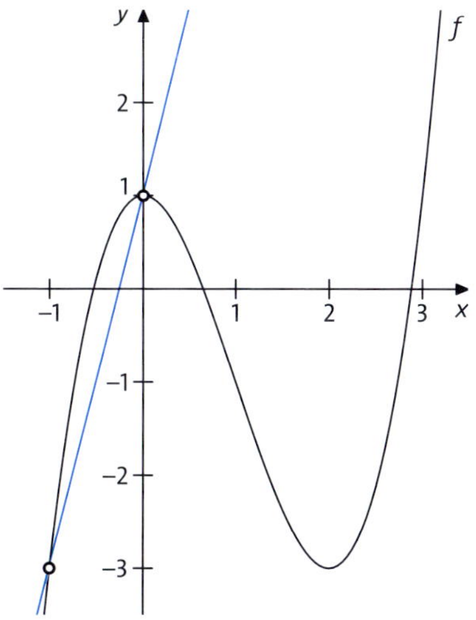

Aufgabe 5

a) Die Geradengleichung lautet $y = x$.

b) Da $-2 \neq 0$ ist, liegt der Punkt $(-2|0)$ nicht auf der Geraden.

c) Wir bezeichnen die Normalengleichung mit $y = nx + c$. Da die Normale senkrecht auf der Geraden $y = x$ steht, ist ihre Steigung -1, also $y = -x + c$. Da weiterhin $P_1 = (1|1)$ auf dieser Normalen liegt, muss $1 = -1 + c$ gelten, also $c = 2$. Somit lautet die gesuchte Normalengleichung $y = -x + 2$.

Aufgabe 6

a) Zu lösen ist das Gleichungssystem

$$a - b + c = 1$$
$$c = 0$$
$$4a + 2b + c = 4.$$

Man erhält $a = 1$ und $b = c = 0$, es handelt sich also um die Normalparabel: $p(x) = x^2$.

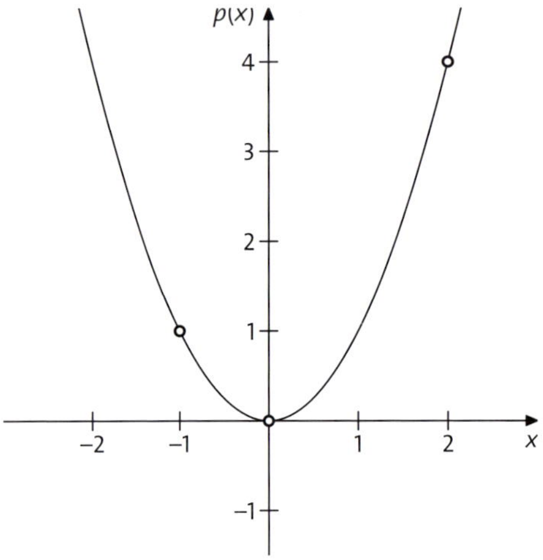

b) Zu lösen ist das Gleichungssystem

$$c = -1$$
$$a + b + c = 1$$
$$2a + b = 2.$$

Man berechnet die Lösungen $a = 0$, $b = 2$ und $c = -1$. Dies ergibt $p(x) = 2x - 1$.

c) Da die Parabel $p(x) = ax^2 + bx + c$ die y-Achse bei $y = 2$ schneidet, gilt $c = 2$. Damit ergeben die beiden Nullstellenbedingungen das Gleichungssystem

$$a + b + 2 = 0$$
$$4a + 2b + 2 = 0.$$

Die Lösung hiervon ist $p(x) = x^2 - 3x + 2$.

d) Die gesuchte Parabel muss durch die Punkte $P_1 = (x_1|f(x_1)) = (-1|-1)$, $P_2 = (x_2|f(x_2)) = (0|0)$ und $P_3 = (x_3|f(x_3)) = (1|1)$ verlaufen. Dies liefert das Gleichungssystem

$$a - b + c = -1$$
$$c = 0$$
$$a + b + c = 1$$

mit den Lösungen $a = c = 0$ und $b = 1$. Die gesuchte Parabel lautet $p(x) = x$, ist hier also zu einer Geraden degeneriert.

Tipp: Es kommt oft vor, dass die gesuchte Funktion – hier eine Parabel – den gegebenen Grad nicht ausschöpft, lassen Sie sich dadurch nicht irritieren.

Aufgabe 7

a) Dies ist nicht richtig, beispielsweise verläuft die Normalparabel $p(x) = x^2$ durch die vier verschiedenen Punkte $P_1 = (-1|1)$, $P_2 = (0|0)$, $P_3 = (1|1)$ und $P_4 = (2|4)$.

b) Auch diese Aussage ist falsch. Gibt man beispielsweise die Punkte $P_1 = (-1|0)$ und $P_2 = (1|0)$ vor und fordert zusätzlich, dass die durch diese beiden Punkte verlaufende Parabel für $x_0 = 0$ die Ableitung $p'(0) = 0$ haben soll, so wird diese Aufgabe durch die beiden Parabeln

$$p_1(x) = x^2 - 1 \quad \text{und} \quad p_2(x) = 0$$

gelöst.

c) Dies ist richtig, die gesuchte Parabel lautet $p(x) = x$.

d) Dies ist falsch, denn durch die drei vorgegebenen Punkte ist die Parabel eindeutig bestimmt. Da nach Konstruktion die Normalparabel durch die drei Punkte verläuft, kann es keine andere Parabel geben, die dies auch tut.

Aufgabe 8

a) Da die Parabel durch den Nullpunkt geht, hat ihre Gleichung die Form $p(x) = ax^2 + bx$. Die restlichen Bedingungen führen auf das Gleichungssystem

$$a + b = 1$$
$$2a + b = -2$$

mit den Lösungen $a = -3$ und $b = 4$. Die gesuchte Parabel lautet also $p(x) = -3x^2 + 4x$.

b) Da die Parabel symmetrisch zur y-Achse ist, hat ihre Gleichung die Form $p(x) = ax^2 + c$. Dies führt auf das Gleichungssystem

$$c = 1$$
$$a + c = 2.$$

Die gesuchte Parabel lautet also $p(x) = x^2 + 1$.

c) Die gesuchte Parabel hat die allgemeine Form $p(x) = ax^2 + bx + c$, ihre Ableitung also $p'(x) = 2ax + b$. Da die Ableitung an der Minimalstelle null ist, gilt $0 = -4a + b$. Das Gleichungssystem zur Bestimmung der Koeffizienten lautet somit

$$4a - 2b + c = -7$$
$$-4a + b = 0$$
$$4a + 2b + c = 9.$$

Es hat die Lösungen $a = 1$, $b = 4$ und $c = -3$, die gesuchte Parabel lautet also $p(x) = x^2 + 4x - 3$.

Aufgabe 9

a) Eine Parabel, die symmetrisch zur y-Achse verläuft, hat ihre Extremalstelle immer auf dieser Achse, also an der Stelle $x_0 = 0$. Dies kann man entweder geometrisch begründen, oder mit der Beobachtung, dass die Gleichung einer solchen Parabel die Form $p(x) = ax^2 + c$ hat, ihre Ableitung also $p'(x) = 2ax$ lautet und somit nur für $x_0 = 0$ verschwindet. Die Aufgabe ist also nicht lösbar.

b) Eine Parabel hat niemals einen Wendepunkt, die Aufgabe ist also nicht lösbar.

c) Die beiden Steigungsbedingungen führen auf das Teilgleichungssystem

$$-2a + b = 1$$
$$2a + b = -1$$

mit den Lösungen $a = -\frac{1}{2}$ und $b = 0$. Setzt man dies in das Teilgleichungssystem für die Punkte ein:

$$a - b + c = 1$$
$$a + b + c = 2$$

so ergibt sich im ersten Fall $c = \frac{3}{2}$, im zweiten $c = \frac{5}{2}$. Die Aufgabe ist also nicht lösbar.
Alternativ kann man natürlich auch die Unlösbarkeit des vollen (4×4)-Systems zeigen.

Aufgabe 10

Die Flugbahn wird nach Vorgabe durch eine Parabel $p(x) = ax^2+bx+c$ beschrieben, wobei der Abwurfpunkt in $x_0 = 0$ gelegt wird. Daher ist $c = p(0) = 2{,}2$. Die anderen beiden Bedingungen liefern das Gleichungssystem

$$16a + b = 0$$
$$19{,}5^2a + 19{,}5b + 2{,}2 = 0$$

mit den Lösungen $a = -0{,}032$ und $b = 0{,}52$. Die gesuchte Parabel lautet also

$$p(x) = -0{,}032x^2 + 0{,}52x + 2{,}2.$$

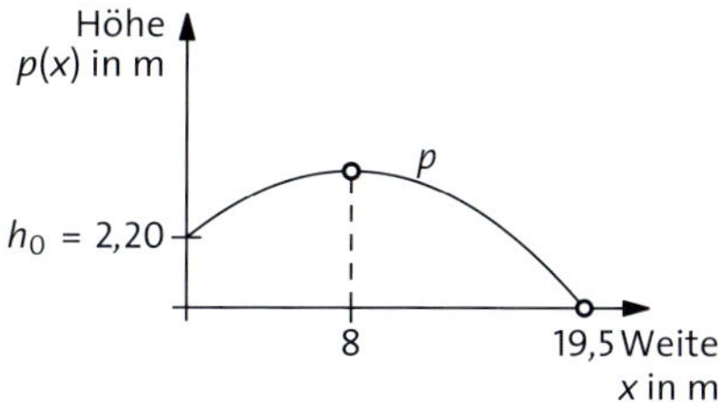

Aufgabe 11

Ein Polynom dritten Grades hat die allgemeine Form $p(x) = ax^3 + bx^2 + cx + d$. (Wie bei Polynomen kleinen Grades üblich sind hier die Koeffizienten nicht mit $a_0, a_1, a_2, \ldots$, sondern mit fortlaufenden Buchstaben bezeichnet). Das Einsetzen der vier angegebenen Punktkoordinaten führt auf das Gleichungssystem

$$a + b + c + d = -17$$
$$d = 3$$
$$-a + b - c + d = 29$$
$$8a + 4b + 2c + d = -25.$$

Dieses hat die Lösung $a = 1$, $b = 3$, $c = -24$ und $d = 3$. Das gesuchte Polynom lautet also

$$p(x) = x^3 + 3x^2 - 24x + 3.$$

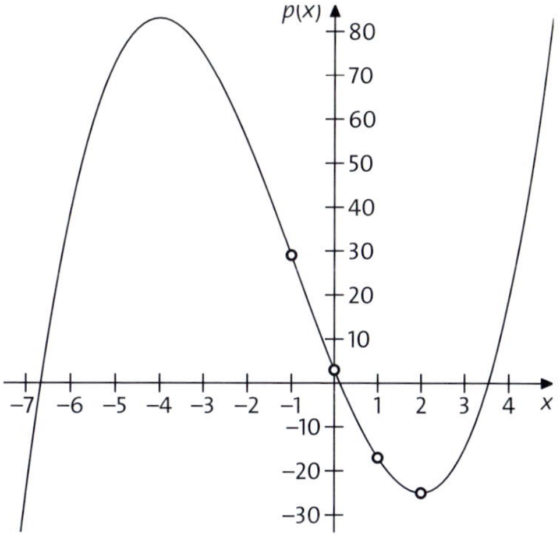

Aufgabe 12

Das Einsetzen der vier Angaben in das allgemeine Polynom dritten Grades $p(x) = ax^3 + bx^2 + cx + d$ führt auf das Gleichungssystem

$$-27a + 9b - 3c + d = 0$$
$$-8a + 4b - 2c + d = 0$$
$$a + b + c + d = 0$$
$$d = -6$$

mit der Lösung $a = 1$, $b = 4$, $c = 1$ und $d = -6$. Das gesuchte Polynom lautet also $p(x) = x^3 + 4x^2 + x - 6$.

Aufgabe 13

Da das Polynom punktsymmetrisch ist, also eine ungerade Funktion, ist es von der Form $p(x) = ax^3 + bx$. Die beiden angegebenen Punkte führen nun auf das Gleichungssystem

$$\begin{aligned} a + b &= 5 \\ 8a + 2b &= 4 \end{aligned}$$

mit den Lösungen $a = -1$ und $b = 6$. Das gesuchte Polynom lautet also $p(x) = -x^3 + 6x$.

Aufgabe 14

Das zu berechnende Polynom hat die Form $p(x) = ax^4 + bx^3 + cx^2 + dx + e$. Bildet man die Ableitungen dieser allgemeinen Form und setzt die in der Aufgabenstellung angegebenen Daten ein, so ergibt sich folgendes Gleichungssystem:

$$\begin{aligned} a + b + c + d + e &= 0 \\ 4a + 3b + 2c + d &= 6 \\ 12a + 6b + 2c &= 18 \\ 24a + 6b &= 42 \\ 24a &= 48. \end{aligned}$$

Aufgrund der Dreiecksform kann man die Lösungen schnell ermitteln, sie lauten $a = 2$, $b = -1$, $c = 0$, $d = 1$ und $e = -2$, das gesuchte Polynom ist also

$$p(x) = 2x^4 - x^3 + x - 2.$$

Aufgabe 15

Die Lösung dieser Aufgabe ist das Polynom $p(x) = x^n$. Man kann dies entweder sehen, indem man das durch die Bedingungen gegebene Gleichungssystem löst, oder – eleganter – mit folgendem Argument: Offensichtlich erfüllt $p(x) = x^n$ die gegebenen Bedingungen. Da es nach dem Satz nur ein Polynom gibt, das dies tut, muss $p(x)$ die gesuchte eindeutige Lösung sein.

Aufgabe 16

Der Ansatz für dieses Polynom lautet $p(x) = ax^3 + bx^2 + cx + d$. Da es durch den Punkt P verläuft, muss

$$p(-1) = -a + b - c + d = 1$$

sein. Da in P ein Sattelpunkt vorliegen soll, müssen die ersten beiden Ableitungen für $x_0 = -1$ verschwinden, also gilt

$$\begin{aligned} 3a - 2b + c &= 0 \quad \text{und} \\ -6a + 2b &= 0. \end{aligned}$$

Schließlich ist explizit vorgegeben, dass die dritte Ableitung für $x_0 = -1$ den Wert 6 haben soll, also $6a = 6$ sein muss. Somit ist $a = 1$ und die obigen drei Gleichungen liefern die restlichen Werte $b = 3$, $c = 3$ und $d = 2$. Das gesuchte Polynom lautet also

$$p(x) = x^3 + 3x^2 + 3x + 2.$$

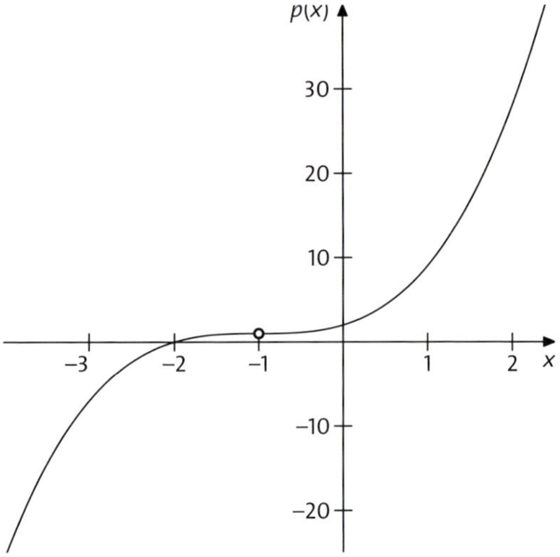

Aufgabe 17

In beiden Fällen lautet der Ansatz $p(x) = ax^3 + bx^2 + cx + d$, die allgemeine erste Ableitung also $p'(x) = 3ax^2 + 2bx + c$. Damit führen die in der Aufgabenstellung gemachten Angaben auf folgende Gleichungssysteme:

a)

$$\begin{aligned} -a + b - c + d &= -4 \\ 3a - 2b + c &= 7 \\ a + b + c + d &= 2 \\ 3a + 2b + c &= 7. \end{aligned}$$

Die eindeutige Lösung dieses Systems ist $a = 2$, $b = 0$, $c = 1$ und $d = -1$, das gesuchte Polynom lautet also

$$p(x) = 2x^3 + x - 1.$$

b)

$$\begin{aligned} -a + b - c + d &= 0 \\ a + b + c + d &= 0 \\ 8a + 4b + 2c + d &= 0 \\ 12a + 4b + c &= 3. \end{aligned}$$

Die eindeutige Lösung dieses Systems ist $a = 1$, $b = -2$, $c = -1$ und $d = 2$, das gesuchte Polynom lautet also

$$p(x) = x^3 - 2x^2 - x + 2.$$

Aufgabe 18

Der Ansatz lautet $p(x) = ax^3 + bx^2 + cx + d$. Einsetzen der drei Punktkoordinaten liefert die drei Gleichungen

$$d = 1$$
$$a + b + c + d = 4$$
$$-a + b - c + d = 4.$$

Da p in $(-1|4)$ einen Wendepunkt besitzt, muss dort die zweite Ableitung verschwinden; es folgt

$$-6a + 2b = 0.$$

Dies sind vier Gleichungen für die vier unbekannten Koeffizienten, die Lösung ist $a = 1$, $b = 3$, $c = -1$ und $d = 1$. Das gesuchte Polynom lautet also

$$p(x) = x^3 + 3x^2 - x + 1.$$

Aufgabe 19

Der Ansatz lautet $p(x) = ax^4 + cx^2 + e$, da das gesuchte Polynom eine gerade Funktion ist. An der Stelle $x_0 = 2$ hat die Funktion den Wert 0 und ihre Ableitung den Wert 2. Dies liefert die beiden Gleichungen

$$16a + 4c + e = 0$$
$$32a + 4c = 2.$$

Da p an der Stelle $x_1 = 1$ einen Wendepunkt besitzt, muss dort die zweite Ableitung verschwinden; es folgt

$$12a + 2c = 0.$$

Dies sind drei Gleichungen für die drei unbekannten Koeffizienten, die Lösung ist

$$a = \frac{1}{4}, \quad c = -\frac{3}{2} \quad \text{und} \quad e = 2.$$

Das gesuchte Polynom lautet also

$$p(x) = \frac{1}{4}x^4 - \frac{3}{2}x^2 + 2.$$

Aufgabe 20

Der Ansatz lautet $p(x) = ax^3 + bx^2 + cx + d$. Da die Funktion durch $(0|0)$ geht, gilt $d = 0$, und da sie hier auch eine waagrechte Tangente hat, also ihre Ableitung den Wert 0, gilt auch $c = 0$. Das gesuchte Polynom hat also die Form $p(x) = ax^3 + bx^2$.
Die 1. Winkelhalbierende hat die Gleichung $y = x$, ihre erste Ableitung ist konstant gleich 1. Da p an der Stelle $x_0 = 1$ mit dieser Winkelhalbierenden in Funktionswert und Wert der ersten Ableitung übereinstimmt, gilt:

$$a + b = 1$$
$$3a + 2b = 1.$$

Dieses Gleichungssystem hat die Lösung $a = -1$ und $b = 2$, das gesuchte Polynom lautet also

$$p(x) = -x^3 + 2x^2.$$

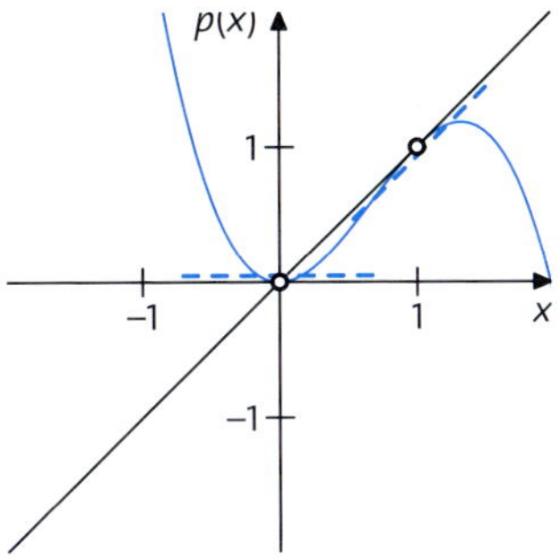

Aufgabe 21

Der Ansatz lautet $p(x) = ax^2 + bx + c$. Da die Funktion durch den Punkt $(0|4)$ geht, gilt $c = 4$. Die beiden Bedingungen an die erste Ableitung ergeben die beiden Gleichungen

$$-2a + b = 0$$
$$2a + b = 4.$$

Dieses Gleichungssystem hat die Lösung $a = 1$ und $b = 2$, das gesuchte Polynom lautet also

$$p(x) = x^2 + 2x + 4.$$

Aufgabe 22

Der Ansatz lautet $p(x) = ax^3 + bx^2 + cx + d$. Die Sattelpunktaussage bedeutet, dass die erste und die zweite Ableitung für $x_0 = 2$ gleich null sind. Dies ergibt die beiden Gleichungen

$$12a + 4b + c = 0$$
$$12a + 2b = 0.$$

Die beiden Aussagen über das Verhalten der Funktion an der Stelle $x_1 = 1$ kann man wie folgt formalisieren:

$$a + b + c + d = 8$$
$$3a + 2b + c = 3.$$

Insgesamt ist dies ein Gleichungssystem mit vier Gleichungen und ebenso vielen Unbekannten. Es hat die Lösung $a = 1$, $b = -6$, $c = 12$ und $d = 1$, das gesuchte Polynom lautet also

$$p(x) = x^4 - 6x^2 + 12x + 1.$$

Aufgabe 23

a) Die Ableitungen lauten $p_1'(x) = 9x^2 - 8x + 8b$ und $p_2'(x) = 3x^2 + 4x + 2b$. Setzt man diese gleich, ergibt sich die quadratische Gleichung $6x^2 - 12x + 6b = 0$, also $x^2 - 2x + b = 0$ mit den beiden Lösungen

$$x_1 = 1 + \sqrt{1-b} \quad \text{und} \quad x_2 = 1 - \sqrt{1-b}.$$

An diesen Stellen haben die beiden Funktionen somit dieselbe Steigung.

b) Die beiden Lösungen sind genau dann identisch, wenn $b = 1$ ist.

Aufgabe 24

Die Ableitung der Funktion lautet

$$r'(x) = \frac{a(x-1) - (ax-1)}{(x-1)^2} = \frac{1-a}{(x-1)^2}.$$

Es ist also die Gleichung $1 - a = -3$ zu lösen, diese besitzt die einzige Lösung $a = 4$. Für diesen Parameterwert hat die Funktion r also die gewünschte Eigenschaft.

Aufgabe 25

Die beiden ersten Ableitungen der Funktion r sind

$$r'(x) = \frac{-2bx + 2a}{(x-b)^3}$$

und

$$r''(x) = \frac{2b^2 + 4bx - 6a}{(x-b)^4}.$$

Einsetzen der beiden Bedingungen liefert die Gleichungen

$$\frac{-8b + 2a}{(4-b)^3} = 0$$

und

$$\frac{2b^2 + 20b - 6a}{(5-b)^4} = 0.$$

Da die beiden Zähler null werden müssen, ergibt sich das Gleichungssystem

$$2a - 8b = 0$$
$$b^2 + 10b - 3a = 0$$

mit den Nebenbedingungen $b \neq 4$ und $b \neq 5$.
Aus der ersten Gleichung folgt $a = 4b$. Setzt man dies in die zweite Gleichung ein, ergibt sich die quadratische Gleichung $b^2 - 2b = 0$ mit den beiden Lösungen $b_1 = 0$ und $b_2 = 2$.
Nun muss man noch auf Scheinlösungen überprüfen: Einsetzen von $b_1 = 0$, also $a = 0$, liefert die Funktion $r(x) = \frac{x^2}{x^2} = 1$ für $x \neq 0$ erfüllt die gestellten Bedingungen offenbar nicht. Die einzige Lösung ist somit

$$r(x) = \frac{x^2 - 8}{(x-2)^2}.$$

Aufgabe 26

a) Es ist $r(-1) = 0$ und $r(1) = \frac{4}{3}$. Einsetzen dieser beiden Bedingungen in die Funktionsgleichung führt auf das Gleichungssystem

$$\frac{b-a}{-1} = 0 \qquad a - b = 0$$
$$\frac{a+3b}{3} = \frac{4}{3}, \quad \text{also} \quad a + 3b = 4$$

mit der Lösung $a = b = 1$. Die gesuchte Funktion lautet somit

$$r(x) = \frac{2x + 2}{x^2 + 2x}.$$

b) Die Ableitung der Funktion $r(x)$ lautet

$$r'(x) = \frac{-(a+b)x^2 - 4b(1+x)}{(x^2 + 2x)^2}.$$

Setzt man nun die beiden Bedingungen $r(2) = 1$ und $r'(2) = -\frac{3}{8}$ ein, so ergibt sich nach kurzer Umrechnung das Gleichungssystem

$$2a + 4b = 8$$
$$a + 4b = 6$$

mit der Lösung $a = 2$ und $b = 1$. Die gesuchte Funktion lautet somit

$$r(x) = \frac{3x + 2}{x^2 + 2x}.$$

c) Wenn die Funktion $r(x)$ durch den Punkt $(-1|0)$ verläuft, muss gelten

$$\frac{-(a+b) + 2b}{-1} = 0,$$

also $a = b$. Setzt man dies in die allgemeine Form der Ableitung ein und setzt gleichzeitig $x = -1$, ergibt sich $r'(-1) = -2a$. Damit dies null wird, muss $a = 0$ sein. Dann ist aber auch $b = 0$, und die resultierende Funktion ist die Nullfunktion, die in der Aufgabenstellung ausgeschlossen wurde.

Aufgabe 27

Die Funktion hat nach Vorgabe die Form $f(x) = a \cdot e^{bx}$, ihre Ableitung also $f'(x) = b \cdot a \cdot e^{bx}$. Meist wird außerdem der Funktionswert an der Stelle 0 benötigt: Es ist $f(0) = a$.

a) Hier ist $a = 1$, also $f(x) = e^{bx}$ und $f'(x) = b \cdot e^{bx}$. Es folgt $b = f'(0) = 3$, also $f(x) = e^{3x}$.

b) Hier ist $f(x) = 2e^{bx}$ und $f'(x) = 2b \cdot e^{bx}$. Es folgt $b = -1$, also $f(x) = 2e^{-x}$.

c) Auch hier ist $f(x) = 2e^{bx}$, also $f(1) = 2 \cdot e^b$. Es folgt $b = 2$, also $f(x) = 2e^{2x}$.

d) Hier ist $f(x) = e^{bx}$, also $f(1) = e^b$. Es folgt $b = \ln(2)$, also $f(x) = 2^x$.

■ **Aufgabe 28**

Die Funktion hat nach Vorgabe die Form $f(x) = a \cdot e^x + b \cdot e^{-x}$, ihre Ableitung also $f'(x) = a \cdot e^x - b \cdot e^{-x}$.

a) Wegen $f(0) = 1$ gilt $a + b = 1$, und aus $f'(0) = 3$ folgt $a - b = 3$. Diese beiden Gleichungen liefern die eindeutige Lösung $a = 2$ und $b = -1$, die gesuchte Funktion lautet also

$$f(x) = 2e^x - e^{-x}.$$

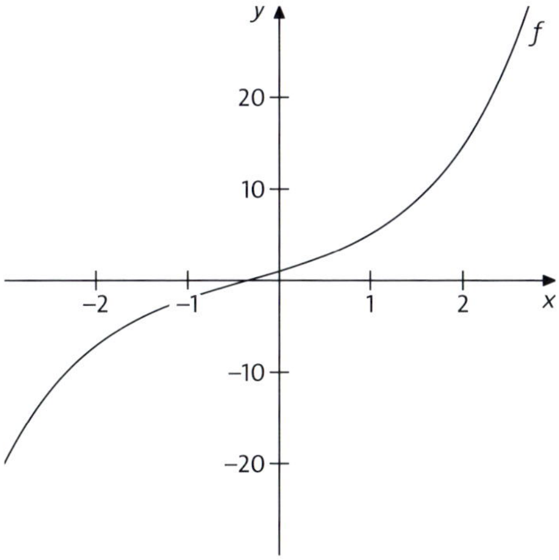

b) Wegen $f(0) = 2$ ist $a + b = 2$, und aus $f'(0) = 0$ folgt $a - b = 0$. Die gesuchte Funktion lautet hier also

$$f(x) = e^x + e^{-x}.$$

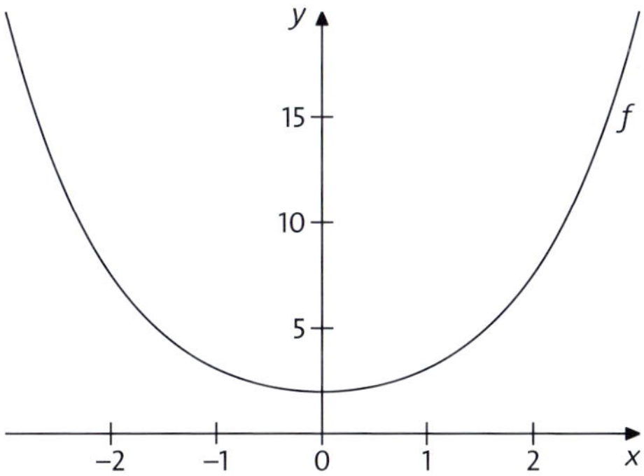

c) Einsetzen der gegebenen Funktionswerte führt auf das Gleichungssystem

$$a \cdot e^{-1} + b \cdot e = 2e + e^{-1}$$
$$a \cdot e + b \cdot e^{-1} = e + 2e^{-1}.$$

(Beachten Sie, dass $e^{-1} = \frac{1}{e}$ ist.) Dieses System hat die Lösungen $a = 1$ und $b = 2$, die gesuchte Funktion lautet also

$$f(x) = e^x + 2e^{-x}.$$

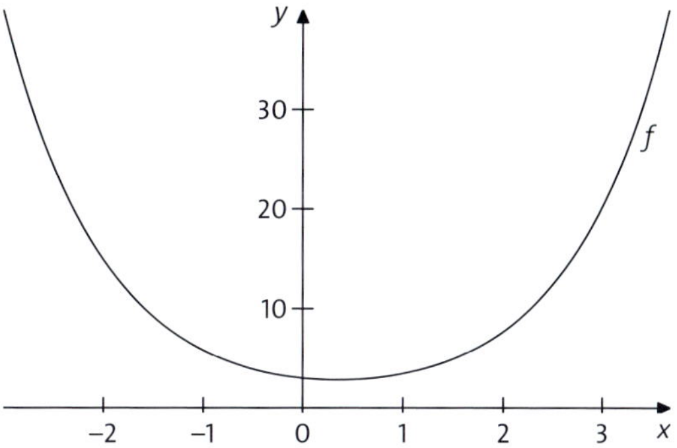

Kapitel 6: Extremwertaufgaben

■ **Aufgabe 1**

a) Man bestimmt zunächst die lokalen Extrema der Funktion. Es ist $f'(x) = 2(x-3)$ und $f''(x) = 2$. Somit hat die Funktion nur ein lokales Minimum an der Stelle $x_0 = 3$ und keine lokalen Maxima. Der Funktionswert an der Minimalstelle ist $f(3) = 0$. Dieser ist zu vergleichen mit den Randwerten $f(2) = 1$ und $f(5) = 4$.

Somit nimmt die Funktion ihr globales Minimum mit dem Wert 0 an der Stelle 3 und ihr globales Maximum mit dem Wert 4 an der Stelle 5 an.

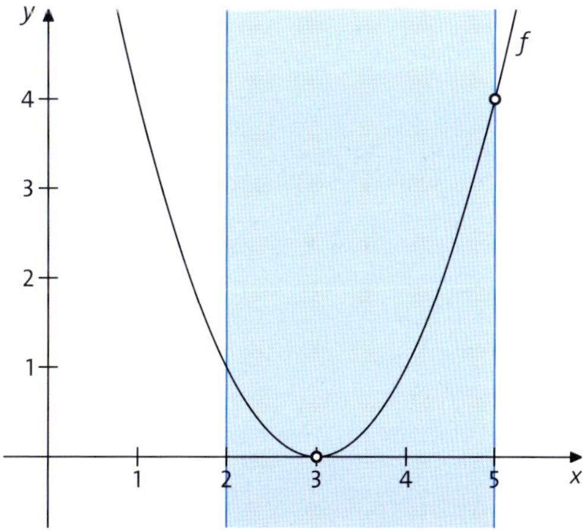

Lösungen

b) Auch hier bestimmt man zunächst die lokalen Extrema. Es ist $g'(x) = 4x^3 - 4x$ und $g''(x) = 12x^2 - 4$. Die erste Ableitung hat die drei Nullstellen $x_0 = 0$, $x_1 = -1$ und $x_2 = 1$. Wegen $g''(0) = -4 < 0$ liegt an der Stelle $x_0 = 0$ ein lokales Maximum vor und wegen $g''(-1) = g''(1) = 8 > 0$ an den beiden Stellen x_1 und x_2 lokale Minima.

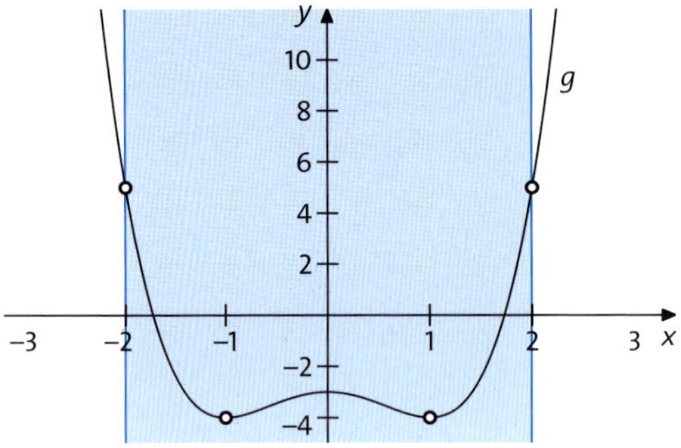

Die Berechnung der jeweiligen Funktionswerte ergibt $g(0) = -3$ und $g(-1) = g(1) = -4$, die Werte am Rand des Intervalls sind $g(-2) = g(2) = 5$. Somit wird das globale Maximum mit dem Wert 5 an beiden Randpunkten angenommen, während das globale Minimum -4 an den beiden Stellen -1 und $+1$ angenommen wird.

c) Es ist $h'(x) = 2x - 3$ und $h''(x) = 2$. Die Funktion hat also nur ein lokales Extremum, dieses liegt an der Stelle $x_0 = \frac{3}{2}$. Da dieser Wert aber nicht im Intervall $[-1, 1]$ liegt, spielt er bei der Suche nach den globalen Extrema keine Rolle, es müssen also nur die Randpunkte untersucht werden.

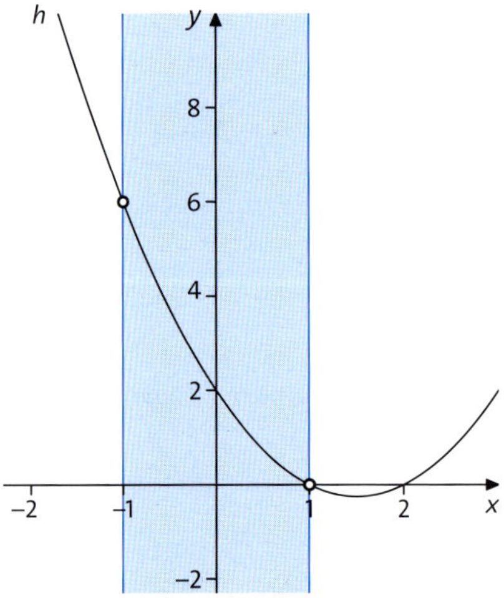

Diese liefert: Es ist $f(-1) = 6$ und $f(1) = 0$, somit liegt in -1 ein globales Maximum und in $+1$ ein globales Minimum vor.

d) Die ersten beiden Ableitungen sind $k'(x) = (1 - x) \cdot e^{-x}$ und $k''(x) = (x - 2) \cdot e^{-x}$. Da e^{-x} niemals null wird, hat die Funktion $k(x)$ nur eine lokale Extremstelle, diese liegt bei $x_0 = 1$ und ist ein lokales Maximum. Der Funktionswert an dieser Stelle ist $k(1) = e^{-1}$. Am linken Randpunkt hat die Funktion den Wert $k(0) = 0$, für $x \to \infty$ geht sie gegen null. Somit ist das lokale Maximum auch das globale, und das globale Minimum ist $k(0) = 0$.

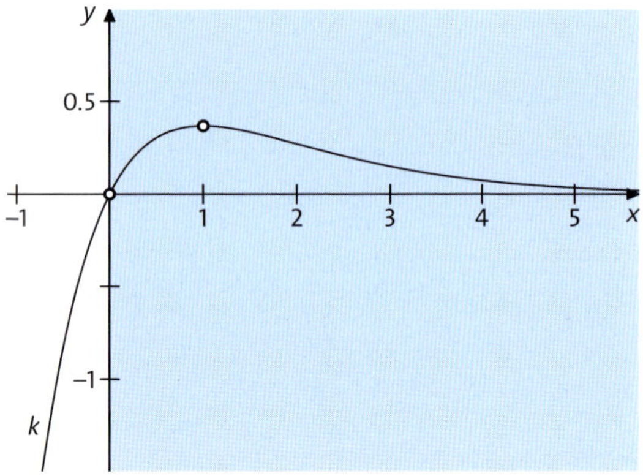

e) Der GTR liefert die Minimalstelle $x_1 \approx 0{,}8512$ mit dem Funktionswert $l(x_1) \approx -1{,}0377$ und die Maximalstelle $x_2 = 4$ mit dem Wert $l(4) \approx 42{,}6137$.

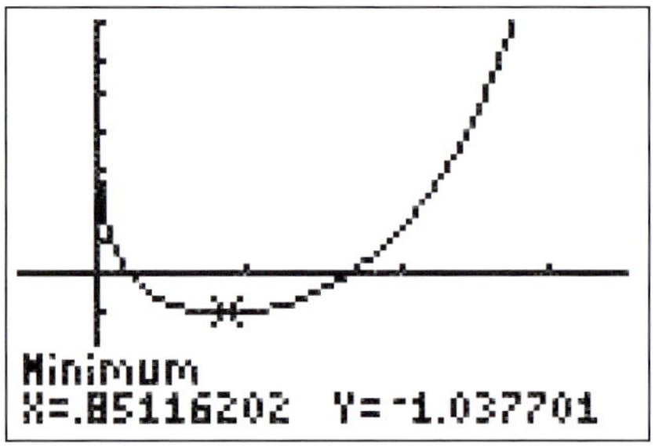

Aufgabe 2

Der Abstand eines beliebigen Geradenpunktes vom Nullpunkt beträgt

$$d(x) = \sqrt{(g(x))^2 + x^2} = \sqrt{2x^2 + 2x + 1}.$$

Die Ableitung dieser Funktion ist

$$g'(x) = \frac{2x + 1}{\sqrt{2x^2 + 2x + 1}}$$

mit der einzigen Nullstelle $x_0 = -\frac{1}{2}$. Da $g''(x_0)$ positiv ist und der Bereich keinen Rand hat, ist x_0 das globale Minimum. Der gesuchte Punkt ist also

$$(x_0|g(x_0)) = \left(-\frac{1}{2}\middle|\frac{1}{2}\right).$$

Aufgabe 3

Auflösen der Nebenbedingung nach y ergibt $y = \frac{4}{x^2}$. Setzt man dies in die Funktion $f(x,y)$ ein, wird diese zu

$$f(x) = x^2 + \frac{16}{x}.$$

Die ersten beiden Ableitungen sind

$$f'(x) = 2x - \frac{16}{x^2} \quad \text{und} \quad f''(x) = 2 + \frac{32}{x^3}.$$

Die Nullstellen der ersten Ableitung bestimmt man durch Lösen der Gleichung $2x^3 = 16$, deren einzige Lösung $x_0 = 2$ ist. Die Funktion hat also nur ein lokales Extremum, und wegen $f''(2) = 6 > 0$ ist dies ein Minimum; der zugehörige Wert ist 12. Untersuchung der Funktionswerte an den Randpunkten liefert $f(1) = 17$ und $f(4) = 20$. Das globale Maximum liegt also an der Stelle 4 und hat den Wert 20.

Aufgabe 4

Auflösen der Nebenbedingung nach y liefert $y = x - 2$. Setzt man dies in die Funktion $f(x,y)$ ein, wird diese zu $f(x) = 2x^3 + 3x^2 - 12x - 1$. Mit den üblichen Mitteln findet man heraus, dass diese Funktion die beiden lokalen Extremstellen $x_1 = -2$ und $x_2 = 1$ hat. Hiervon liegt nur die Stelle $x_2 = 1$ im zu betrachtenden Intervall, hier liegt ein Minimum mit dem Funktionswert $f(1) = -8$ vor. Einsetzen der beiden Randpunkte ergibt $f(0) = -1$ und $f(2) = 3$, das globale Minimum liegt also bei $x_2 = 1$.

Aufgabe 5

Bezeichnet man die beiden Seiten des Rechtecks mit a und b, so ist die Fläche F zu berechnen durch $F = F(a,b) = a \cdot b$. Dies ist also die Zielfunktion. Die Nebenbedingung erhält man durch die Aussage, dass der Umfang des Rechtecks 1000 (Meter) beträgt. Die Nebenbedingung lautet also in Formeln: $1000 = 2(a+b)$, aufgelöst nach b ergibt dies $b = 500 - a$. Setzt man diese Beziehung in die Zielfunktion ein, so erhält man

$$F(a) = a \cdot (500 - a) = 500a - a^2.$$

Die ersten beiden Ableitungen dieser Funktion lauten $F'(a) = 500 - 2a$ und $F''(a) = -2$. Das einzige lokale Extremum liegt also bei $a_0 = 250$, es handelt sich wegen $F''(a_0) = -2 < 0$ um ein Maximum. Die Ränder des zulässigen Bereiches sind hier offensichtlich $a = 0$ (denn a kann nicht negativ werden) und $a = 500$ (mehr als 1000 Meter Zaun stehen nicht zur Verfügung). Für beide Randwerte ist $F(a) = 0$, daher ist das globale Maximum gleich dem lokalen.

Die Lösung der Aufgabe lautet also: $a = 250$, somit $b = 500 - a = 250$. Das optimale Rechteck ist also ein Quadrat mit der Seitenlänge 250 Meter.

Aufgabe 6

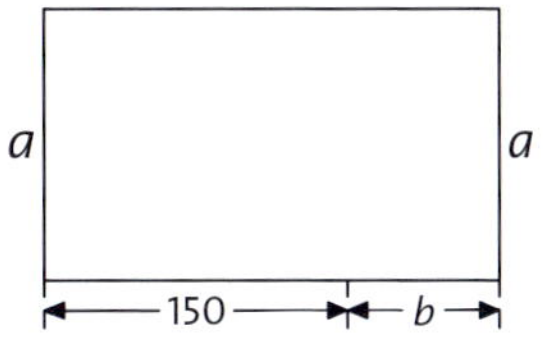

Mit den in der Skizze angegebenen Bezeichnungen hat die Weide die Fläche

$$F = F(a,b) = a \cdot (150 + b).$$

Die Nebenbedingung ergibt sich aus der Tatsache, dass für die Einzäunung, also den Umfang des Rechtecks, 500 Meter (150 Meter + 350 Meter) Zaun zur Verfügung stehen. In Formeln heißt das: $2 \cdot (a + b + 150) = 500$. Aufgelöst nach a ergibt dies $a = 100 - b$, und setzt man dies in die Flächenformel ein, erhält man die Zielfunktion

$$F(b) = (100 - b) \cdot (150 + b) = -b^2 - 50b + 15000.$$

Die erste Ableitung dieser Funktion ist

$$F'(b) = -2b - 50$$

mit der einzigen Nullstelle $b_0 = -25$. Da aber b nicht negativ sein darf (das bestehende Zaunstück soll erhalten bleiben), liegt dieser Wert nicht im zulässigen Bereich.

Als globale Extremstellen kommen also nur die Randpunkte des zulässigen Bereichs infrage. Da sowohl a als auch b nicht negativ werden dürfen und der Zusammenhang $a = 100 - b$ besteht, lauten die Grenzen des zulässigen Bereichs $b = 0$ und $b = 100$. Die zugehörigen Werte sind $F(0) = 15000$ und $F(100) = 0$. Die größtmögliche Fläche entsteht also für $b = 0$, somit $a = 100$. Die optimale Form ist ein Rechteck mit den Seitenlängen 100 und 150 Meter.

Aufgabe 7

Das Volumen einer quadratischen Säule mit Seitenlänge a und Höhe h berechnet man durch $V = a^2 \cdot h$, ihre Oberfläche ist $O = O(a,h) = 2a^2 + 4ah$.

Die Nebenbedingung ist hier die Volumenformel, löst man diese nach h auf, ergibt sich $h = \frac{V}{a^2}$. Einsetzen dieses Ausdrucks in die Oberflächenformel liefert die Zielfunktion

$$O(a) = 2a^2 + 4\frac{V}{a}.$$

Lösungen

Die erste Ableitung dieser Funktion ist

$$O'(a) = 4a - 4\frac{V}{a^2}$$

mit der einzigen Nullstelle $a_0 = \sqrt[3]{V}$.
Wegen

$$O''(a) = 4 + 8\frac{V}{a^3}$$

ist $O''(a_0) = 12 > 0$, also ist a_0 wirklich eine Minimalstelle. Da alle positiven Werte von a zulässig sind, gibt es keine zu untersuchenden Randwerte.
Die optimale Verpackung ist also ein Würfel mit der Seitenlänge $a_0 = \sqrt[3]{V}$, die gesuchte Oberfläche ist $O(a_0) = 6\sqrt[3]{V}^2$.

Aufgabe 8

Die prinzipielle Vorgehensweise ist wie in Aufgabe 7.
Das Volumen einer runden Säule mit Radius r und Höhe h berechnet man durch

$$V = \pi r^2 \cdot h,$$

ihre Oberfläche ist

$$O = O(r,h) = 2\pi r^2 + 2\pi r h.$$

Die Nebenbedingung ist hier die Volumenformel, löst man diese nach h auf, ergibt sich $h = \frac{V}{\pi r^2}$. Einsetzen dieses Ausdrucks in die Oberflächenformel liefert die Zielfunktion

$$O(r) = 2\pi r^2 + 2\frac{V}{r}.$$

Die erste Ableitung dieser Funktion ist

$$O'(r) = 4\pi r - 2\frac{V}{r^2}$$

mit der einzigen Nullstelle $r_0 = \sqrt[3]{\frac{V}{2\pi}}$. Die zweite Ableitung

$$O''(r) = 4\pi + 4\frac{V}{r^3}$$

ist positiv, also ist r_0 wirklich eine Minimalstelle. Da alle positiven Werte von r zulässig sind, gibt es keine zu untersuchenden Randwerte.
Die zugehörige optimale Höhe h_0 erhält man durch Einsetzen von r_0 in die Nebenbedingung: Es ist

$$h_0 = \frac{V}{\pi r_0^2} = 2r_0.$$

Die optimale Höhe ist also gleich dem optimalen Durchmesser $2\sqrt[3]{\frac{V}{2\pi}}$.

Aufgabe 9

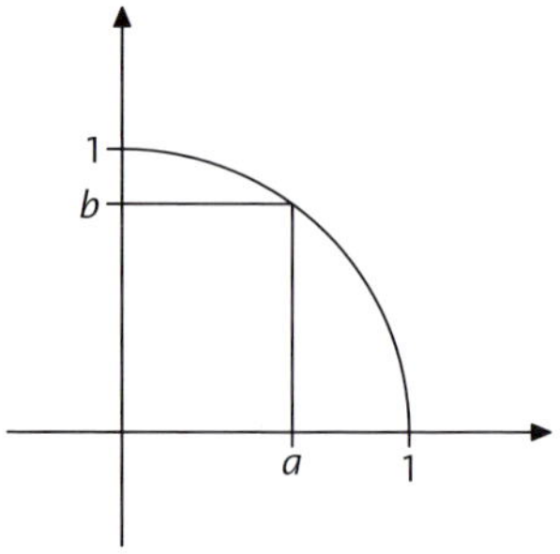

Legt man – wie in der Skizze gezeigt – den Mittelpunkt der Scheibe auf den Nullpunkt des Koordinatensystems, so hat sie mit den dort eingetragenen Bezeichnungen den Flächeninhalt $F = 2a \cdot 2b = 4ab$. Da der Eckpunkt sicherlich auf dem Rand des Kreises liegen muss, erfüllen a und b die Gleichung $a^2 + b^2 = 1$, also $a = \sqrt{1 - b^2}$. Dies ist die Nebenbedingung, die man in die Flächenformel einsetzen muss. Es ergibt sich die Zielfunktion

$$F(b) = 4b \cdot \sqrt{1 - b^2}.$$

Die Ränder des zulässigen Bereiches sind hier offensichtlich $b = 0$ und $b = 1$, beide liefern $F(b) = 0$, somit kommen sie als Maximalwerte nicht infrage.
Die Ableitung der Zielfunktion ist

$$F'(b) = 4 \cdot \left(\sqrt{1 - b^2} - \frac{b^2}{\sqrt{1 - b^2}}\right).$$

Setzt man diesen Ausdruck gleich null und formt ein wenig um, erhält man die Bedingung

$$4 \cdot (1 - 2b^2) = 0$$

mit der einzigen positiven Lösung $b_0 = \frac{1}{\sqrt{2}}$. Die zweite Ableitung von $F(b)$ ist für diesen Wert negativ (nachrechnen!), sodass es sich um ein lokales Maximum handelt, das wegen des Ausscheidens der Randwerte auch das globale ist. Der zugehörige Wert von a ist $a_0 = \sqrt{1 - b_0^2} = \frac{1}{\sqrt{2}}$, das optimale Rechteck ist also ein Quadrat mit der Seitenlänge $\frac{1}{\sqrt{2}}$.

Aufgabe 10

Die Seitenlänge y der entstehenden Schachtel ist offenbar $y = 20 - 2x$; dies ist bereits die Nebenbedingung. Da die Grundfläche der Schachtel y^2 beträgt, ist das Volumen nach der Formel $V(x,y) = y^2 \cdot x$ zu berechnen.
Setzt man hier die Nebenbedingung ein, erhält man die Zielfunktion

$$V(x) = (20 - 2x)^2 \cdot x = 4x^3 - 80x^2 + 400x.$$

Die Ränder des zulässigen Bereiches sind hier offensichtlich $x = 0$ und $x = 10$, für beide Randwerte ist $V(x) = 0$, somit kommen diese als Maximalwerte nicht infrage. Die Ableitung der Zielfunktion ist

$$V'(x) = 12x^2 - 160x + 400,$$

sie hat die beiden Nullstellen $x_1 = \frac{10}{3}$ und $x_2 = 10$. x_2 scheidet aus oben genannten Gründen aus, in x_1 liegt wegen $V''(x_1) = -80 < 0$ ein lokales Maximum vor, das wegen des Ausscheidens der Randwerte auch das globale ist. Die Lösung der Aufgabe ist also $x_1 = \frac{10}{3}$.

■ **Aufgabe 11**

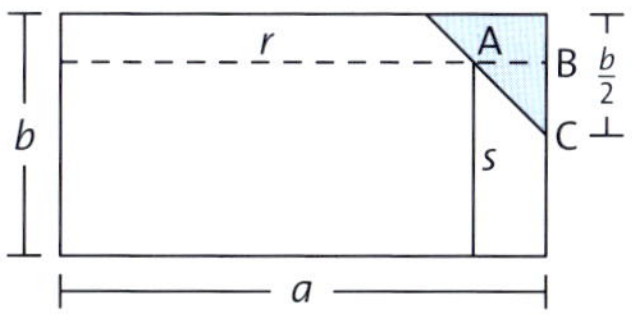

Zunächst eine allgemeine Vorüberlegung: Mit den in der Skizze angegebenen Bezeichnungen erhält man folgende Beziehungen: Das Dreieck ABC ist rechtwinklig und gleichschenklig, deswegen ist die Länge der Strecke AB, bezeichnet mit $|AB|$, gleich der Länge $|BC|$. Aus $|AB| = a - r$ und $|BC| = s - \frac{b}{2}$ ergibt sich

$$s = a - r + \frac{b}{2}.$$

Setzt man diese Nebenbedingung in die Formel $F(r,s) = r \cdot s$ für die zu maximierende Fläche ein, ergibt sich die Zielfunktion

$$F(r) = r \cdot \left(a - r + \frac{b}{2}\right).$$

a) Für $a = 6$ und $b = 2$ lautet die Zielfunktion

$$F(r) = -r^2 + 7r,$$

wobei r nicht größer als 6 und nicht kleiner als 5 sein kann (da $\frac{b}{2} = 1$ ist). Die Ableitung lautet $F'(r) = -2r + 7$ mit der einzigen Nullstelle $r_0 = \frac{7}{2}$. Da r_0 nicht im zulässigen Bereich liegt, sind nur die Randwerte zu untersuchen. Man findet $F(5) = 10$ und $F(6) = 6$. Somit wird die maximale Fläche für $r = 5$ und damit $s = 2$ erreicht.

b) Hier ist

$$F(r) = -r^2 + \frac{17}{2}r,$$

also $F'(r) = -2r + \frac{17}{2}$ mit der einzigen Nullstelle $r_0 = \frac{17}{4}$. Dieser Wert liegt im zulässigen Bereich zwischen $\frac{7}{2}$ und 6, und da $F''(r_0) = -2 < 0$ ist, handelt es sich um ein lokales Maximum mit dem Wert 18,06. Die Untersuchung der Randwerte ergibt $F(\frac{7}{2}) = \frac{35}{2}$ und $F(6) = 15$. Somit ergeben sich die optimalen Maße

$$r = s = \frac{17}{4}.$$

Kapitel 7: Integralrechnung und ihre Anwendungen

■ **Aufgabe 1**

Mögliche Stammfunktionen sind die folgenden:

a) $F(x) = x^2$

b) $G(x) = \cos(x)$

c) $H(x) = \ln(x)$

d) $K(x) = e^x$

■ **Aufgabe 2**

Eine Stammfunktion von $f(x)$ ist $F(x) = x^2 + 2x$. Nach dem Satz hat jede Stammfunktion von $f(x)$ die Form $G(x) = x^2 + 2x + C$ mit $C \in \mathbb{R}$. Aus der Bedingung $G(1) = -4$ folgt

$$1 + 2 + C = -4,$$

also $C = -7$. Die gesuchte Stammfunktion lautet also

$$G(x) = x^2 + 2x - 7.$$

■ **Aufgabe 3**

Die Lösungen unterscheiden sich von denen der Aufgabe 1 lediglich dadurch, dass jeweils noch eine Konstante C addiert werden muss.

a) $\int f(x)\,dx = x^2 + C$

b) $\int g(x)\,dx = \cos(x) + C$

c) $\int h(x)\,dx = \ln(x) + C$

d) $\int k(x)\,dx = e^x + C$

■ **Aufgabe 4**

Die benötigten Stammfunktionen wurden bereits in Aufgabe 1 ermittelt. Damit erhält man die folgenden Werte der bestimmten Integrale.

a) $$\int_0^2 2x\,dx = 2^2 - 0^2 = 4$$

b) $$\int_{-\pi}^{\pi} -\sin(x)\,dx = \cos(\pi) - \cos(-\pi) = -1 - (-1) = 0$$

c) $$\int_1^e \frac{1}{x}\,dx = \ln(e) - \ln(1) = 1 - 0 = 1$$

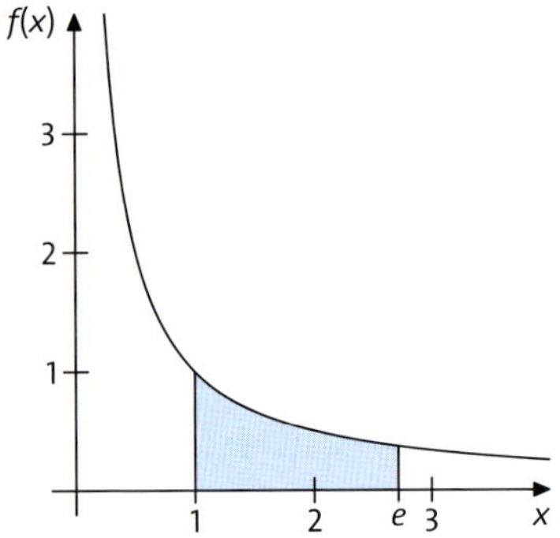

d) $\int_0^1 e^x \, \mathrm{d}x = e^1 - e^0 = e - 1$

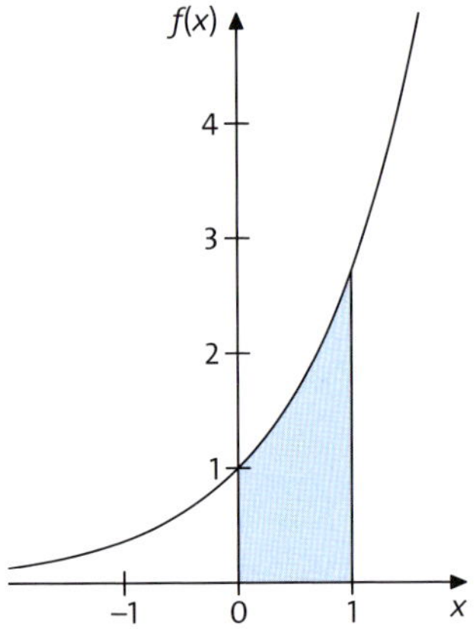

Aufgabe 5

a) Ebenso wie beim Differenzieren ist es beim Integrieren ratsam, die Wurzeln in die Potenzschreibweise zu überführen, hier also $\sqrt{x} = x^{\frac{1}{2}}$ zu schreiben, da man den entsprechenden Integralwert (mit $a = \frac{1}{2}$) direkt aus der Tabelle ablesen kann. Mithilfe der Linearität erhält man dann

$$\int_0^1 (3x^2 - 2\sqrt{x}) \, \mathrm{d}x = x^3 - \frac{4}{3} \cdot x^{\frac{3}{2}} \Big|_0^1 = -\frac{1}{3}.$$

Tipp: Die hier erstmals in diesem Buch benutzte Schreibweise mit dem senkrechten Strich sollte Ihnen geläufig sein: Man setzt diesen Strich rechts an die ermittelte Stammfunktion und schreibt die Integrationsgrenzen, die man jetzt noch einsetzen muss, am unteren bzw. oberen Ende des Strichs.

b) Man zerlegt den Integranden am besten in zwei Teilbrüche. Dies ergibt

$$\int_1^2 \frac{x \cdot e^{x+1} - 1}{x} \, \mathrm{d}x = \int_1^2 e^{x+1} - \frac{1}{x} \, \mathrm{d}x$$

$$= e \cdot \int_1^2 e^x \, \mathrm{d}x - \int_1^2 \frac{1}{x} \, \mathrm{d}x$$
$$= (e \cdot e^x - \ln(x))\Big|_1^2$$
$$= e^3 - e^2 - \ln(2),$$

da $\ln(1) = 0$ ist. Die Betragsstriche beim natürlichen Logarithmus darf man hier weglassen, da zwischen 1 und 2 integriert wird und x hier positiv ist.

c) Hier muss man beachten, dass das Differenzial – hier $\mathrm{d}t$ – immer angibt, „nach welcher Variablen" integriert werden muss. In diesem Fall ist also x einfach nur ein Parameter, der mitgeschleppt werden muss, der Ausdruck $1 + 3x^2$ also nur eine Konstante. Damit wird

$$\int_0^\pi \frac{\cos t}{1 + 3x^2} \, \mathrm{d}t = \frac{1}{1 + 3x^2} \cdot \sin(t)\Big|_0^\pi = 0,$$

da $\sin(0) = \sin(\pi) = 0$ ist.

d) Wenn man noch keine Regeln zur Integration rationaler Funktionen zur Verfügung hat, bietet sich hier eine Polynomdivision an. Diese ergibt

$$\frac{3x^2 + x - 1}{1 + x} = 3x - 2 + \frac{1}{1 + x}.$$

Aber selbst wenn Sie Polynomdivision nicht mögen (womit Sie nicht alleine wären), können Sie diese Zerlegung ermitteln: Da der Zähler vom Grad 2 und der Nenner vom Grad 1 ist, muss die Zerlegung die folgende Form haben:

$$ax + b + \frac{c}{1 + x}.$$

Gleichsetzen liefert

$$ax + b + \frac{c}{1 + x} = \frac{3x^2 + x - 1}{1 + x}.$$

Multipliziert man dies mit $1 + x$ durch, erhält man die Gleichung

$$ax^2 + b + (a + b)x + c = 3x^2 + x - 1$$

mit den Lösungen $a = 3$, $b = -2$ und $c = 1$. Dies ist identisch mit dem oben angegebenen Ergebnis der Polynomdivision.

Wegen der Linearität des Integrals kann man nun anstelle des gesamten Bruchs die drei Summanden einzeln integrieren und erhält

$$\int_1^2 \frac{3x^2 + x - 1}{1 + x} \, \mathrm{d}x = \int_1^2 \left(3x - 2 + \frac{1}{1 + x}\right) \mathrm{d}x$$
$$= \frac{3}{2}x^2 - 2x + \ln(1 + x)\Big|_1^2$$
$$= \left(6 - \frac{3}{2}\right) - (4 - 2) + (\ln(3) - \ln(2))$$
$$= \frac{5}{2} + \ln\left(\frac{3}{2}\right).$$

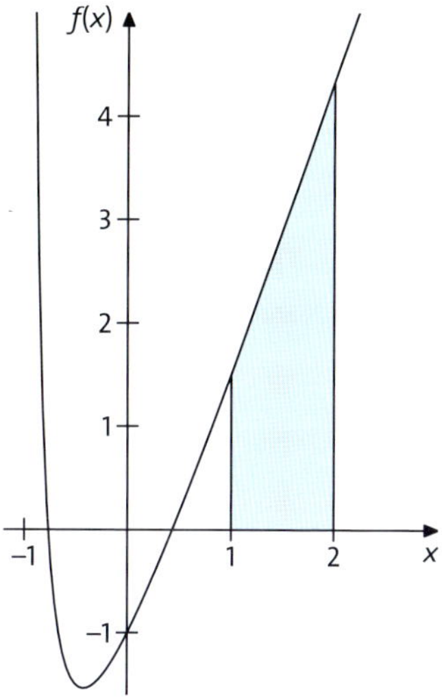

e) Die Funktion $\sqrt{1+x^4}$ ist nicht elementar integrierbar, besitzt also keine direkt zu berechnende Stammfunktion. Mithilfe des GTR berechnet man aber, dass $\int_0^{2,5} \sqrt{1+x^4}\,\mathrm{d}x \approx 6{,}2446373$ ist.

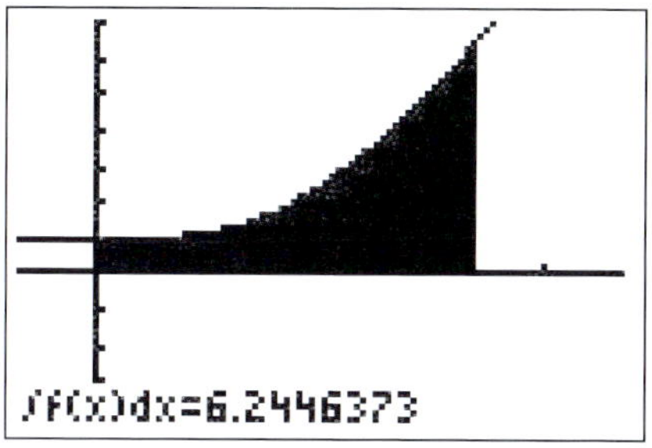

f) Auch diese Funktion ist nicht elementar integrierbar. Mithilfe des GTR berechnet man aber, dass $\int_{0,5}^{3} \frac{e^x}{x}\,\mathrm{d}x \approx 9{,}4796127$ ist.

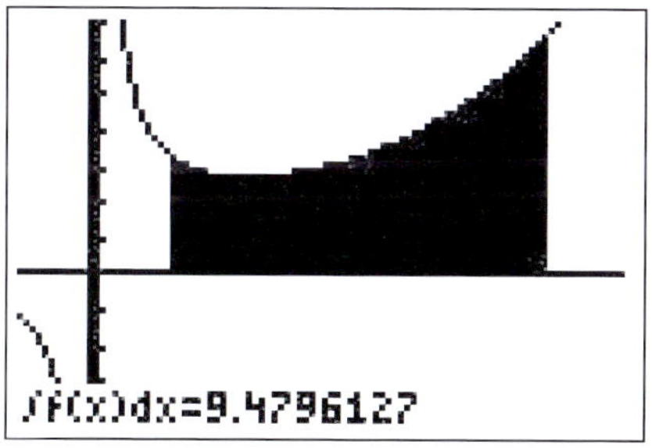

Aufgabe 6

Hier muss man zunächst die Schnittpunkte der Funktion mit der x-Achse, also die Nullstellen der Funktion berechnen. Beispielsweise mithilfe der p-q-Formel findet man die Lösungen $x_1 = 1$ und $x_2 = 3$.
Zwischen diesen Grenzen muss also integriert werden; es ergibt sich

$$\begin{aligned}\int_1^3 (-x^2+4x-3)\,\mathrm{d}x &= -\tfrac{1}{3}x^3 + 2x^2 - 3x\Big|_1^3 \\ &= (-9+18-9) - (-\tfrac{1}{3}+2-3) \\ &= \tfrac{4}{3}.\end{aligned}$$

Die gesuchte Flächengröße beträgt also $\frac{4}{3}$ Flächeneinheiten.

Aufgabe 7

Da f integrierbar ist, existiert eine Stammfunktion F. Somit ist

$$\int_a^c f(x)\,\mathrm{d}x = F(c) - F(a)$$

und

$$\int_c^b f(x)\,\mathrm{d}x = F(b) - F(c).$$

Durch Addition dieser beiden Terme folgt direkt

$$\begin{aligned}&\int_a^c f(x)\,\mathrm{d}x + \int_c^b f(x)\,\mathrm{d}x \\ &= (F(c) - F(a)) + (F(b) - F(c)) \\ &= F(b) - F(a) \\ &= \int_a^b f(x)\,\mathrm{d}x.\end{aligned}$$

Aufgabe 8

Anwendung der Produktregel auf das Produkt $u(x)\cdot v(x)$ liefert

$$(u(x)\cdot v(x))' = u(x)\cdot v'(x) + u'(x)\cdot v(x).$$

Also ist $u(x)\cdot v(x)$ eine Stammfunktion von $u(x)\cdot v'(x) + u'(x)\cdot v(x)$, in Formeln

$$\int (u(x)\cdot v'(x) + u'(x)\cdot v(x))\,\mathrm{d}x = u(x)\cdot v(x).$$

Nun verwendet man die Linearität des Integrals und löst nach dem ersten Integral auf; dies ergibt genau die Aussage über unbestimmte Integrale. Diejenige über bestimmte Integrale erhält man sofort durch Einsetzen der Integrationsgrenzen.

Aufgabe 9

Hier ist $u(x) = x$ und $v'(x) = x$, also $u'(x) = 1$ und $v(x) = \frac{1}{2}x^2$. Partielle Integration ergibt

$$\int x\cdot x\,\mathrm{d}x = x\cdot\frac{1}{2}x^2 - \int \frac{1}{2}x^2\,\mathrm{d}x$$

$$= \frac{1}{2}x^3 - \frac{1}{6}x^3 = \frac{1}{3}x^3.$$

Dies ist eine korrekte Stammfunktion der Funktion $f(x) = x^2$.

Aufgabe 10

a) Man setzt $u(x) = x$ und $v'(x) = e^x$. Dann ist $u'(x) = 1$ und $v(x) = e^x$, und die partielle Integration ergibt

$$\int x \cdot e^x \, dx = x \cdot e^x - \int e^x \, dx.$$

Da e^x gleich seiner eigenen Stammfunktion, also $\int e^x \, dx = e^x$ ist, folgt sofort das Ergebnis

$$\int x \cdot e^x \, dx = x \cdot e^x - e^x.$$

b) Man setzt $u(x) = x$ und $v'(x) = \cos(x)$. Dann ist $u'(x) = 1$ und $v(x) = \sin(x)$, und die partielle Integration ergibt

$$\int x \cdot \cos(x) \, dx = x \cdot \sin(x) - \int \sin(x) \, dx.$$

Stammfunktion von $\sin(x)$ ist $-\cos(x)$, daher ist das Ergebnis der Aufgabe

$$\int x \cdot \cos(x) \, dx = x \cdot \sin(x) - (-\cos(x))$$
$$= x \cdot \sin(x) + \cos(x).$$

Aufgabe 11

a) Um Schreibarbeit zu sparen, wird zunächst das unbestimmte Integral ermittelt. Man setzt $u(x) = x^2$ und $v'(x) = e^x$, also ist $u'(x) = 2x$ und $v(x) = e^x$. Die Formel der partiellen Integration liefert dann

$$\int x^2 \cdot e^x \, dx = x^2 \cdot e^x - \int 2x \cdot e^x \, dx.$$

Auf das verbliebene Integral muss man nochmals partielle Integration anwenden, diesmal ist $u(x) = 2x$ und $v'(x) = e^x$, also $u'(x) = 2$ und $v(x) = e^x$. Dies ergibt insgesamt

$$\int x^2 \cdot e^x \, dx = x^2 \cdot e^x - (2x \cdot e^x - \int 2 \cdot e^x \, dx)$$
$$= x^2 \cdot e^x - 2x \cdot e^x + 2 \cdot e^x.$$

Durch Einsetzen der Integrationsgrenzen erhält man das Ergebnis

$$\int_0^1 x^2 \cdot e^x \, dx = e - 2e + 2e - (0+0+2) = e - 2 \approx 0{,}718.$$

Tipp: Bei aufwendigeren Integrationen sollten Sie immer zunächst das unbestimmte Integral ausrechnen und erst am Ende die Grenzen einsetzen.

b) Aus Teil a) folgt sofort, dass

$$\int_0^1 3x^2 \cdot e^x \, dx = 3(e-2) = 3e - 6$$

ist. Es verbleibt das Integral $\int(-x+2) \cdot e^x \, dx$ zu berechnen. Hier setzt man $u(x) = -x + 2$ und $v'(x) = e^x$, damit wird $u'(x) = -1$ und $v(x) = e^x$. Die Formel der partiellen Integration ergibt

$$\int (-x+2) \cdot e^x \, dx = (-x+2) \cdot e^x - (\int -e^x \, dx)$$
$$= (-x+3) \cdot e^x,$$

also

$$\int_0^1 (-x+2) \cdot e^x \, dx = 2e - 3.$$

Zusammenfügen der beiden Teilergebnisse liefert

$$\int_0^1 (3x^2 - x + 2) \cdot e^x \, dx = 5e - 9 \approx 4{,}591.$$

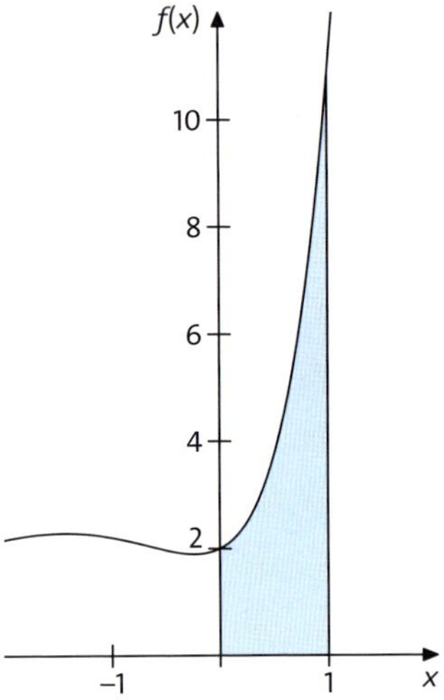

c) Hier gibt es keine Regel zur Auswahl von u und v', setzt man beispielsweise $u(x) = \sin(x)$ und $v'(x) = \cos(x)$, so wird $u'(x) = \cos(x)$ und $v(x) = \sin(x)$. Die Formel der partiellen Integration ergibt

$$\int \sin(x) \cdot \cos(x) \, dx = \sin^2(x) - \int \sin(x) \cdot \cos(x) \, dx.$$

Das verbliebene Integral ist also identisch mit dem Ausgangsintegral. Eine weitere partielle Integration wäre hier nicht sinnvoll, vielmehr kann man diese Gleichung einfach nach $\int \sin(x) \cdot \cos(x) \, dx$ auflösen und erhält bereits das Ergebnis:

$$\int \sin(x) \cdot \cos(x) \, dx = \frac{1}{2} \sin^2(x).$$

Tipp: Berechnen Sie übungshalber dasselbe Integral, indem Sie $u(x) = \cos(x)$ und $v'(x) = \sin(x)$ setzen.

d) Hier ist natürlich $u(x) = v'(x) = \sin(x)$, daher $u'(x) = \cos(x)$ und $v(x) = -\cos(x)$. Partielle Integration ergibt

$$\int \sin^2(x)\,dx = -\sin(x)\cdot\cos(x) + \int \cos^2(x)\,dx.$$

Wendet man nun auf das verbleibende Integral nochmals partielle Integration an, erhält man

$$\int \cos^2(x)\,dx = \sin(x)\cdot\cos(x) + \int \sin^2(x)\,dx,$$

und insgesamt

$$\begin{aligned}\int \sin^2(x)\,dx &= -\sin(x)\cdot\cos(x) + \sin(x)\cdot\cos(x)\\ &\quad + \int \sin^2(x)\,dx\\ &= \int \sin^2(x)\,dx.\end{aligned}$$

Das ist zwar zweifellos richtig, bringt aber keine Lösung der Aufgabe. Daher ist der Weg, das verbleibende Integral $\int \cos^2(x)\,dx$ nochmals mit partieller Integration zu bearbeiten, *nicht* empfehlenswert. Vielmehr benutzt man die für alle $x \in \mathbb{R}$ gültige Beziehung $\sin^2(x) + \cos^2(x) = 1$, löst nach $\cos^2(x)$ auf, also $\cos^2(x) = 1 - \sin^2(x)$, und setzt dieses in die rechte Seite der ersten Gleichung ein. Das ergibt

$$\begin{aligned}\int \sin^2(x)\,dx &= -\sin(x)\cdot\cos(x) + \int (1-\sin^2(x))\,dx\\ &= -\sin(x)\cdot\cos(x) + x - \int \sin^2(x)\,dx.\end{aligned}$$

Diese Gleichung löst man nach $\int \sin^2(x)\,dx$ auf und erhält das Ergebnis

$$\int \sin^2(x)\,dx = \frac{x}{2} - \frac{\sin(x)\cdot\cos(x)}{2}.$$

e) Auch hier wird zunächst das unbestimmte Integral berechnet. Man setzt $u(x) = \sin(x)$ und $v'(x) = e^x$ (auch die umgekehrte Wahl wäre hier möglich), also $u'(x) = \cos(x)$ und $v(x) = e^x$, und erhält durch partielle Integration

$$\int e^x\cdot\sin(x)\,dx = e^x\cdot\sin(x) - \int e^x\cdot\cos(x)\,dx.$$

Auf das Restintegral wird wiederum partielle Integration angewendet, diesmal mit $u(x) = \cos(x)$ und $v'(x) = e^x$, also $u'(x) = -\sin(x)$ und $v(x) = e^x$. Das Ergebnis ist

$$\int e^x\cdot\cos(x)\,dx = e^x\cdot\cos(x) + \int e^x\cdot\sin(x)\,dx.$$

Einsetzen in die Ausgangsgleichung liefert

$$\begin{aligned}&\int e^x\cdot\sin(x)\,dx\\ &\quad = e^x\cdot(\sin(x)-\cos(x)) - \int e^x\cdot\sin(x)\,dx,\end{aligned}$$

also

$$\int e^x\cdot\sin(x)\,dx = \frac{e^x}{2}\cdot(\sin(x)-\cos(x)).$$

Somit ist

$$\begin{aligned}\int_0^{\pi} e^x\cdot\sin(x)\,dx &= \frac{e^x}{2}\cdot(\sin(x)-\cos(x))\Big|_0^{\pi}\\ &= \frac{e^{\pi}+1}{2}.\end{aligned}$$

f) Hier muss man zunächst künstlich ein Produkt erzeugen, indem man schreibt:

$$\int 1\cdot\ln(x)\,dx.$$

Nun setzt man $u(x) = \ln(x)$ und $v'(x) = 1$, damit wird $u'(x) = \frac{1}{x}$ und $v(x) = x$. Partielle Integration liefert dann

$$\begin{aligned}\int \ln(x)\,dx &= \int 1\cdot\ln(x)\,dx\\ &= x\cdot\ln(x) - \int \frac{1}{x}\cdot x\,dx\\ &= x\cdot\ln(x) - \int 1\,dx\\ &= x\cdot\ln(x) - x.\end{aligned}$$

g) Dies ist einer der ganz wenigen Fälle, in denen die Wahl $u(x) = x$ *nicht* sinnvoll ist, vielmehr muss man hier setzen: $u(x) = \ln(x)$ und $v'(x) = x$. Damit wird $u'(x) = \frac{1}{x}$ und $v(x) = \frac{x^2}{2}$ und partielle Integration liefert

$$\begin{aligned}\int x\cdot\ln(x)\,dx &= \frac{x^2}{2}\cdot\ln(x) - \int \frac{1}{x}\cdot\frac{x^2}{2}\,dx\\ &= \frac{x^2}{2}\cdot\ln(x) - \int \frac{x}{2}\,dx\\ &= \frac{x^2}{2}\cdot\ln(x) - \frac{x^2}{4}.\end{aligned}$$

Aufgabe 12

a) In der Notation des Satzes über die lineare Substitution ist $f(z) = z^2$, $a = 2$ und $b = 1$. Damit ist $F(z) = \frac{1}{3}z^3$, und somit

$$\int_0^1 (2x+1)^2\,dx = \frac{1}{2}\cdot\frac{1}{3}(2x+1)^3\Big|_0^1$$

Lösungen

$$= \frac{1}{6}(2x+1)^3 \Big|_0^1$$
$$= \frac{1}{6} \cdot (27-1) = \frac{13}{3}.$$

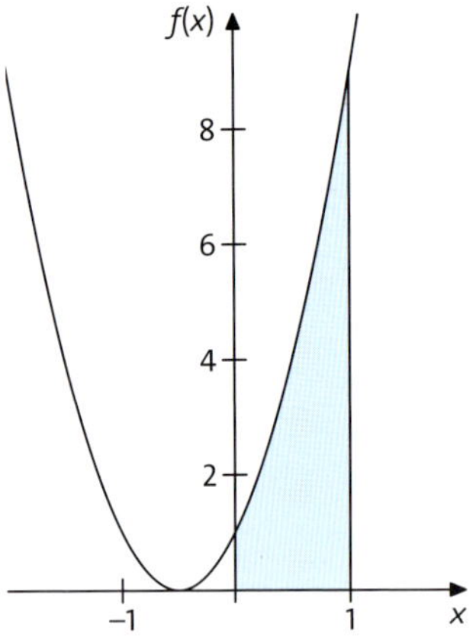

b) Nach dem Ausmultiplizieren des Integranden muss man das Integral $\int_0^1 (4x^2+4x+1)\,\mathrm{d}x$ berechnen; dies ergibt

$$\int_0^1 (4x^2+4x+1)\,\mathrm{d}x = \tfrac{4}{3}x^3 + 2x^2 + x\Big|_0^1$$
$$= \tfrac{4}{3} + 2 + 1 = \tfrac{13}{3}$$

in Übereinstimmung mit dem Ergebnis aus Teil a).

c) Der GTR liefert folgendes Bild, natürlich ebenfalls in Übereinstimmung mit den obigen Ergebnissen:

```
fnInt((2X+1)²,X,
0,1)
           4.333333333
```

Aufgabe 13

a) Verwendet man die Potenzschreibweise, so lautet die Aufgabe, $\int (1+x)^{\frac{1}{2}}\,\mathrm{d}x$ zu berechnen. Hierfür kann man die im Tipp angegebene Formel verwenden und erhält sofort

$$\int \sqrt{1+x}\,\mathrm{d}x = \int (1+x)^{\frac{1}{2}}\,\mathrm{d}x = \frac{2}{3} \cdot (1+x)^{\frac{3}{2}}.$$

b) Auch diese Aufgabe ist mit der im Tipp genannten Formel lösbar, hier ist $a = 2$, $b = -1$ und $n = 8$. Somit ist

$$\frac{1}{2} \cdot \frac{((2x-1)^9}{9}$$

eine Stammfunktion, und das gesuchte bestimmte Integral erhält man durch Einsetzen der Grenzen:

$$\int_0^1 (2x-1)^8\,\mathrm{d}x = \frac{((2x-1)^9}{18}\Big|_0^1 = \frac{1}{18} - \frac{-1}{18} = \frac{1}{9}.$$

c) Hier braucht man die allgemeine Formel aus dem Satz über lineare Substitution; diese liefert sofort

$$\int e^{2x-1}\,\mathrm{d}x = \frac{1}{2} \cdot e^{2x-1}.$$

d) Die äußere Funktion ist hier $f(z) = \frac{1}{z}$, ihre Stammfunktion ist $F(z) = \ln|z|$. Damit erhält man

$$\int_0^2 \frac{4}{3x+2}\,\mathrm{d}x = 4 \cdot \frac{1}{3} \cdot \ln(3x+2)\Big|_0^2$$
$$= \frac{4}{3} \cdot (\ln(8) - \ln(2))$$
$$= \frac{4}{3} \cdot \ln(4).$$

e) Die Stammfunktion des Cosinus ist der Sinus, daher erhält man hier

$$\int_0^\pi \cos(100x)\,\mathrm{d}x = \frac{1}{100} \cdot \sin(100x)\Big|_0^\pi$$
$$= \frac{\sin(100\pi) - \sin(0)}{100} = 0.$$

Aufgabe 14

a) Die gesuchte Form der Partialbruchzerlegung lautet

$$r_1(x) = \frac{A}{x-1} + \frac{B_1}{x-2} + \frac{B_2}{(x-2)^2} + \frac{B_3}{(x-2)^3}.$$

b) Hier muss man zunächst noch den quadratischen Faktor in Linearfaktoren zerlegen: Mithilfe der dritten binomischen Formel findet man, dass

$$x^2 - 1 = (x-1)(x+1),$$

also

$$r_2(x) = \frac{p(x)}{x^2 \cdot (x-1) \cdot (x+1)}.$$

Damit ergibt sich folgende Form der Partialbruchzerlegung:

$$r_2(x) = \frac{A_1}{x} + \frac{A_2}{x^2} + \frac{B}{x-1} + \frac{C}{x+1}.$$

Aufgabe 15

Der richtige Ansatz, den man für beide Methoden braucht, ist

$$\frac{x+7}{(x-2)(x+1)} = \frac{A}{x-2} + \frac{B}{x+1}.$$

Durchmultiplizieren mit dem Hauptnenner führt auf die Gleichung

$$x + 7 = A \cdot (x+1) + B \cdot (x-2),$$

auf die man nun die beiden Methoden anwenden kann.

a) Um einen Koeffizientenvergleich zu machen, muss man die rechte Seite nach x-Potenzen (hier x und 1) sortieren; dies liefert

$$x + 7 = (A + B)x + (A - 2B).$$

Das sich hieraus ergebende lineare Gleichungssystem

$$A + B = 1$$
$$A - 2B = 7$$

hat die Lösung $A = 3$ und $B = -2$. Dies liefert die im Eingangsbeispiel des Unterabschnitts genannte Partialbruchzerlegung

$$\frac{x+7}{(x-2)(x+1)} = \frac{3}{x-2} - \frac{2}{x+1}.$$

b) Man setzt am besten zunächst die Nullstellen des Nenners ein, hier also $x = 2$ und $x = -1$. Für $x = 2$ ergibt sich $9 = A \cdot 3$, also $A = 3$, für $x = -1$ folgt $6 = B \cdot (-3)$, also $B = -2$, in Übereinstimmung mit dem Ergebnis aus Teil a).

Tipp: Genau wie in diesem Beispiel ist die Einsetzungsmethode immer dann zu bevorzugen, wenn alle Linearfaktoren im Nenner des Integranden die Potenz 1 haben.

Aufgabe 16

a) Der Ansatz ist

$$\frac{6x^2 - x + 1}{x \cdot (x-1) \cdot (x+1)} = \frac{A}{x} + \frac{B}{x-1} + \frac{C}{x+1}$$

und Multiplizieren mit dem Hauptnenner $x \cdot (x-1) \cdot (x+1)$ ergibt die Gleichung

$$\begin{aligned} &6x^2 - x + 1 \\ &= A \cdot (x-1) \cdot (x+1) + B \cdot x \cdot (x+1) \\ &\quad + C \cdot x \cdot (x-1). \end{aligned}$$

Nun werden nacheinander die Werte $x = 0$, $x = -1$ und $x = 1$ eingesetzt. Dies liefert in dieser Reihenfolge die Werte $A = -1$, $C = 4$ und $B = 3$, die Partialbruchzerlegung lautet also

$$\frac{6x^2 - x + 1}{x \cdot (x-1) \cdot (x+1)} = -\frac{1}{x} + \frac{3}{x-1} + \frac{4}{x+1}.$$

Diese kann man leicht integrieren, die Lösung der Aufgabe ist somit

$$\begin{aligned} &\int \frac{6x^2 - x + 1}{x \cdot (x-1) \cdot (x+1)}\,\mathrm{d}x \\ &= -\ln|x| + 3\ln|x-1| + 4\ln|x+1| + C. \end{aligned}$$

b) Der Ansatz ist

$$\frac{x^2 - 15x + 8}{(x-1)^2 \cdot (x+5)} = \frac{A_1}{x-1} + \frac{A_2}{(x-1)^2} + \frac{B}{x+5}$$

und Multiplizieren mit dem Hauptnenner $(x-1)^2 \cdot (x+5)$ ergibt

$$\begin{aligned} &x^2 - 15x + 8 \\ &= A_1 \cdot (x-1) \cdot (x+5) + A_2 \cdot (x+5) + B \cdot (x-1)^2. \end{aligned}$$

Einsetzen von $x = -5$ führt auf $108 = 36B$, also $B = 3$, und Einsetzen von $x = 1$ ergibt $-6 = 6A_2$, also $A_2 = -1$. Weitere Nullstellen gibt es nicht, einen weiteren x-Wert kann man sich frei aussuchen, beispielsweise $x = 0$. Dies ergibt $8 = -5A_1 - 5 + 3$, also $A_1 = -2$. Somit ist

$$\begin{aligned} &\int \frac{x^2 - 15x + 8}{(x-1)^2 \cdot (x+5)}\,\mathrm{d}x \\ &= \int -\frac{2}{x-1} - \frac{1}{(x-1)^2} + \frac{3}{x+5}\,\mathrm{d}x \\ &= -2\ln|x-1| + \frac{1}{x-1} + 3\ln|x+5| + C. \end{aligned}$$

Aufgabe 17

a) Der Nenner hat die beiden Nullstellen $x_1 = -1$ und $x_2 = 3$, der Koeffizient von x^2 ist 3, somit lautet die Linearfaktorzerlegung des Nenners

$$3x^2 - 6x - 9 = 3 \cdot (x+1) \cdot (x-3).$$

Der Ansatz für die Partialbruchzerlegung hat somit die Form

$$\frac{5x - 19}{3x^2 - 6x - 9} = \frac{A}{x+1} + \frac{B}{x-3}.$$

Durchmultiplizieren mit dem Hauptnenner

$$3x^2 - 6x - 9$$

führt auf die Gleichung

$$5x - 19 = 3A \cdot (x-3) + 3B(x+1).$$

Auch hier bietet sich das Einsetzungsverfahren an, es liefert für $x = -1$ die Gleichung $-24 = -12A$, also $A = 2$, und für $x = 3$ die Gleichung $-4 = 12B$, also $B = -\frac{1}{3}$.
Das gesuchte Integral lautet also

$$\begin{aligned} \int \frac{5x - 19}{3x^2 - 6x - 9}\,\mathrm{d}x &= \int \frac{2}{x+1} - \frac{1}{3} \cdot \frac{1}{x-3}\,\mathrm{d}x \\ &= 2\ln|x+1| - \frac{1}{3}\ln|x-3| + C. \end{aligned}$$

b) Mit den im Kapitel über das Lösen von Gleichungen beschriebenen Methoden findet man heraus, dass der Nenner $x^3 - 4x^2 + 5x - 2$ die doppelte Nullstelle $x_1 = 1$ und die einfache Nullstelle $x_2 = 2$ hat, somit besitzt er die Linearfaktorzerlegung

$$x^3 - 4x^2 + 5x - 2 = (x-1)^2 \cdot (x-2),$$

und der Ansatz für die Partialbruchzerlegung hat die Form

$$\frac{x-3}{x^3-4x^2+5x-2} = \frac{A_1}{x-1} + \frac{A_2}{(x-1)^2} + \frac{B}{x-2}.$$

Wie üblich wird mit dem Hauptnenner durchmultipliziert, was hier auf die Gleichung

$$x-3 = A_1 \cdot (x-1) \cdot (x-2) + A_2 \cdot (x-2) + B \cdot (x-1)^2$$

führt. Mit einer der beiden beschriebenen Methoden ermittelt man die Werte $A_1 = 1$, $A_2 = 2$ und $B = -1$. Das gesuchte Integral lautet also

$$\begin{aligned}&\int \frac{x-3}{x^3-4x^2+5x-2}\,\mathrm{d}x \\ &= \int \frac{1}{x-1} + \frac{2}{(x-1)^2} - \frac{1}{x-2}\,\mathrm{d}x \\ &= \ln|x-1| - \frac{2}{x-1} - \ln|x-2| + C.\end{aligned}$$

c) Der Nenner hat die dreifache Nullstelle $x_1 = -2$, somit lautet der Ansatz

$$\begin{aligned}&\frac{x^2+2x+3}{x^3+6x^2+12x+8} \\ &= \frac{x^2+2x+3}{(x+2)^3} \\ &= \frac{A_1}{x+2} + \frac{A_2}{(x+2)^2} + \frac{A_3}{(x+2)^3}.\end{aligned}$$

Die mit dem Hauptnenner durchmultiplizierte Gleichung lautet

$$x^2+2x+3 = A_1 \cdot (x+2)^2 + A_2 \cdot (x+2) + A_3$$

und führt auf $A_1 = 1$, $A_2 = -2$ und $A_3 = 3$.
Damit erhält man folgende Lösung:

$$\begin{aligned}&\int \frac{x^2+2x+3}{x^3+6x^2+12x+8}\,\mathrm{d}x \\ &= \int \frac{1}{x+2} - \frac{2}{(x+2)^2} + \frac{3}{(x+2)^3}\,\mathrm{d}x \\ &= \ln|x+2| + \frac{2}{x+2} - \frac{3}{2} \cdot \frac{1}{(x+2)^2} + C.\end{aligned}$$

Aufgabe 18

a) Eine Polynomdivision führt auf die Zerlegung

$$\frac{x^2+2x-1}{x-1} = x+3+\frac{2}{x-1}.$$

Hier ist keine Partialbruchzerlegung mehr nötig, das unbestimmte Integral kann vielmehr direkt ermittelt werden. Man erhält

$$\begin{aligned}\int \frac{x^2+2x-1}{x-1}\,\mathrm{d}x &= \int x+3+\frac{2}{x-1}\,\mathrm{d}x \\ &= \frac{x^2}{2} + 3x + 2\ln|x-1| + C.\end{aligned}$$

b) Hier erhält man die Zerlegung

$$\frac{x^2-x+1}{(x-1)^2} = \frac{x^2-x+1}{x^2-2x+1} = 1 + \frac{x}{x^2-2x+1}.$$

Eine Partialbruchzerlegung des zweiten Summanden ist hier unumgänglich, sie ergibt

$$\frac{x}{x^2-2x+1} = \frac{1}{x-1} + \frac{1}{(x-1)^2}.$$

Für das gesuchte Integral erhält man somit

$$\begin{aligned}\int \frac{x^2-x+1}{(x-1)^2}\,\mathrm{d}x &= \int 1 + \frac{x}{x^2-2x+1}\,\mathrm{d}x \\ &= \int 1 + \frac{1}{x-1} + \frac{1}{(x-1)^2}\,\mathrm{d}x \\ &= x + \ln|x-1| - \frac{1}{x-1} + C.\end{aligned}$$

Aufgabe 19

a) Für jedes $b > 0$ ist

$$\int_0^b e^{-x}\,\mathrm{d}x = -e^{-x}\Big|_0^b = -e^{-b} + 1.$$

Daher ist

$$\int_0^\infty e^{-x}\,\mathrm{d}x = \lim_{b\to\infty}(-e^{-b}+1) = 1.$$

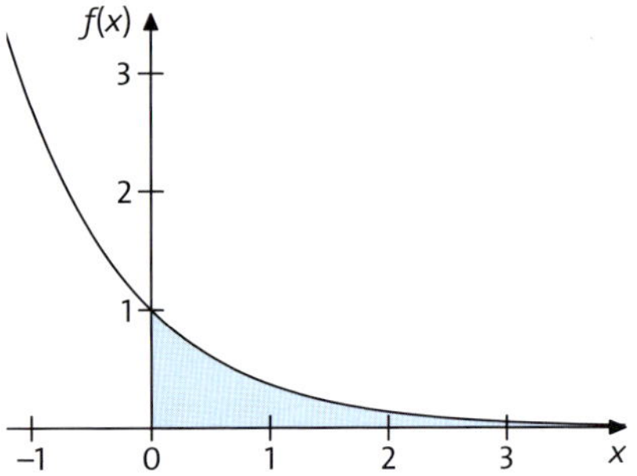

b) In Potenzschreibweise ist

$$\frac{1}{\sqrt{x^3}} = x^{-\frac{3}{2}},$$

daher ist eine Stammfunktion des Integranden: $-2 \cdot x^{-\frac{1}{2}}$. Das gesuchte uneigentliche Integral ist somit

$$\begin{aligned}\int_1^\infty \frac{1}{\sqrt{x^3}}\,\mathrm{d}x &= \lim_{b\to\infty} \int_1^b \frac{1}{\sqrt{x^3}}\,\mathrm{d}x \\ &= \lim_{b\to\infty} -2 \cdot x^{-\frac{1}{2}}\Big|_1^b \\ &= \lim_{b\to\infty} \left(-2 \cdot b^{-\frac{1}{2}} + 2\right) \\ &= 2.\end{aligned}$$

c) Stammfunktion von $\frac{1}{1+x^2}$ ist $\arctan(x)$, und für diese Funktion gilt

$$\lim_{x\to\pm\infty} \arctan(x) = \pm\frac{\pi}{2}.$$

Daher ist

$$\begin{aligned}\int_{-\infty}^{\infty} \frac{1}{1+x^2}\,dx &= \lim_{\substack{a\to-\infty\\ b\to\infty}} \int_a^b \frac{1}{1+x^2}\,dx \\ &= \lim_{\substack{a\to-\infty\\ b\to\infty}} (\arctan(b) - \arctan(a)) \\ &= \frac{\pi}{2} - \left(-\frac{\pi}{2}\right) = \pi.\end{aligned}$$

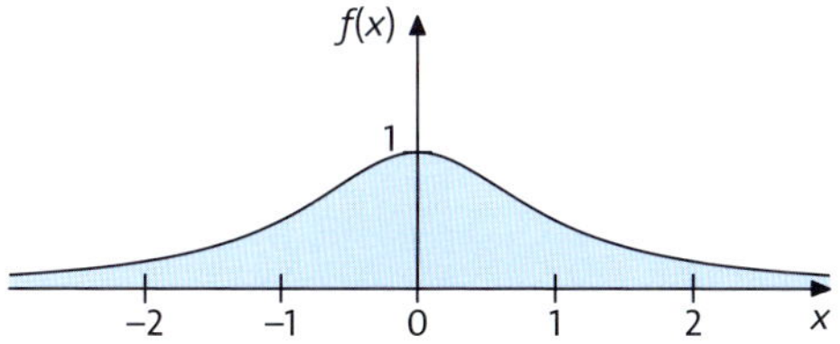

d) Man ermittelt zunächst das unbestimmte Integral mittels partieller Integration. Hierfür setzt man $u(x) = x$ und $v'(x) = e^{-x}$, dann ist $u'(x) = 1$ und $v(x) = -e^{-x}$. Es folgt für das unbestimmte Integral:

$$\int x \cdot e^{-x}\,dx = -x \cdot e^{-x} - e^{-x} + C.$$

Nun setzt man Grenzen ein und erhält:

$$\begin{aligned}\int_0^{\infty} x \cdot e^{-x}\,dx &= \lim_{b\to\infty} \int_0^b x \cdot e^{-x}\,dx \\ &= \lim_{b\to\infty} -x \cdot e^{-x} - e^{-x}\Big|_0^b \\ &= \lim_{b\to\infty} -b \cdot e^{-b} - e^{-b} + 1 = 1,\end{aligned}$$

da $\lim\limits_{b\to\infty} -b \cdot e^{-b} = 0$ ist.

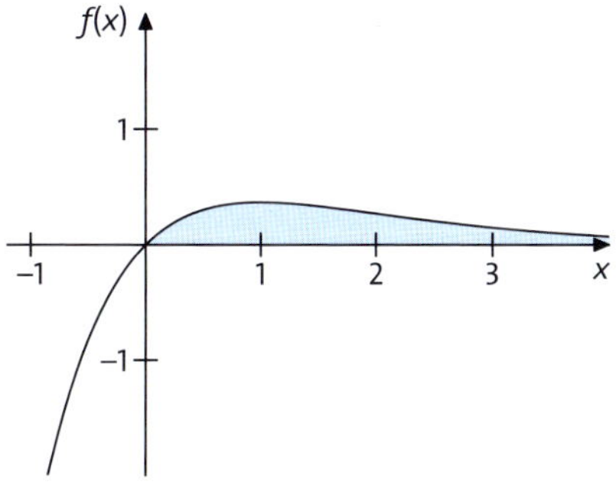

Aufgabe 20

Für $b > 0$ ist

$$\int_0^b e^{tx}\,dx = \frac{1}{t} \cdot (e^{tb} - 1).$$

Offenbar existiert der Grenzwert dieses Ausdrucks für $b \to \infty$ genau dann, wenn der Exponentialterm gegen null geht. Dies ist für $t < 0$ der Fall.
Der Wert des Integrals ist in diesem Fall

$$\int_0^{\infty} e^{tx}\,dx = \lim_{b\to\infty} \left(\frac{1}{t} \cdot (e^{tb} - 1)\right) = -\frac{1}{t}$$

(das ist eine positive Zahl, da t negativ ist!).

Aufgabe 21

a) Man bestimmt zunächst die Schnittstellen der beiden Funktionen durch Lösen der Gleichung $f(x) = g(x)$, also $x^2 = x + 2$. Diese quadratische Gleichung hat die beiden Lösungen $x_1 = -1$ und $x_2 = 2$. Die gesuchte Fläche ist also

$$\begin{aligned}A &= \left|\int_{-1}^{2} x^2 - x - 2\,dx\right| \\ &= \left|\frac{1}{3}x^3 - \frac{1}{2}x^2 - 2x\Big|_{-1}^{2}\right| \\ &= \left|\frac{8}{3} - 2 - 4 - \left(-\frac{1}{3} - \frac{1}{2} + 2\right)\right| \\ &= \left|-\frac{9}{2}\right| = \frac{9}{2}.\end{aligned}$$

b) Auch hier muss man zunächst die Schnittstellen bestimmen. Die Gleichung $x^2 - 8x + 17 = 7 - x$ hat die beiden Lösungen $x_1 = 2$ und $x_2 = 5$, also ist das Integral über die Differenzfunktion zwischen diesen beiden Grenzen zu berechnen.

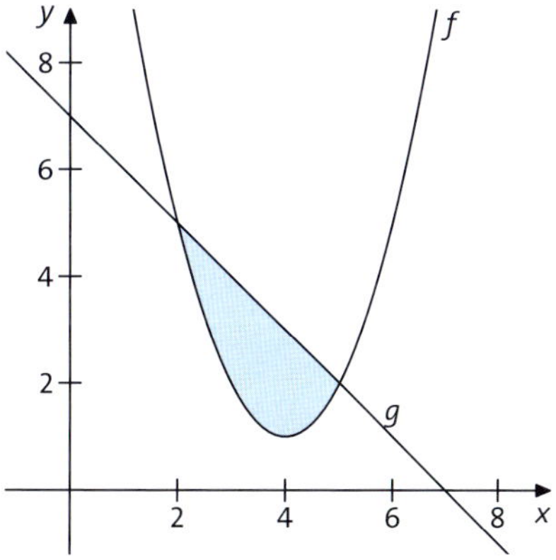

Lösungen

Es ergibt sich

$$\begin{aligned} A &= \left| \int_2^5 x^2 - 7x + 10\,\mathrm{d}x \right| \\ &= \left| \frac{1}{3}x^3 - \frac{7}{2}x^2 + 10x \Big|_2^5 \right| \\ &= \left| \frac{125}{3} - \frac{175}{2} + 50 - \left(\frac{8}{3} - 14 + 20\right) \right| \\ &= \frac{9}{2}. \end{aligned}$$

c) Hier muss zur Bestimmung der Schnittpunkte die Gleichung

$$\frac{1}{1+x^2} = x^2 - \frac{1}{2}$$

gelöst werden. Durchmultiplizieren mit dem Nenner führt auf die biquadratische Gleichung

$$x^4 + \frac{1}{2}x^2 - \frac{3}{2} = 0.$$

Die mit $u = x^2$ substituierte Gleichung $u^2 + \frac{1}{2}u - \frac{3}{2} = 0$ hat die Lösungen $u_1 = 1$ und $u_2 = -\frac{3}{2}$. Aus u_2 können keine reellen Wurzeln gezogen werden, somit hat die biquadratische Gleichung nur die beiden Lösungen $x_1 = -1$ und $x_2 = 1$. Die gesuchte Fläche ist somit zwischen diesen Grenzen zu bestimmen. Sie lautet

$$\begin{aligned} A &= \left| \int_{-1}^1 \frac{1}{1+x^2} - x^2 + \frac{1}{2}\,\mathrm{d}x \right| \\ &= \left| \arctan(x) - \frac{1}{3}x^3 + \frac{1}{2}x \Big|_{-1}^1 \right| \\ &= \frac{\pi}{2} + \frac{1}{3} \approx 1{,}904. \end{aligned}$$

Aufgabe 22

a) Auch hier muss man zunächst die Schnittpunkte der beiden Funktionen bestimmen, die hierfür zu lösende Gleichung ist

$$\frac{1}{3}x^3 - \frac{4}{3}x = \frac{1}{3}x^2 + \frac{2}{3}x,$$

also

$$x^3 - x^2 - 6x = 0.$$

Diese Gleichung hat offenbar die Lösung $x_1 = 0$, dividiert man diese ab, verbleibt eine quadratische Gleichung mit den beiden Lösungen $x_2 = -2$ und $x_3 = 3$. Die Gesamtfläche setzt sich also aus zwei Teilflächen A_1 und A_2 zusammen, die erste ist durch Integration der Differenzfunktion zwischen -2 und 0, die zweite zwischen 0 und 3 zu berechnen.

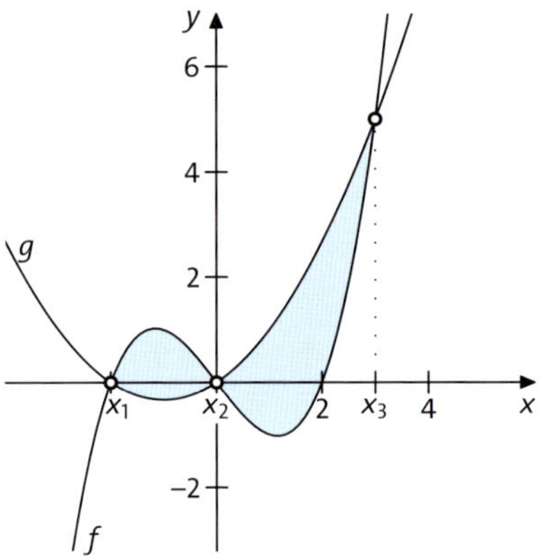

Zweckmäßigerweise berechnet man zunächst die Stammfunktion dieser Differenzfunktion. Man findet

$$\int \frac{1}{3}x^3 - \frac{1}{3}x^2 - 2x\,\mathrm{d}x = \frac{1}{12}x^4 - \frac{1}{9}x^3 - x^2,$$

also ist

$$\begin{aligned} A_1 &= \left| \int_{-2}^0 \frac{1}{3}x^3 - \frac{1}{3}x^2 - 2x\,\mathrm{d}x \right| \\ &= \left| \frac{1}{12}x^4 - \frac{1}{9}x^3 - x^2 \Big|_{-2}^0 \right| \\ &= -\frac{4}{3} - \frac{8}{9} + 4 = \frac{16}{9} \end{aligned}$$

und

$$\begin{aligned} A_2 &= \left| \int_0^3 \frac{1}{3}x^3 - \frac{1}{3}x^2 - 2x\,\mathrm{d}x \right| \\ &= \frac{21}{4}. \end{aligned}$$

Die gesuchte Gesamtfläche ist also

$$A = A_1 + A_2 = \frac{253}{36}.$$

b) Die Vorgehensweise ist hier natürlich dieselbe wie in Teil a). Man bestimmt zunächst die Schnittpunkte der beiden Funktionen durch Lösen der Gleichung $3x^2 + x + 1 = x^3 + 3x + 1$, also

$$x^3 - 3x^2 + 2x = 0$$

und findet $x_1 = 0$, $x_2 = 1$ und $x_3 = 2$. Die Stammfunktion der Differenzfunktion $f(x) = g(x)$ ist hier

$$\int -x^3 + 3x^2 - 2x\,\mathrm{d}x = -\frac{1}{4}x^4 + x^3 - x^2.$$

Die beiden Teilflächen sind somit

$$A_1 = \left| \int_0^1 -x^3 + 3x^2 - 2x\,\mathrm{d}x \right|$$

$$= \left| -\frac{1}{4}x^4 + x^3 - x^2 \Big|_0^1 \right|$$
$$= \left| -\frac{1}{4} \right| = \frac{1}{4}$$

und

$$A_2 = \left| \int_1^2 -x^3 + 3x^2 - 2x \, dx \right|$$
$$= \left| -\frac{1}{4}x^4 + x^3 - x^2 \Big|_1^2 \right|$$
$$= \frac{1}{4},$$

die gesuchte Gesamtfläche somit

$$A = A_1 + A_2 = \frac{1}{2}.$$

Aufgabe 23

Die beiden Funktionen haben mehrere Schnittstellen. Mithilfe des GTR berechnet man die kleinste als $a \approx -0{,}4288$ und die größte als $b \approx 4{,}5110$.

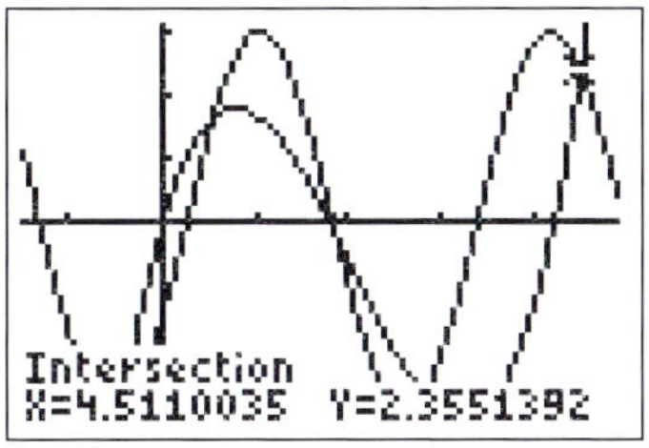

Die Verwendung der GTR-Funktion abs macht die Aufteilung in Einzelflächen überflüssig. Man erhält als gesuchten Flächeninhalt: $A \approx 7{,}2714$.

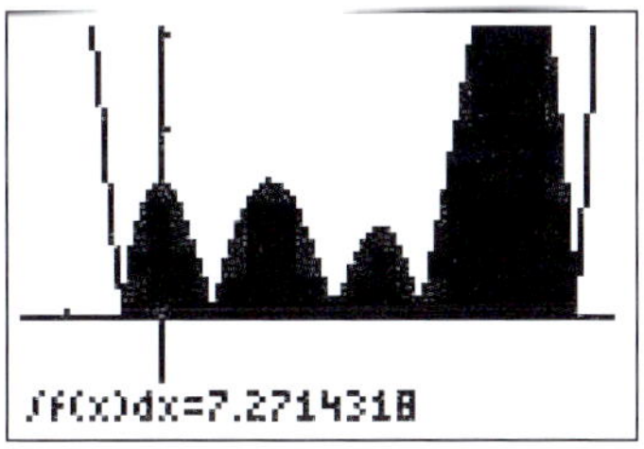

Aufgabe 24

Man berechnet zunächst die Differenz der beiden Funktionen. Diese ist

$$f_a(x) - f_{a+1}(x) = ((x-a) - (x-a-1)) \cdot e^{-x} = e^{-x}.$$

Die Differenzfunktion ist also unabhängig von a und hat keine Nullstelle, die beiden Funktionen $f_{a+1}(x)$ und $f_a(x)$ haben also keinen Schnittpunkt und die gesuchte Fläche besteht nur aus einer Teilfläche. Um diese zu bestimmen, ist das uneigentliche Integral $\int_0^\infty e^{-x}\,dx$ zu berechnen. Es ergibt sich

$$A = \int_0^\infty e^{-x}\,dx$$
$$= \lim_{b\to\infty} \int_0^b e^{-x}\,dx$$
$$= \lim_{b\to\infty} -e^{-x}\Big|_0^b$$
$$= \lim_{b\to\infty} (-e^{-b} + 1) = 1.$$

Der gesuchte Flächeninhalt beträgt also 1.

Aufgabe 25

Man berechnet zunächst mit den weiter vorne geschilderten Methoden die Tangentengleichung und findet $t(x) = -x + 2$. Diese Tangente schneidet die x-Achse bei $x = 2$, somit handelt es sich gerade um die in der Abbildung markierte Fläche. Da offenbar die Funktion $f(x)$ oberhalb der Tangenten liegt, kann man auf die Betragsbildung verzichten und den gesuchten Flächeninhalt wie folgt berechnen:

$$A = \int_1^2 \frac{1}{x} - (-x+2)\,dx$$
$$= \int_1^2 \frac{1}{x} + x - 2\,dx$$
$$= \ln(x) + \frac{1}{2}x^2 - 2x\Big|_1^2$$
$$= \ln(2) - \frac{1}{2} \approx 0{,}193.$$

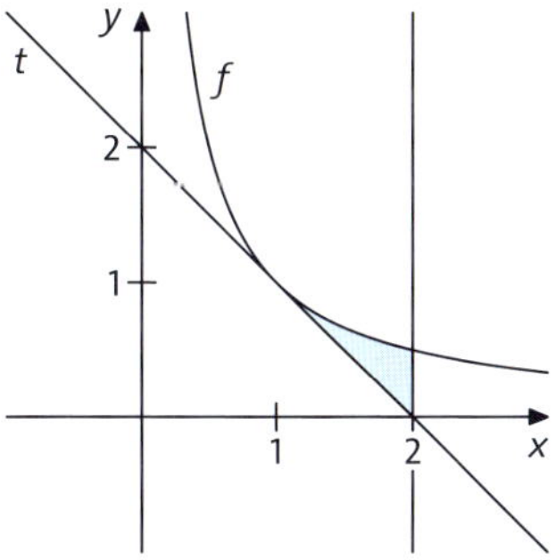

Hierbei wurde benutzt, dass $\ln(1) = 0$ ist.

Aufgabe 26

Man kann direkt die im Satz angegebene Formel verwenden und findet

$$V = \pi \cdot \int_0^1 (\sqrt{x})^2\,dx = \pi \cdot \int_0^1 x\,dx$$
$$= \pi \cdot \frac{1}{2}x^2\Big|_0^1 = \pi \cdot \frac{1}{2} \approx 1{,}57.$$

Aufgabe 27

Nach Anwendung der im Satz angegebenen Formel findet man, dass das gesuchte Volumen durch $\pi \cdot \int_0^\pi \sin^2(x)\,dx$ berechnet wird. Die Stammfunktion von $\sin^2(x)$ findet man durch partielle Integration, es ist

$$\int \sin^2(x) = \frac{x}{2} - \frac{\cos(x)\cdot\sin(x)}{2} + C.$$

Somit ist

$$V = \pi \cdot \int_0^\pi \sin^2(x)\,dx = \pi \cdot \left(\frac{x}{2} - \frac{\cos(x)\cdot\sin(x)}{2} \Big|_0^\pi \right)$$
$$= \pi \cdot \left(\frac{\pi}{2} - 0\right) = \frac{\pi^2}{2} \approx 4{,}93.$$

Aufgabe 28

a) Ein Kreiszylinder mit Radius r und Höhe h entsteht, wenn man die konstante Funktion $f(x) = r$ über dem Intervall $[0,h]$ um die x-Achse rotieren lässt. Das Volumen des entstehenden Rotationskörpers ist

$$V = \pi \cdot \int_0^h r^2\,dx = \pi \cdot r^2 \cdot x\Big|_0^h = \pi \cdot r^2 \cdot h,$$

in Übereinstimmung mit der angegebenen elementargeometrischen Formel.

b) Ein Kreiskegel mit Bodenradius r und Höhe h entsteht, wenn man die Funktion $f(x) = \frac{r}{h} \cdot x$ über dem Intervall $[0,h]$ um die x-Achse rotieren lässt. Das Volumen des entstehenden Rotationskörpers ist

$$V = \pi \cdot \int_0^h \frac{r^2}{h^2} \cdot x^2\,dx = \pi \cdot \frac{r^2}{h^2} \cdot \frac{x^3}{3}\Big|_0^h = \pi \cdot r^2 \cdot \frac{h}{3},$$

in Übereinstimmung mit der angegebenen elementargeometrischen Formel.

Aufgabe 29

In Potenzschreibweise ist die angegebene Funktion gleich $f(x) = \frac{2}{3} \cdot x^{\frac{3}{2}}$. Damit wird

$$f'(x) = \frac{2}{3} \cdot \frac{3}{2} \cdot x^{\frac{1}{2}} = \sqrt{x},$$

also ist $(f'(x))^2 = x$. Nun wendet man die im Satz angegebene Formel an und erhält

$$L = \int_3^{15} \sqrt{1 + (f'(x))^2}\,dx = \int_3^{15} \sqrt{1+x}\,dx$$
$$= \frac{2}{3} \cdot (1+x)^{\frac{3}{2}}\Big|_3^{15} = \frac{2}{3} \cdot \left(16^{\frac{3}{2}} - 4^{\frac{3}{2}}\right)$$
$$= \frac{2}{3} \cdot (4^3 - 2^3) = \frac{112}{3}.$$

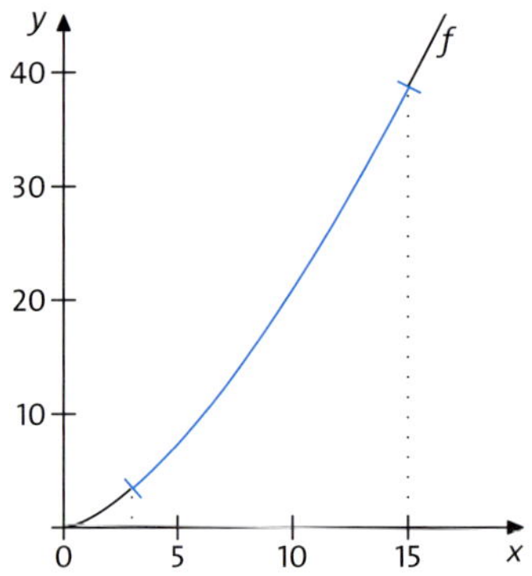

Aufgabe 30

Es ist $f'(x) = \frac{1}{2}(e^x - e^{-x})$ und somit

$$\sqrt{1 + (f'(x))^2} = \sqrt{1 + \tfrac{1}{4}(e^x - e^{-x})^2}$$
$$= \sqrt{1 + \tfrac{1}{4}e^{2x} - \tfrac{1}{2} + \tfrac{1}{4}e^{-2x}}$$
$$= \sqrt{1 + \tfrac{1}{4} \cdot (e^{2x} - 2 + e^{-2x})}$$
$$= \tfrac{1}{2} \cdot \sqrt{(e^x + e^{-x})^2}$$
$$= \tfrac{1}{2} \cdot (e^x + e^{-x}).$$

Dieser Ausdruck ist übrigens gleich dem Funktionsterm von f.

Aufgrund der Symmetrie genügt es, die doppelte Bogenlänge über dem Intervall $[0,2]$ zu berechnen. Diese ist

$$L = 2 \cdot \int_0^2 \frac{1}{2} \cdot (e^x + e^{-x})\,dx$$
$$= e^x - e^{-x}\Big|_0^2$$
$$= e^2 - e^{-2} \approx 7{,}25.$$

Aufgabe 31

Da $F(x)$ eine Stammfunktion von $f(x)$ ist gilt $F'(x) = f(x)$, also ist

$$(F'(x))^2 = (f(x))^2 = e^{2x} - 1.$$

Die angegebene Formel liefert dann

$$L = \int_0^1 \sqrt{1 + (F'(x))^2}\,dx$$
$$= \int_0^1 \sqrt{1 + (e^{2x} - 1)}\,dx$$
$$= \int_0^1 \sqrt{e^{2x}}\,dx$$
$$= \int_0^1 e^x\,dx$$
$$= e^x\Big|_0^1 = e - 1 \approx 1{,}718.$$

Aufgabe 32

Hier ist $a = 0$ und $b = 1$, also $h = \frac{1}{2}$ und ebenfalls $c = \frac{1}{2}$. Damit liefert die keplersche Fassregel

$$\frac{1}{6} \cdot \left(0 + 4 \cdot \left(\frac{1}{2}\right)^3 + 1\right) = \frac{1}{6} \cdot \frac{3}{2} = \frac{1}{4}.$$

Der exakte Wert des Integrals ist

$$\int_0^1 x^3 \, dx = \frac{1}{4} x^4 \Big|_0^1 = \frac{1}{4},$$

die keplersche Fassregel liefert hier also sogar das genaue Resultat.

Aufgabe 33

Das Integrationsintervall hat die Länge 2, also ist hier $h = 1$ und ebenso $c = 1$. Mithilfe des Taschenrechners erhält man dann als Ergebnis der keplerschen Fassregel

$$\frac{1}{3} \cdot (2 + 4 \cdot (1 + e^{-1}) + (1 + e^{-2}))$$
$$= \frac{1}{3} \cdot (2 + 5{,}472 + 1{,}135) = 2{,}869.$$

Aufgabe 34

Wegen $f'(x) = 3x^2$ ist die gesuchte Bogenlänge nach der Formel

$$L = \int_0^1 \sqrt{1 + 9x^4} \, dx$$

zu berechnen. Hierfür findet man keine Stammfunktion, weshalb die Berechnung näherungsweise mit der keplerschen Fassregel erfolgt. Es ist $h = c = \frac{1}{2}$, und somit liefert die Fassregel den Wert

$$\frac{1}{6} \cdot (1 + 4 \cdot 1{,}25 + 3{,}162) = 1{,}527.$$

Aufgabe 35

a) Das Integral der Funktion $f(x) = 1$ ist

$$\int_a^b 1 \, dx = b - a.$$

Wendet man die keplersche Fassregel auf diese Funktion an, erhält man

$$\frac{b-a}{6} \cdot (1 + 4 + 1) = b - a$$

in Übereinstimmung mit dem exakten Wert des Integrals.

b) Das Integral der Funktion $f(x) = x$ ist

$$\int_a^b x \, dx = \frac{1}{2} \cdot x^2 \Big|_a^b = \frac{1}{2} \cdot (b^2 - a^2).$$

Wendet man die keplersche Fassregel auf diese Funktion an, erhält man

$$\frac{b-a}{6} \cdot (a + 4 \cdot \frac{a+b}{2} + b) = \frac{b-a}{6} \cdot (3a + 3b)$$
$$= \frac{b-a}{2} \cdot (a + b)$$
$$= \frac{b^2 - a^2}{2}$$

in Übereinstimmung mit dem exakten Wert des Integrals.

c) Die Integralbildung ist linear, also ist

$$\int_a^b mx + c \, dx = m \cdot \int_a^b x \, dx + c \cdot \int_a^b 1 \, dx.$$

Für die beiden rechts stehenden Integrale wurde aber bereits in a) und b) die Exaktheit der keplerschen Fassregel gezeigt, und da auch die Regel selbst linear ist, ist damit der Beweis erbracht.

Aufgabe 36

a) Da die Funktion überall dort Nullstellen haben muss, wo ihre Stammfunktion ein lokales Extremum hat, kann nur g die Funktion und f die Stammfunktion sein.

b) Weitere Stammfunktionen erhält man durch Addition von Konstanten zu f, grafisch bedeutet das, dass der Graph von f vertikal verschoben wird. Addiert man also beispielsweise -8, so wird der Graph von f um 8 Einheiten nach unten verschoben und schneidet den von g nicht mehr.

Aufgabe 37

a) Das ist richtig, denn die Funktion f hat genau zwei Nullstellen, in denen ihre Ableitung (also die zweite Ableitung der Stammfunktion) offenbar nicht null ist.

b) Das ist richtig, denn hier ist $f(x)$ negativ.

c) Das ist nicht entscheidbar, da man keine Funktionswerte der Stammfunktion kennt.

d) Das ist falsch, denn nach b) ist $F(x)$ links und rechts der y-Achse streng monoton fallend.

Aufgabe 38

a) Da $p(x)$ drei einfache Nullstellen hat, muss $P(x)$ drei lokale Extrema haben.

b) An den gefragten Stellen muss $P(x)$ die Steigung -4, $p(x)$ also diesen Funktionswert haben. Dies ist offenbar an genau drei Stellen der Fall.

c) Aus dem Graphen von $p(x)$ liest man ab: $P(x)$ ist streng monoton fallend für $x < -2$ und $1 < x < 4$ sowie streng monoton steigend für $-2 < x < 1$ und $x > 4$. Die Extrema von $P(x)$ liegen bei $x_1 = -2$, $x_2 = 1$, $x_3 = 4$, die Wendestellen bei den beiden loka-

Lösungen

len Extremstellen von $p(x)$. Außerdem soll $P(0) = 1$ sein. Dies ergibt qualitativ folgende Skizze:

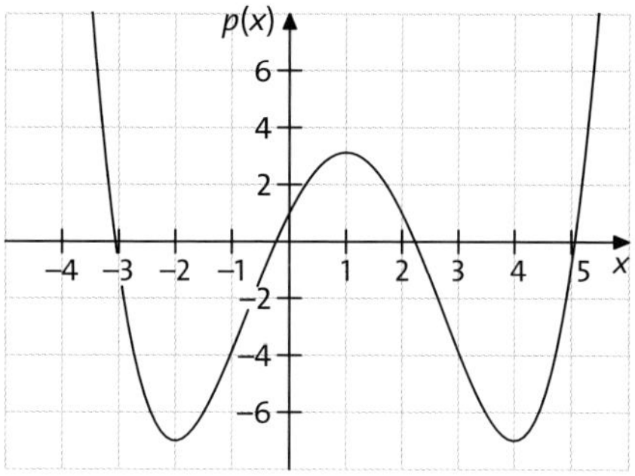

Lösungen Trainingsklausuren

Klausur 1

Aufgabe 1

Die Ableitungsfunktion g' ist eine Funktion 3. Grades. Diese besitzen allgemein entweder keine Extremstellen oder genau eine Minimal- und eine Maximalstelle. Damit kann das Schaubild der Ableitungsfunktion keine weiteren Hoch-, Tief- oder Wendepunkte besitzen. Diese Tatsache erlaubt Aussagen über das Steigungs- und Krümmungsverhalten von g über den dargestellten Ausschnitt des Schaubildes hinaus.

- **Steigungsverhalten:** Die Funktion g ist streng monoton fallend auf den Intervallen $I_1 =]-\infty; 2[$ und $I_2 =]2; 4{,}5[$, da $g'(x) < 0$ für $x \in I_1 \cup I_2$. Die Funktion g ist streng monoton steigend auf dem Intervall $I_3 =]4{,}5; +\infty[$, da $g'(x) > 0$ für $x \in I_3$. An den Stellen $x_1 = 2$ und $x_2 = 4{,}5$ ist die Steigung gleich null (= Stellen mit waagrechten Tangenten).
- **Krümmungsbereiche:** Das Schaubild K von g ist auf dem Intervall $I_1 =]-\infty; 2[$ linksgekrümmt, da g' auf I_1 streng monoton steigt; auf dem Intervall $I_4 =]2; 3{,}7[$ rechtsgekrümmt, da g' auf I_4 streng monoton fällt und auf dem Intervall $I_5 =]3{,}7; +\infty[$ linksgekrümmt, da g' auf I_5 streng monoton steigt. Alternative Argumentationsmöglichkeit mittels Vorzeichen der 2. Ableitungsfunktion g''.
- **Extrempunkte:** Das Schaubild von g zeigt einen Tiefpunkt mit der x-Koordinate $x_2 = 4{,}5$, da an dieser Stelle 1. $g'(x) = 0$ und 2. g' einen Vorzeichenwechsel von $-$ nach $+$ zeigt. Bemerkung: Die Stelle $x_1 = 2$ stellt keine Extremstelle von g dar, da an dieser Stelle zwar $g'(x) = 0$ gilt, aber kein Vorzeichenwechsel von g' stattfindet ($x_1 = 2$ ist somit doppelte Nullstelle von g').
- **Wendepunkte:** Die Funktion g besitzt an der Stelle $x_3 \approx 3{,}7$ eine Wendestelle, da hier ein Wechsel von Rechtskrümmung zu Linkskrümmung vorliegt.
  An der Stelle $x_1 = 2$ liegt eine weitere Wendestelle, da hier ein Wechsel von Linkskrümmung zu Rechtskrümmung stattfindet. Da an der Stelle $x_1 = 2$ auch $g'(x) = 0$ gilt, handelt es sich bei $x_1 = 2$ um eine Wendestelle mit waagrechter Tangente. Damit nennt man den zugehörigen Wendepunkt auch Sattelpunkt (= spezieller Wendepunkt).
  Alternativ lassen sich die Wendestellen von g auch begründen über die Extremstellen (= Stellen mit waagrechten Tangenten) von g'. Extremstellen der Ableitungsfunktion g' entsprechen Wendestellen der Funktion g.

Aufgabe 2

Bei der Bearbeitung der Aufgaben a) bis c) ist der GTR hilfreich, um sich einen schnellen Überblick über die Funktionenschar zu verschaffen, aber nicht notwendig.

a) **Schnittpunkte mit den Koordinatenachsen:**
Schnittpunkt mit der y-Achse: $x = 0$ in $f_t(x)$ einsetzen liefert: $f_t(0) = 0 \Rightarrow S_y(0/0)$.

Schnittpunkt mit der x-Achse: Bed.: $f_t(x) = 0$

$$\Leftrightarrow 2x\left(\frac{x^2}{t} - 2x + t\right) = 0$$

Damit ist die erste Lösung mit $x_1 = 0$ direkt ablesbar. Nach dem Satz vom Nullprodukt ist noch die folgende Gleichung zu lösen:

$$\frac{x^2}{t} - 2x + t = 0$$

p-q-Formel: $x_{2/3} = t \pm \sqrt{t^2 - t^2} = t$ (doppelte Nullstelle)
Damit gehen alle Kurven K_t durch den Ursprung $O(0|0)$. Weiter besitzen sie mit $N_{2/3}(t|0)$ einen von t abhängigen Berührpunkt mit der x-Achse.

Zur Bestimmung der Extrem- und Wendepunkte braucht man zunächst die Ableitungen der Funktion f_t.

Tipp: Klammer in f_t zunächst ausmultiplizieren.
1. Abl.: $f_t'(x) = \frac{6}{t}x^2 - 8x + 2t$
2. Abl.: $f_t''(x) = \frac{12}{t}x - 8$
3. Abl.: $f_t'''(x) = \frac{12}{t}$

- **Extrempunkte:**

$$\text{notwendige Bed.: } f_t'(x) = 0$$

$$\Leftrightarrow \frac{6}{t}x^2 - 8x + 2t = 0$$

p-q-Formel: $x_{4/5} = \frac{2}{3}t \pm \sqrt{\frac{4}{9}t^2 - \frac{3}{9}t^2} = \frac{2}{3}t \pm \frac{1}{3}t$
$x_4 = t; x_5 = \frac{1}{3}t$
Kontrolle, ob an den Stellen x_4 bzw. x_5 tatsächlich Extremstellen vorliegen mit der 2. Ableitung:
hinreichende Bed.: $f_t''(x) \neq 0$
1. $f_t''(t) = 12 - 8 > 0 \Rightarrow$ Minimum für $x_4 = t$
2. $f_t''\left(\frac{1}{3}t\right) = 4 - 8 < 0 \Rightarrow$ Maximum für $x_5 = \frac{1}{3}t$.

Alternative Kontrollmöglichkeit: Vorzeichenwechsel der 1. Ableitung
Berechnung der y-Koordinaten des Tiefpunktes $TP(t|f_t(t))$ und des Hochpunktes $HP\left(\frac{1}{3}t|f_t\left(\frac{1}{3}t\right)\right)$:
$f_t(t) = 2t\left(\frac{t^2}{t} - 2t + t\right) = 0$
$f_t\left(\frac{1}{3}t\right) = 2 \cdot \frac{1}{3}t\left(\frac{\frac{1}{9}t^2}{t} - \frac{2}{3}t + t\right) = \frac{8}{27}t^2$
Damit besitzen die Kurven K_t in Abhängigkeit von t einen Tiefpunkt $TP(t|0)$ und einen Hochpunkt $HP(\frac{1}{3}t|\frac{8}{27}t^2)$.

- Kurve aller Wendepunkte **(Ortskurve):**
Berechnung der Wendepunkte:

$$\text{notwendige Bed.: } f_t''(x) = 0$$

$$\Leftrightarrow \frac{12}{t}x - 8 = 0 \Rightarrow x_6 = \frac{2}{3}t$$

Kontrolle, ob an der Stelle $x_6 = \frac{2}{3}t$ tatsächlich eine Wendestelle vorliegt, mittels der 3. Ableitung:
hinreichende Bed.: $f_t'''\left(\frac{2}{3}t\right) \neq 0$
$f_t'''\left(\frac{2}{3}t\right) = \frac{12}{t} \neq 0$
Alternative Kontrollmöglichkeit: Vorzeichenwechsel der 2. Ableitung
Berechnung der Koordinaten des Wendepunktes $WP(\frac{2}{3}t|f_t\left(\frac{2}{3}t\right))$:
$f_t\left(\frac{2}{3}t\right) = 2 \cdot \frac{2}{3}t\left(\frac{\frac{4}{9}t^2}{t} - 2 \cdot \frac{2}{3}t + t\right) = \frac{4}{27}t^2$
Damit besitzen die Kurven K_t in Abhängigkeit von t einen Wendepunkt $WP(\frac{2}{3}t|\frac{4}{27}t^2)$.
Bestimmung der Ortskurve der Wendepunkte:
1. $x = \frac{2}{3}t$
2. $y = \frac{4}{27}t^2$

Umstellen von 1. nach t und Einsetzen in 2. liefert mit $y = \frac{1}{3}x^2$ die Gleichung der gesuchten Ortskurve.

- **Anstiegswinkel** α der Wendenormalen: Für die Steigung m_T der Tangenten an der Wendestelle $x_6 = \frac{2}{3}t$ gilt:

$$m_T = f_t'\left(\frac{2}{3}t\right) = -\frac{2}{3}t.$$

Zwischen der Tangentensteigung m_T und der Normalensteigung m_N gilt folgender Zusammenhang:

$$m_T \cdot m_N = -1 \Rightarrow m_N = \frac{3}{2t} = \tan\alpha.$$

Dies ergibt für den Anstiegswinkel α der Wendenormalen: $\alpha = \tan^{-1}\left(\frac{3}{2t}\right)$.

b) - **Zeichnung** von K_3 und K_{-3}:

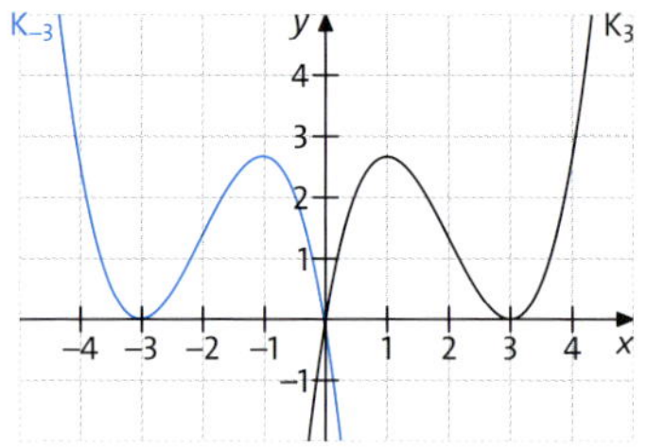

- **Symmetrie**-Zusammenhang zwischen den Schaubildern K_t und K_{-t}:

$$f_t(-x) = -2x\left(\frac{x^2}{t} + 2x + t\right)$$

$$= 2x\left(\frac{x^2}{-t} - 2x - t\right)$$

$$= f_{-t}(x) \Rightarrow \text{Behauptung}$$

c) Nach Aufgabenteil a) ist der Hochpunkt von f_3 in $HP(1|\frac{8}{3})$. Gesucht ist z. B. eine Funktion h der Form

$$h(x) = a \cdot \sin(bx).$$

Diese muss die folgenden Bedingungen erfüllen:
1. $h(1) = f_3(1) \Rightarrow a \cdot \sin(b) = \frac{8}{3}$
2. $h'(1) = f_3'(1) \Rightarrow a \cdot \cos(b) \cdot b = 0$

Damit ergibt sich als mögliche Lösung

$$h(x) = \frac{8}{3} \cdot \sin\left(\frac{\pi}{2}x\right).$$

Eine weitere mögliche Lösung ist beispielsweise die Funktion g mit $g(x) = -\frac{8}{3} \cdot \cos(\pi x)$.

d) Berechnung des gesuchten **Flächeninhaltes** A_{ges}:
Die Fläche, deren Inhalt gesucht ist, wurde in der folgenden Zeichnung eingefärbt:

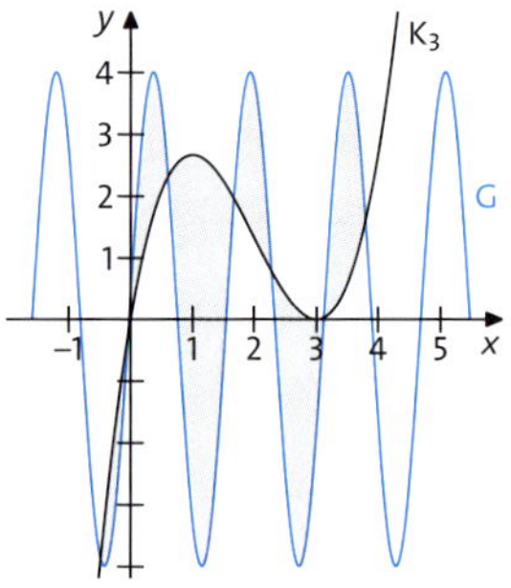

Die beiden Kurven schneiden sich an 7 Stellen. Bei der Berechnung **ohne GTR** müssen zur Bestimmung der Integrationsgrenzen **alle** Schnittstellen berechnet werden. Der Ansatz:

$$f_3(x) = g(x)$$

liefert die 7 Schnittstellen x_1 bis x_7. Anschließend werden die Inhalte der 7 Teilflächen mittels der folgenden Integrale getrennt berechnet. Addition der Inhalte der Teilflächen ergibt den Gesamtflächeninhalt A_{ges}:

$$A_{\text{ges}} = \left| \int_{x_1}^{x_2} f_3(x) - g(x)\,\mathrm{d}x \right| + \left| \int_{x_2}^{x_3} f_3(x) - g(x)\,\mathrm{d}x \right| + \cdots + \left| \int_{x_6}^{x_7} f_3(x) - g(x)\,\mathrm{d}x \right|$$

Eleganter geht es mit dem **GTR** – der gesuchte Flächeninhalt A_{ges} lässt sich in **einer** Rechnung bestimmen. Als Integrationsgrenzen werden nur die beiden äußeren Schnittstellen x_1 und x_7 benötigt. Ihre Ermittlung mit dem GTR führt zu $x_1 \approx -0{,}472$ und $x_7 \approx 3{,}817$.

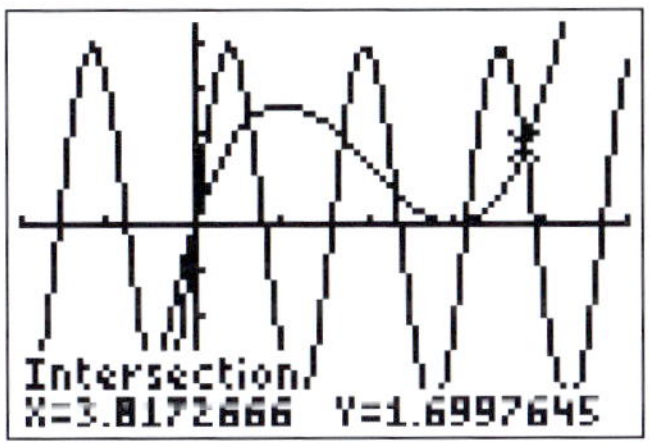

Der Flächeninhalt wird berechnet durch

$$A = \int_{x_1}^{x_7} |f_3(x) - g(x)|\,\mathrm{d}x.$$

Die Eingabe in den GTR zur Berechnung des Integrals erfolgt wie in den folgenden beiden Abbildungen dargestellt:

```
 Plot1 Plot2 Plot3
\Y1=2*X*(X^2/3-2
*X+3)
\Y2=4*sin(4X)
\Y3=
\Y4=
\Y5=
\Y6=
```

```
fnInt(abs(Y1-Y2)
,X,-.472,3.817)
        10.41505903
```

Die Verwendung der GTR-Funktion *abs* macht die Berechnung unabhängig von der Lage der beiden Kurven. Berechnet wird dabei der Flächeninhalt zwischen der Funktion $|f_3(x) - g(x)|$ und der x-Achse.

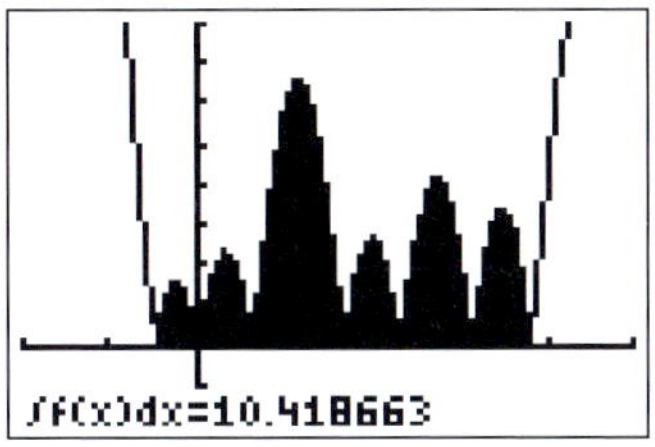

Damit beträgt der Flächeninhalt zwischen den beiden Kurven ca. 10,42 FE.

Klausur 2

Aufgabe 1

Bei der Bearbeitung der Aufgaben a) bis c) ist der GTR hilfreich, aber nicht notwendig.

a) **Tipp:** Hat man einen GTR zur Verfügung, so sollte man die Funktion für verschiedene t-Werte zeichnen lassen. Dies hilft bei der Beantwortung der folgenden Fragen.

- Maximaler **Definitionsbereich:** $D_{\max} = \mathbb{R}$
- Berechnung der **Nullstellen:**

$$\text{Bed.: } h_t(x) = 0$$

$$\Leftrightarrow (x + 2t) \cdot \underbrace{e^{\frac{t-x}{2}}}_{>0 \forall x} = 0$$

Da $e^{\frac{t-x}{2}} > 0$ für alle x, ist nach dem Satz vom Nullprodukt nur noch die folgende Gleichung zu lösen:

$(x + 2t) = 0 \Leftrightarrow x = -2t$

Damit besitzen die Kurven K_t in Abhängigkeit von t eine Nullstelle bei $x_0 = -2t$.

- Verhalten für **große |x|:**

für $x \to +\infty$: $h_t(x) \to 0$ (wegen $e^{\frac{t-x}{2}} \to 0$)

für $x \to -\infty$: $h_t(x) \to -\infty$

b) Zur Bestimmung der Extrempunkte und des Krümmungsverhaltens braucht man zunächst die Ableitungen der Funktion h_t.

Tipp: Ableiten nach der Produktregel

1. Abl.: $h_t'(x) = (-\frac{1}{2}x - t + 1) \cdot e^{\frac{t-x}{2}}$

2. Abl.: $h_t''(x) = (\frac{1}{4}x + \frac{1}{2}t - 1) \cdot e^{\frac{t-x}{2}}$
3. Abl.: $h_t'''(x) = (-\frac{1}{8}x - \frac{1}{4}t + \frac{3}{4}) \cdot e^{\frac{t-x}{2}}$
(Berechnung der 3. Ableitung je nach Rechenweg nicht unbedingt notwendig!)

- **Extrempunkte:**

$$\text{notwendige Bed.: } h_t'(x) = 0$$
$$\Leftrightarrow \left(-\frac{1}{2}x - t + 1\right) \cdot \underbrace{e^{\frac{t-x}{2}}}_{>0 \forall x} = 0$$

Da $e^{\frac{t-x}{2}} > 0$ für alle x, ist nach dem Satz vom Nullprodukt nur noch die folgende Gleichung zu lösen:
$(-\frac{1}{2}x - t + 1) = 0 \Leftrightarrow x = 2 - 2t$
Kontrolle, ob an der Stelle $x_1 = 2 - 2t$ tatsächlich eine Extremstelle vorliegt, mittels 2. Ableitung.
Hinreichende Bed.: $h_t''(2 - 2t) \neq 0$

$$h_t''(2-2t) = \left(\frac{1}{4} \cdot (2-2t) + \frac{1}{2}t - 1\right) \cdot e^{\frac{t-(2-2t)}{2}}$$
$$= \left(-\frac{1}{2}\right) \cdot \underbrace{e^{\frac{3t-2}{2}}}_{>0 \forall x} < 0$$

Damit liegt an der Stelle $x_1 = 2 - 2t$ ein lokales Maximum.
Alternative Kontrollmöglichkeit: Vorzeichenwechsel der 1. Ableitung

Berechnung der y-Koordinaten des Hochpunktes $HP(2 - 2t|h_t(2 - 2t))$:
$h_t(2 - 2t) = 2e^{\frac{3t-2}{2}}$
Damit besitzen die Kurven K_t in Abhängigkeit von t einen Hochpunkt $HP(2 - 2t|2e^{\frac{3t-2}{2}})$.

- **Krümmungsverhalten:**
Die 2. Ableitung beschreibt das Krümmungsverhalten einer Kurve; an den Wendestellen ändert sich dieses.
Berechnung der **Wendestellen:**

$$\text{notwendige Bed.: } h_t''(x) = 0$$
$$\Leftrightarrow \left(\frac{1}{4}x + \frac{1}{2}t - 1\right) \underbrace{e^{\frac{t-x}{2}}}_{>0 \forall x} = 0$$

Da $e^{\frac{t-x}{2}} > 0$ für alle x ist nach dem Satz vom Nullprodukt nur noch die folgende Gleichung zu lösen: $(\frac{1}{4}x + \frac{1}{2}t - 1) = 0 \Leftrightarrow x = 4 - 2t$
Kontrolle, ob an der Stelle $x_2 = 4 - 2t$ tatsächlich eine Wendestelle vorliegt, mittels Vorzeichenwechselkriterium für die 2. Ableitung.
1. Fall: $x < 4 - 2t$, z. B. $x = 3{,}9 - 2t$
$\Rightarrow h_t''(3{,}9 - 2t) = \underbrace{-0{,}025}_{<0} \cdot \underbrace{e^{\frac{3t-3{,}9}{2}}}_{>0 \forall x} < 0$

2. Fall: $x > 4 - 2t$, z. B. $x = 4{,}1 - 2t$
$\Rightarrow h_t''(4{,}1 - 2t) = \underbrace{0{,}025}_{>0} \cdot \underbrace{e^{\frac{3t-4{,}1}{2}}}_{>0 \forall x} > 0$

Damit wechselt an der Stelle $x_2 = 4 - 2t$ das Vorzeichen von $-$ nach $+$.
Alternative Kontrollmöglichkeit mit der 3. Ableitung:
hinreichende Bed.: $h_t'''(4 - 2t) \neq 0$
Damit ist das Schaubild:
rechtsgekrümmt auf $]-\infty; 4 - 2t[$ $(h_t'' < 0)$ und **linksgekrümmt** auf $]4 - 2t; +\infty[$ $(h_t'' > 0)$.
Die Wendestelle liegt bei $x_2 = 4 - 2t$.

- **Ortskurve der Wendepunkte:**
Die Kurven K_t besitzen in Abhängigkeit von t einen Wendepunkt $WP(4 - 2t|4 \cdot e^{\frac{3t-4}{2}})$.
1. $x = 4 - 2t$
2. $y = 4 \cdot e^{\frac{3t-4}{2}}$
Umstellen von 1. nach t und Einsetzen in 2. liefert die Gleichung der gesuchten Ortskurve:
$y = 4 \cdot e^{1 - \frac{3}{4}x}$

- **Lage der Wendepunkte:**
1. Möglichkeit:
y-Koordinate des Wendepunktes $(x_2|y_2)$ betrachten und zeigen, dass diese immer nur Werte größer null annehmen kann:
$y_2 = 4 \cdot e^{\frac{3t-4}{2}}$
Da $e^{\frac{3t-4}{2}} > 0$ für alle t, folgt die Behauptung.
2. Möglichkeit:
bisherige Ergebnisse verwenden:
$N(-2t|0)$
$HP\left(2 - 2t|2e^{\frac{3t-2}{2}}\right)$
$WP\left(4 - 2t|4 \cdot e^{\frac{3t-4}{2}}\right)$
Die Wendestelle liegt immer rechts von der Extremstelle; diese liegt immer rechts von der Nullstelle!
Gemäß Aufgabenteil a) gibt es nur jeweils eine Nullstelle und einen Hochpunkt, der oberhalb der x-Achse liegt. Das Verhalten für große x zeigt: für $x \to +\infty$ geht $h_t(x) \to 0$.
Damit muss der Wendepunkt oberhalb der x-Achse liegen.

c) Bestimmung von t aus dem Schaubild
Hier sind verschiedene Lösungsansätze denkbar:
1. Möglichkeit:
Aus dem Aufgabenteil b) ist die Ableitungsfunktion h' bekannt: $h_t'(x) = (-\frac{1}{2}x - t + 1) \cdot e^{\frac{t-x}{2}}$
Geeignete Punkte, z. B. $(-2|0)$, aus dem Schaubild ablesen und in die Ableitungsfunktion einsetzen liefert $t = 2$.
2. Möglichkeit:
Allgemein gilt: Beim Ableiten werden aus den Extremstellen der Funktion h_t die Nullstellen der Ableitungsfunktion h_t'. Aus Aufgabenteil b) ist bekannt,

dass die Extremstelle an der Stelle $x_1 = 2 - 2t$ liegt. Die Nullstelle aus dem Schaubild (bei $x_4 = -2$) von h' wird somit mit der Extremstelle von h_t gleichgesetzt und nach t auflöst. Damit erhält man $t = 2$.

d) H_t ist eine **Stammfunktion** von h_t wenn gilt:

$$H_t'(x) = h_t(x)$$

Ableiten von H_t liefert:
$H_t'(x) = (x + 2t) \cdot e^{\frac{t-x}{2}} = h_t(x)$.
Daraus folgt die Behauptung.

e) Berechnung des gesuchten **Flächeninhaltes:**

Tipp: Skizze anfertigen!

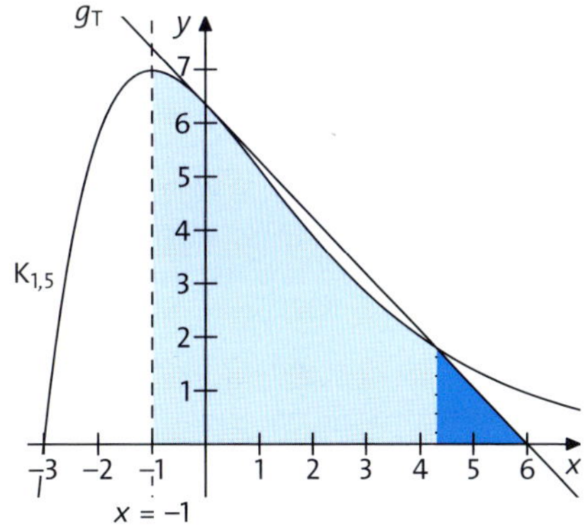

$$h_{1,5}(x) = (x + 3) \cdot e^{\frac{1,5-x}{2}}$$

Bestimmung der **Tangente** g_T an K in $x_0 = 0$.
Allgemeine Tangentengleichung:

$$g_T : y = h'_{1,5}(0)(x - 0) + h_{1,5}(0)$$

Einsetzen ergibt:

$$g_T : y = -\frac{1}{2} \cdot e^{\frac{3}{4}} \cdot x + 3 \cdot e^{\frac{3}{4}} \approx -1{,}06x + 6{,}35$$

Alternativ lässt sich auch mit dem GTR die Tangente in das Schaubild zeichnen und die Tangentengleichung direkt ohne Rechnung ablesen (Zeitersparnis!). Diese Möglichkeit ist in der folgenden Abbildung dargestellt.

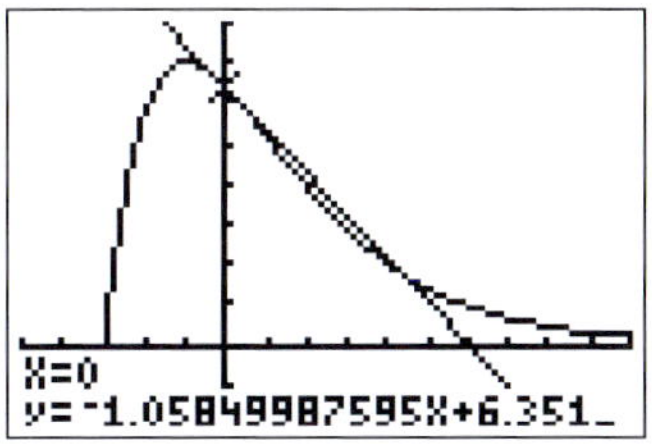

Berechnung der **Schnittstellen:**
1. $K_{1,5} \cap$ Tangente g_T
Gleichsetzen der beiden Funktionsterme führt zu:

$$-\frac{1}{2} \cdot e^{\frac{3}{4}} x + 3 \cdot e^{\frac{3}{4}} = (x + 3) \cdot e^{\frac{1,5-x}{2}}$$

Mit dem GTR erhält man die Lösungen:

$x_1 \approx 4{,}3$ (gesuchte Schnittstelle)

$x_{2,3} = 0$ (Berührstelle, hier nicht relevant)

2. Tangente $g \cap x$-Achse
$-\frac{1}{2} \cdot e^{\frac{3}{4}} x + 3 \cdot e^{\frac{3}{4}} = 0$
$\Rightarrow x_4 = 6$

Damit ergeben sich die folgenden **Integrationsgrenzen:** -1; $4{,}3$ und 6.
Die gesuchte Fläche setzt sich zusammen aus zwei Teilflächen; die erste Fläche liegt unter der Kurve $K_{1,5}$ (hellblau eingefärbt), die zweite Teilfläche liegt unter der Tangenten (dunkelblau eingefärbt). Der gesuchte **Gesamtflächeninhalt** A entsteht durch Addition der Inhalte der Teilflächen.

$$A = \int_{-1}^{4,3} h_{1,5}(x)\,\mathrm{d}x + \int_{4,3}^{6} g_T(x)\,\mathrm{d}x$$

Für die **Berechnung des Integrals** sind verschiedene Möglichkeiten denkbar:

1. Möglichkeit mittels Stammfunktion und partieller Integration:

$$= \left[(-2x - 10) \cdot e^{\frac{1,5-x}{2}}\right]_{-1}^{4,3}$$
$$+ \left[-\frac{1}{4} \cdot e^{\frac{3}{4}} \cdot x^2 + 3 \cdot e^{\frac{3}{4}} \cdot x\right]_{4,3}^{6}$$
$$\approx 23{,}3 + 1{,}5$$
$$= 24{,}8 \text{ FE}$$

2. Möglichkeit direkt mit dem GTR (Zeitersparnis!)

```
fnInt(Y1,X,-1,4.
3)+fnInt(Y2,X,4.
3,6)
          24.85074013
```

Der gesuchte Flächeninhalt beträgt ca. 24,8 FE.

f) Für die Abweichungsfunktion d gilt:

$$d(x) = |h_{1,5}(x) - f(x)|$$

Lösungen

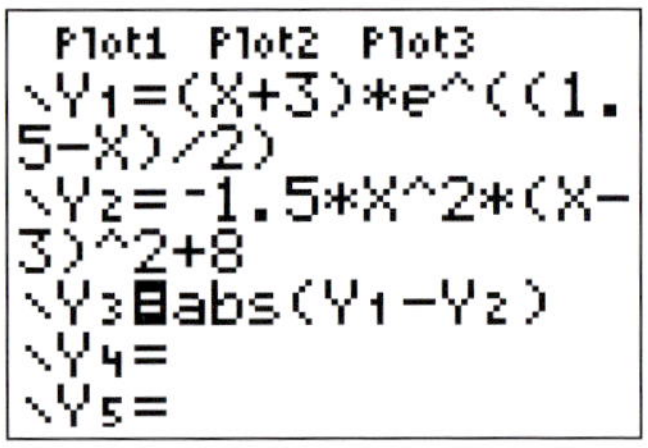

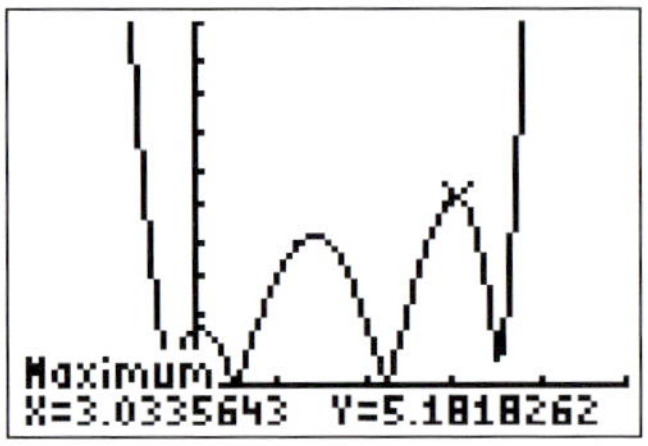

Zwischen 0 und 3,5 nimmt d für $x_0 \approx 3{,}03$ seinen maximalen Wert an. Randuntersuchung:

$$d(0) = 1{,}65 < 3{,}03$$
$$d(3{,}5) = 1{,}02 < 3{,}03$$

Damit liegt an der Stelle $x_0 \approx 3{,}03$ ein globales Maximum. Die Funktionswerte von $h_{1,5}$ und f weichen bei $x_0 \approx 3{,}03$ am stärksten voneinander ab.
Die Abweichung beträgt ungefähr 5,18 LE.

Aufgabe 2

– f ist **streng monoton wachsend.** Zu zeigen ist:
$f'(x) > 0$ auf dem Intervall $I = \left]\frac{1}{e}; +\infty\right[$.

$$f'(x) = \underbrace{\ln x}_{>-1 \text{ auf } I} + 1 > 0$$

Damit folgt die Behauptung.

– Bestimmung von $\left(f^{-1}\right)'(n \cdot e^n)$:

$$f(x_0) = y_0 \quad \text{mit} \quad y_0 = n \cdot e^n.$$

Gesucht sind die Lösungen der Gleichung:

$$x \cdot \ln(x) = n \cdot e^n$$

für $n = 0 \Rightarrow x = e^0$
für $n = 1 \Rightarrow x = e^1$
⋮
für $n = n \Rightarrow x = e^n$, damit ist $f(e^n) = n \cdot e^n$;
f ist streng monoton wachsend auf I, differenzierbar an der Stelle $x_0 = e^n \in I$ und $f'(x_0) \neq 0$;
damit gilt für die Ableitung der Umkehrfunktion an der Stelle y_0:

$$\left(f^{-1}\right)'(y_0) = \frac{1}{f'\left(f^{-1}(y_0)\right)};$$

daraus folgt:

$$\begin{aligned}\left(f^{-1}\right)'(n \cdot e^n) &= \frac{1}{f'\left(f^{-1}(n \cdot e^n)\right)}\\ &= \frac{1}{f'(e^n)}\\ &= \frac{1}{\ln(e^n) + 1}\\ &= \frac{1}{n+1}.\end{aligned}$$

Klausur 3

Aufgabe 1

a) u und v sind auf ganz $\mathbb{R}$ differenzierbare Funktionen. Damit sind sie für alle $x \in \mathbb{R}$ definiert. Bild 1 zeigt das Schaubild einer gebrochenrationalen Funktion. An den Stellen $x_1 = -1$ und $x_2 = 2$ besitzt das Schaubild senkrechte Asymptoten. Also hat die zugehörige Funktion an diesen Stellen Polstellen, sie ist damit dort nicht definiert. Da u und v auf ganz $\mathbb{R}$ definiert sind, kann somit nur Bild 1 das Schaubild von f_2 sein.
Zuordnung der weiteren Bilder:
Nach der Funktionendefinition ist zu sehen, dass f_4 eine Stammfunktion von f_1 ist. Die Funktion f_3 ist die Ableitungsfunktion von f_1. Allgemein gilt: Beim Differenzieren werden aus Wendestellen einer Funktion die Extremstellen ihrer Ableitungsfunktion; handelt es sich um Wendestellen mit waagrechter Tangente (Sattelstellen), sind die resultierenden Extremstellen gleichzeitig doppelte Nullstellen. Die zugehörigen Extrempunkte liegen damit auf der x-Achse.
Aus Extremstellen der Funktion werden beim Differenzieren einfache Nullstellen der Ableitungsfunktion. Diese Überlegungen führen bei der Zuordnung der Bilder 2, 3 und 4 zu folgendem Ergebnis: Bild 4 ist das Schaubild K_1, Bild 3 das Schaubild K_4 und Bild 2 somit das Schaubild K_3.
Bild 3: An der Stelle $x_1 = -1$ liegt eine Wendestelle mit waagrechter Tangente. Beim Differenzieren wird diese zu einer Extremstelle (hier Maximalstelle) auf der x-Achse. Entsprechend befindet sich bei Bild 4 an der Stelle $x_1 = -1$ eine doppelte Nullstelle. Der Tiefpunkt hat die x-Koordinate $x_2 = 2$, beim Ableiten ergibt dies an der Stelle $x_2 = 2$ eine einfache Nullstelle der Ableitungsfunktion.
Bild 4: An der Stelle $x_1 = -1$ liegt ein Maximum. Entsprechend befindet sich bei Bild 2 an der Stelle $x_1 = -1$ eine einfache Nullstelle. Der Tiefpunkt hat die x-Koordinate $x_3 \approx 1{,}5$, beim Ableiten wird diese zu einer einfachen Nullstelle der Ableitungsfunktion. Damit zeigt Bild 2 einen Schnittpunkt mit der x-Achse für $x_3 \approx 1{,}5$.

b) f_5 ist für alle $x \in \mathbb{R}$ definiert, da $v(x) = e^x > 0$ für alle $x \in \mathbb{R}$.
Schnittpunkte von f_5 mit der x-Achse: Bed.:

$$f_5(x) = 0 \Leftrightarrow u(x) = 0$$

Nimmt $u(x)$ den Wert 0 an, dann ist $f_2(x) = \frac{v(x)}{u(x)}$ nicht definiert. Damit hat die Funktion u dort Nullstellen, wo f_2 Pole hat. Damit sind $x_1 = -1$ und $x_2 = 2$ die Nullstellen von u und damit auch von f_5. Da f_2 an der Stelle $x_1 = -1$ einen Pol ohne Vorzeichenwechsel besitzt, hat u an dieser Stelle eine doppelte Nullstelle (= Nullstelle ohne Vorzeichenwechsel). Für das Schaubild von f_5 bedeutet das, dass an der Stelle $x_1 = -1$ eine Extremstelle (Hochpunkt oder Tiefpunkt) liegen muss. Damit hat K_5 an der Stelle $x_1 = -1$ eine waagrechte Tangente. Im Schaubild K_2 erkennt man ein lokales Maximum an der Stelle $x_4 \approx 0{,}3$ und ein lokales Minimum für $x_5 \approx 3{,}7$. Damit muss f_5 als Kehrwert von f_2 an der Stelle $x_4 \approx 0{,}3$ ein lokales Minimum und an der Stelle $x_5 \approx 3{,}7$ ein lokales Maximum haben. Da in Extremstellen die Steigung gleich null ist, liegen an diesen Stellen die waagrechten Tangenten.

c) ■ Bestimmung der Funktion u:
Aus dem Aufgabenteil b) sind die Nullstellen der Funktion u bekannt mit $x_1 = -1$ (doppelte Nullstelle) und $x_2 = 2$ (einfache Nullstelle). Damit bietet sich ein Ansatz mit Linearfaktoren an; dieser lautet für eine Funktion f dritten Grades allgemein:

$$f(x) = a \cdot (x - n_1) \cdot (x - n_2) \cdot (x - n_3).$$

Dabei sind n_1, n_2 und n_3 die Nullstellen von f. Dies führt zu:

$$u(x) = a \cdot (x + 1)^2 \cdot (x - 2).$$

Bestimmung von a durch die Punktprobe, beispielsweise mit dem Punkt $(0|-1)$ führt zu:

$$f_1(x) = u(x) \cdot v(x) = a \cdot (x + 1)^2 \cdot (x - 2) \cdot e^x$$

$$f_1(0) = u(0) \cdot v(0) = a \cdot (1)^2 \cdot (-2) \cdot e^0 = -2 \cdot a = -1.$$

Damit ist $a = \frac{1}{2}$. Dies ergibt den Funktionsterm der gesuchten Funktion u:

$$u(x) = \tfrac{1}{2}(x + 1)^2 \cdot (x - 2) = \tfrac{1}{2}(x^3 - 3x - 2).$$

■ Bestimmung des gesuchten **Flächeninhaltes:**
Die zu untersuchende Fläche ist in der folgenden Zeichnung eingefärbt:

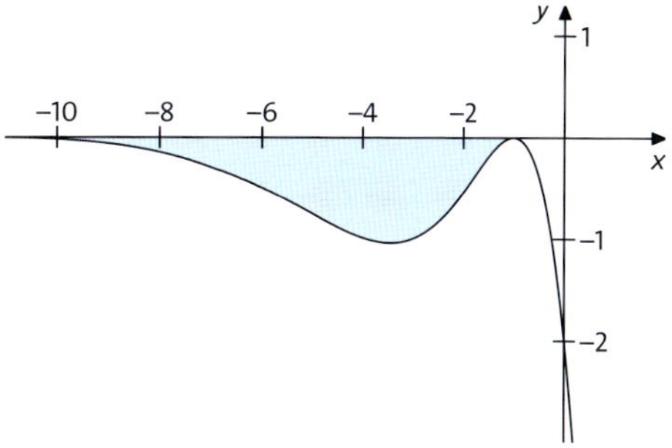

Der Flächeninhalt A dieser Fläche wird beschrieben durch das folgende uneigentliche Integral:

$$\begin{aligned} A &= \left| \int_{-\infty}^{-1} f_1(x)\,\mathrm{d}x \right| \\ &= \frac{1}{2} \left| \lim_{a \to -\infty} \int_a^{-1} \left(x^3 - 3x - 2\right) \cdot e^x\,\mathrm{d}x \right|. \end{aligned}$$

Konvergiert das uneigentliche Integral, d. h. existiert der Grenzwert, dann besitzt die Fläche einen endlichen Flächeninhalt. Berechnung des Integrals:
Tipp: Mehrmalige partielle Integration

$$\begin{aligned} &\int_a^{-1} \left(x^3 - 3x - 2\right) \cdot e^x\,\mathrm{d}x \\ &= \left[\left(x^3 - 3x - 2\right) \cdot e^x\right]_a^{-1} - \int_a^{-1} \left(3x^2 - 3\right) \cdot e^x\,\mathrm{d}x \\ &= \left[\left(x^3 - 3x - 2\right) \cdot e^x\right]_a^{-1} \\ &\quad - \left(\left[\left(3x^2 - 3\right) \cdot e^x\right]_a^{-1} - \int_a^{-1} 6x \cdot e^x\,\mathrm{d}x\right) \\ &= \left[\left(x^3 - 3x^2 - 3x + 1\right) \cdot e^x\right]_a^{-1} \\ &\quad + \left(\left[6x \cdot e^x\right]_a^{-1} - \int_a^{-1} 6 \cdot e^x\,\mathrm{d}x\right) \\ &= \left[\left(x^3 - 3x^2 + 3x - 5\right) \cdot e^x\right]_a^{-1} \\ &= -\frac{12}{e} - \left(a^3 - 3a^2 + 3a - 5\right) \cdot e^a \end{aligned}$$

Der Grenzwert für $a \to -\infty$ lässt sich folgendermaßen bestimmen:

$$\lim_{a\to-\infty}\left(-\frac{12}{e}-\underbrace{\overbrace{\left(a^3-3a^2+3a-5\right)}^{\to-\infty}\cdot\overbrace{e^a}^{\to 0}}_{\to 0}\right)$$

$$=-\frac{12}{e}\approx-4{,}4.$$

Grund: Die e-Funktion wächst stärker als jede (noch so große) Potenz von a.
Damit besitzt das betrachtete Flächenstück einen endlichen Flächeninhalt A mit:

$$A=\frac{1}{2}\left|\lim_{a\to-\infty}\int_a^{-1}f_1(x)\,\mathrm{d}x\right|=\frac{6}{e}\approx 2{,}2\text{ FE}$$

Aufgabe 2

a) Bestimmung der **Temperaturfunktion:**
Anfangstemperatur $T_0=250°\text{C}$. Die Funktion f gebe die jeweilige Temperatur in Abhängigkeit von der Zeit t an. Für die Änderung der Temperatur gilt:

$$\frac{\mathrm{d}f}{\mathrm{d}t}=f'(t)=-0{,}3\cdot(f(t)-20)$$

Hierbei handelt es sich um die Differentialgleichung für den beschränkten Zerfall. Bei dem Abkühlvorgang liegt das Modell des beschränkten Zerfalls vor, da die Temperatur des Ceranfeldes beim Abkühlen nicht unter die Raumtemperatur absinken kann.
Lösung durch Substitution:

$$\text{sei } u(t)=f(t)-20$$
$$\text{damit ist } u'(t)=f'(t).$$

Einsetzen in die Differentialgleichung ergibt:

$$u'(t)=-0{,}3\cdot u(t)$$

Diese Gleichung (Differentialgleichung des exponentiellen Zerfalls) wird gelöst durch

$$u(t)=c\cdot e^{-0{,}3t},\ c\in\mathbb{R}.$$

Rücksubstitution mit $u(t)=f(t)-20$ ergibt:

$$f(t)-20=c\cdot e^{-0{,}3t}$$
$$f(t)=c\cdot e^{-0{,}3t}+20$$

Zur Bestimmung von c setzt man den Anfangswert mit $f(0)=250$ ein. Damit ist $c=230$. Die gesuchte Funktionsgleichung lautet:

$$f(t)=20+230\cdot e^{-0{,}3t}$$

Mithilfe einer Wertetabelle

t	$f(t)$
0	250
1	190,39
2	146,23
3	113,51
4	89,28
5	71,32
6	58,02
7	48,17
8	40,87
9	35,46
10	31,45

lässt sich das Schaubild für die ersten 10 Minuten zeichnen:

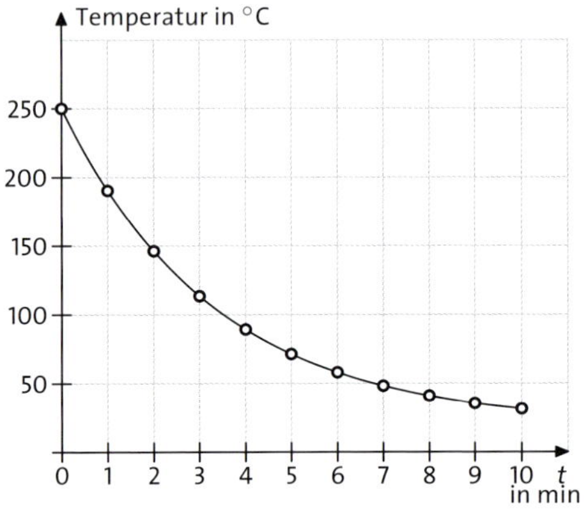

b) Bestimmung der **Signaldauer:**
gesucht t mit $f(t)\leq 60$:

$$20+230\cdot e^{-0{,}3t}\leq 60$$
$$e^{-0{,}3t}\leq 0{,}1739 \quad |\ \ln$$
$$-0{,}3t\leq -1{,}749$$
$$t\geq 5{,}8$$

Nach 5,8 Minuten verschwindet das Signal.

c) Der Mittelwert der Temperatur im Zeitintervall [0;20] lässt sich durch das folgende Integral berechnen:

$$\overline{m}=\frac{1}{20}\int_0^{20}\left(20+230\cdot e^{-0{,}3t}\right)\mathrm{d}t\approx 58{,}24$$

Die Berechnung des Integrals ist über den rechnerischen Weg der Stammfunktion oder mithilfe des GTR möglich. Man erhält eine Durchschnittstemperatur von ca. 58,2°C.

Klausur 4

Aufgabe 1

a) Tipp: Hat man einen GTR zur Verfügung, so sollte man die gebrochenrationale Funktionenschar für verschiedene a-Werte zeichnen lassen, dies schafft einen schnellen Überblick.
Um den Kurvenverlauf in Abhängigkeit von a beschreiben zu können, sind Aussagen über den maximalen Definitionsbereich, die besonderen Punkte (= Achsenschnittpunkte, Extrempunkte), eine eventuell vorhandene Symmetrie, das Verhalten im Unendlichen und an den Polstellen notwendig.

- Maximaler **Definitionsbereich** $D_{\max}$:
  Untersuchung des Nennerpolynoms $x^2 + a$:
  Für $a > 0$ ist $x^2 + a \neq 0 \;\forall x$, damit ist $D_{\max} = \mathbb{R}$.
  Für $a < 0$ ist $x^2 + a = 0$ für $x_{1/2} = \pm\sqrt{-a}$, damit ist $D_{\max} = \mathbb{R} \setminus \left\{+\sqrt{-a}; -\sqrt{-a}\right\}$.
- **Schnittpunkte** mit den Koordinatenachsen:
  Schnittpunkt mit der y-Achse: $x = 0$ in $f_a(x)$ einsetzen liefert: $f_a(0) = -1 \Rightarrow S_y(0|-1)$.
  Schnittpunkt mit der x-Achse: Bed.: $f_a(x) = 0$
  $\Leftrightarrow \frac{2x^2-a}{x^2+a} = 0 \qquad \Leftrightarrow x^2 = \frac{1}{2}a$
  Fallunterscheidung: Für $a < 0$ existieren keine Nullstellen. Für $a > 0$ existieren 2 Nullstellen und damit zwei Schnittpunkte mit der x-Achse:
  $N_1(+\sqrt{\frac{a}{2}}|0)$, $N_2(-\sqrt{\frac{a}{2}}|0)$.
- **Extrempunkte:**
  Zur Bestimmung der Extrempunkte braucht man zunächst die Ableitungen der Funktion f_a.
  Tipp: Ableiten nach der Quotientenregel

  1. Abl.: $f_a'(x) = \frac{6ax}{(x^2+a)^2}$
  2. Abl.: $f_a''(x) = \frac{6a^2-18ax^2}{(x^2+a)^3}$

  Extremstellen: notwendige Bed.: $f_a'(x) = 0$

  $$\Leftrightarrow \frac{6ax}{(x^2+a)^2} = 0$$

  Diese Gleichung wird durch $x = 0$ gelöst. Kontrolle, ob an der Stelle $x_1 = 0$ tatsächlich eine Extremstelle vorliegt mittels der 2. Ableitung.
  hinreichende Bed.: $f_a''(0) \neq 0$
  $f_a''(0) = \frac{6a^2}{(a)^3} = \frac{6}{a}$
  Eine Fallunterscheidung liefert:
  für $a < 0$ ist $f_a''(0) < 0 \Rightarrow$ Maximum für $x_1 = 0$,
  für $a > 0$ ist $f_a''(0) > 0 \Rightarrow$ Minimum für $x_1 = 0$.
  Alternative Kontrollmöglichkeit: Vorzeichenwechselkriterium mit der 1. Ableitung.
  Damit haben alle Kurven f_a mit negativem a einen Hochpunkt $HP(0|-1)$; mit positivem a einen Tiefpunkt $TP(0|-1)$.
- **Symmetrie:**
  Da gilt $f_a(x) = f_a(-x)$ sind alle Schaubilder symmetrisch zur y-Achse.
- Verhalten im **Unendlichen:**
  Für $x \to +\infty$: $f_a(x) \to +2$.
  Für $x \to -\infty$: $f_a(x) \to +2$.
  Damit ist die Gerade mit der Gleichung $y = 2$ eine waagrechte Asymptote.
- Untersuchung an den **Polstellen** mit $a < 0$:
  für $x \to +\sqrt{-a}$ (von rechts): $f_a(x) \to +\infty$,
  für $x \to +\sqrt{-a}$ (von links): $f_a(x) \to -\infty$.
  Damit liegt an der Stelle $x = +\sqrt{-a}$ ein Pol mit Vorzeichenwechsel. Aufgrund der vorhandenen y-Achsensymmetrie liegt an der Stelle $x = -\sqrt{-a}$ ebenfalls ein Pol mit Vorzeichenwechsel.

Beschreibung des **Kurvenverlaufs:** Alle Kurven K_a zeigen y-Achsensymmetrie und nähern sich für unendlich kleine sowie unendlich große x der Geraden mit der Gleichung $y = 2$ an, diese ist also eine waagrechte Asymptote.
Für $a > 0$ kommen die Kurven monoton fallend aus dem 2. Quadranten, schneiden die x-Achse bei $x_{01} = -\sqrt{\frac{a}{2}}$, gehen über in den 3. Quadranten und schneiden im Tiefpunkt $TP(0|-1)$ die y-Achse. Rechts vom Tiefpunkt steigen die Kurven an, schneiden die x-Achse bei $x_{02} = +\sqrt{\frac{a}{2}}$ und nähern sich für große x der waagrechten Asymptote $y = 2$.
Für $a < 0$ besitzen die Kurven K_a senkrechte Asymptoten mit $x = -\sqrt{-a}$ und $x = +\sqrt{-a}$. Für negative x-Werte steigen die Kurven streng monoton. Damit nähern sie sich in entgegengesetzter Richtung der senkrechten Asymptote $x = -\sqrt{-a}$. Links von der Polstelle $x = -\sqrt{-a}$ verlaufen die Kurven im 2. Quadranten, rechts der Polstelle im 3. Quadranten. Alle Kurven schneiden im gemeinsamen Hochpunkt $HP(0|-1)$ die y-Achse. Aufgrund der vorhandenen y-Achsensymmetrie fallen die Kurven K_a von dort monoton im 4. Quadranten und nähern sich dabei der senkrechten Asymptote mit $x = +\sqrt{-a}$. Rechts der Polstelle fallen die Kurven monoton im 1. Quadranten und nähern sich damit in entgegengesetzter Richtung der senkrechten Asymptote bei $x = +\sqrt{-a}$.

b) **Wendestellen:** notwendige Bedingung: $f_a''(x) = 0$

$$\Leftrightarrow \frac{6a^2 - 18ax^2}{(x^2+a)^3} = 0$$

$$\Leftrightarrow x^2 = \frac{a}{3}$$

Fallunterscheidung: Für $a < 0$ existieren keine Wendestellen. Für $a > 0$ liegen die möglichen Wendestellen bei $x_{2/3} = \pm\sqrt{\frac{a}{3}}$.

Lösungen

Kontrolle, ob an den Stellen $x_{2/3} = \pm\sqrt{\frac{a}{3}}$ tatsächlich Wendestellen vorliegen mittels Vorzeichenwechselkriterium der 2. Ableitung:

$f_a''(\sqrt{\frac{a}{4}}) = \frac{96}{125a} > 0$

$f_a''(\sqrt{a}) = -\frac{3}{2a} < 0$

Damit zeigt f_a'' an der Stelle $x_2 = \sqrt{\frac{a}{3}}$ einen Vorzeichenwechsel von $+$ nach $-$; somit handelt es sich um eine Wendestelle. Aufgrund der y-Achsensymmetrie liegt auch bei $x_3 = -\sqrt{\frac{a}{3}}$ eine Wendestelle. Für positive a haben die Funktionen f_a somit Wendestellen, aber keine Polstellen (siehe Teilaufgabe a)). Daraus folgt die Behauptung.

c) **Zeichnung** von K_2 mit beliebigem Dreieck ABC:

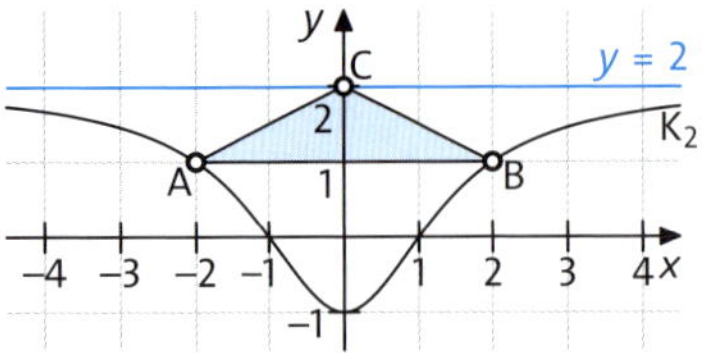

Berechnung des maximalen **Flächeninhaltes:**

Die Ecken A, B und C des Dreiecks liegen allgemein bei $A(-r\,|\,f_2(-r))$, $B(r\,|\,f_2(r))$, $C(0|2)$ mit $r \in \mathbb{R}_+^*$. Für den Flächeninhalt A eines Dreiecks gilt:

$$A = \frac{1}{2} \cdot \text{Grundseite} \cdot \text{Höhe}$$

Damit ergibt sich für den gesuchten Flächeninhalt A in Abhängigkeit von r (wobei $\overline{AB} = 2r$):

$$A(r) = \frac{1}{2} \cdot \overline{AB} \cdot |2 - f_2(r)|$$

Da $y = 2$ waagrechte Asymptote des Schaubildes von f_2 ist, gilt: $2 > f_2(r)$. Damit ergibt sich für den Flächeninhalt in Abhängigkeit von r:

$$A(r) = \frac{6r}{r^2 + 2}$$

$A(r)$ ist die Zielfunktion, deren Maximum hier zu bestimmen ist.

Diese Lösung erfolgt auf dem klassischen (rechnerischen) Weg folgendermaßen: Bestimmen der ersten beiden Ableitungen und Suche nach dem r, welches die Bedingungen für ein lokales Maximum ($A'(r) = 0$ und $A''(r) < 0$) erfüllt. Anschließende Überprüfung der Ränder liefert das Ergebnis.

Die Bestimmung des Maximums kann auch mithilfe des GTR erfolgen. Dazu wird die Funktion $A(r)$ im Schaubild dargestellt und dann, wie in der folgenden Abbildung gezeigt, ihr Maximum bestimmt.

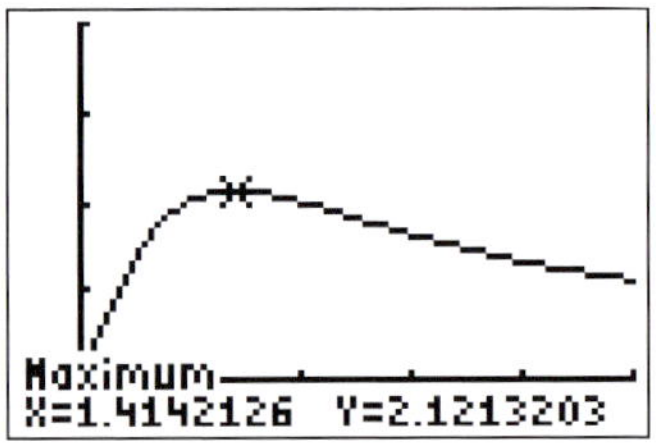

Der GTR zeigt: Für $r = \sqrt{2} \approx 1{,}41$ besitzt die Zielfunktion A ein lokales Maximum; Kontrolle an den Rändern für $r \to 0^+$ bzw. $r \to +\infty$ zeigt, dass dies auch das globale Maximum ist. Damit erreicht unter allen möglichen Dreiecken das Dreieck mit $r = \sqrt{2}$ den maximalen Flächeninhalt ($= A(\sqrt{2})$). Dieser beträgt $1{,}5 \cdot \sqrt{2} \approx 2{,}12$ FE.

d) Zeichnung von K_2 (einschließlich der gesuchten Fläche):

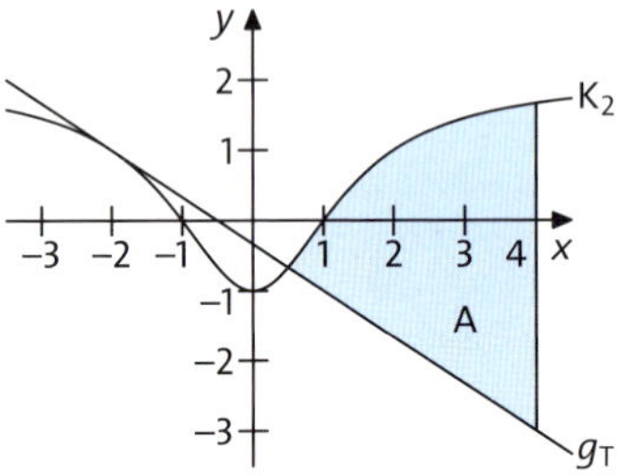

Allgemeine Gleichung der Tangente g_T im Kurvenpunkt B$(u\,|\,f(u))$:

$$g_T : y = f_2'(u)(x - u) + f_2(u)$$

$P(10|-7) \in g_T$, damit liefert die Punktprobe:

$$-7 = f_2'(u)(10 - u) + f_2(u)$$

$$\Leftrightarrow -7 = \frac{12u}{(u^2+2)^2} \cdot (10 - u) + \frac{2u^2 - 2}{u^2 + 2}$$

$$\Leftrightarrow 0 = \frac{12u}{(u^2+2)^2} \cdot (10 - u) + \frac{2u^2 - 2}{u^2 + 2} + 7$$

Diese Gleichung muss nun nach u aufgelöst werden. Man spart viel Zeit, wenn man dazu den GTR zu Hilfe nimmt. Dabei wird der Ausdruck auf der rechten Seite als neue Funktion in den GTR eingegeben, um anschließend die Nullstellen dieser Funktion zu bestimmen.

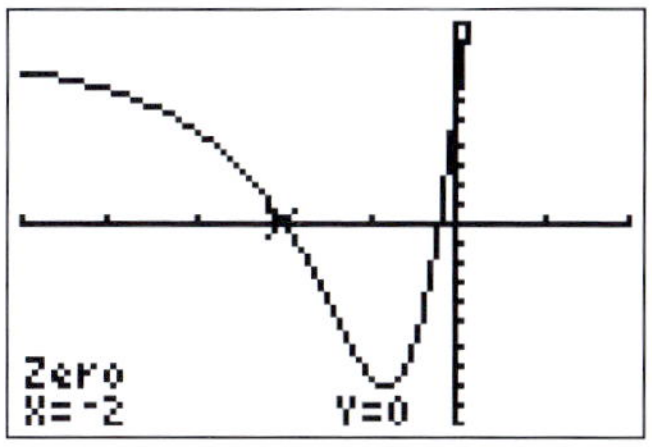

Der GTR liefert als Lösungen für diese Gleichung: $u_1 = -2$ und ($u_2 = -0{,}2$). Die Lösung u_2 entfällt, da die entsprechende Tangente K_2 nicht im 2., sondern im 3. Quadranten berührt. Damit ist der Kurvenpunkt B, in dem die Tangente K_2 berührt, festgelegt: $B(-2|1)$. Die Gleichung der gesuchten Tangente lautet: $g_T : y = -\frac{2}{3}x - \frac{1}{3}$.

Zunächst müssen die Schnittstellen der Tangente und von f_2 berechnet werden. Gleichsetzen liefert:

$$-\frac{2}{3}x - \frac{1}{3} = \frac{2x^2-2}{x^2+2}.$$

Der GTR liefert als Lösung: $x_4 = 0{,}5$. Damit ergeben sich als **Integrationsgrenzen** $0{,}5$ und 4.
Berechnung des **Flächeninhaltes A** der schraffierten Fläche durch Integration:

$$A = \int_{0,5}^{4} f_2(x) - \left(-\frac{2}{3}x - \frac{1}{3}\right) \mathrm{d}x.$$

Bestimmung des Integrals mithilfe des GTR; dazu werden zunächst die beiden Funktionen in den GTR eingegeben

```
 Plot1 Plot2 Plot3
\Y1■(2X^2-2)/(X^
2+2)
\Y2■-2/3*X-1/3+3
■
\Y3=
\Y4=
\Y5=
```

und anschließend das gewünschte Integral, wie im folgenden Bild beispielhaft dargestellt, bestimmt.

```
fnInt(Y1-Y2,X,.5
,4)
         9.635954058
```

Damit beträgt der gesuchte Flächeninhalt $\approx 9{,}64$ FE.

Berechnung des gesuchten **Volumens:**
Der Punkt $P(4|-3)$ auf der Tangente hat die kleinste y-Koordinate und mit 3 LE den größten Abstand von der x-Achse. Verschiebt man nun die Tangente und K_2 um den Betrag dieser Strecke (also um 3 Einheiten) entlang der positiven y-Achse, liegt die verschobene Fläche wie gewünscht nicht mehr im 4. Feld. Als neue Funktionsgleichungen ergeben sich:

$$f_2^*(x) = \frac{2x^2-2}{x^2+2} + 3$$

$$g_T^*(x) = -\frac{2}{3}x - \frac{1}{3} + 3$$

Das Volumen V des gesuchten Drehkörpers lässt sich folgendermaßen durch Integralrechnung bestimmen:

$$V = \pi \cdot \int_{0,5}^{4} \left(f_2^*(x) - g_T^*(x)\right)^2 \mathrm{d}x$$

Bestimmung des Integrals mithilfe des GTR liefert, wie in der folgenden Abbildung dargestellt, $V \approx 102{,}82$ VE.

```
π*fnInt((Y1-Y2)^
2,X,.5,4)
      102.8196018
```

Aufgabe 2

Bei der Bearbeitung der Aufgabe ist es hilfreich, die geometrische Deutung der Integralfunktion heranzuziehen. Der Term $I_{1,5}(x) = \int_{1,5}^{x} h(x)\,\mathrm{d}x$ gibt die Summe der **orientierten Flächeninhalte** der Fläche zwischen dem Schaubild von h und der x-Achse von der Stelle $1{,}5$ bis zur Stelle x an. Wenn man einige Flächeninhalte (beispielsweise A_1, A_2 und A_3) abschätzt, ergibt sich das Schaubild der Integralfunktion. Diese Flächen sind im folgenden Schaubild dargestellt.

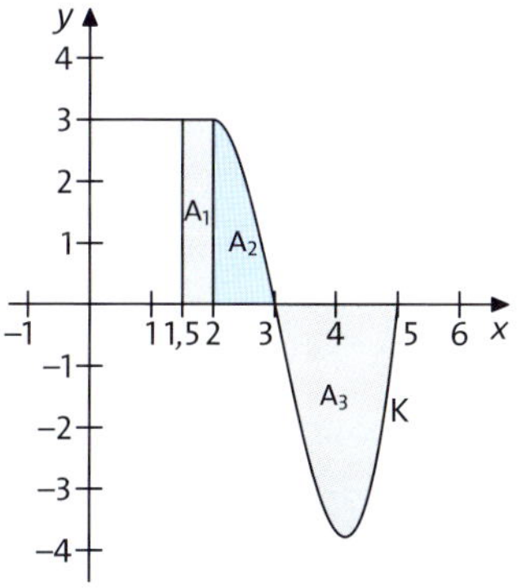

$I_{1,5}(1,5) = \int_{1,5}^{1,5} = 0$ und $I_{1,5}(2) = A_1 = 1,5$ lassen sich direkt aus dem Schaubild bestimmen. Zur möglichst genauen Bestimmung von $I_{1,5}(3)$ und $I_{1,5}(5)$ eignet sich beispielsweise das keplersche Näherungsverfahren **(„Keplersche Fassregel").**
An der Stelle $x_1 = 3$ muss das Schaubild der Integralfunktion eine Maximalstelle aufweisen, da K an dieser Stelle eine Nullstelle mit Vorzeichenwechsel von + nach − besitzt. Die näherungsweise Bestimmung liefert:

$$\begin{aligned} I_{1,5}(3) &= A_1 + A_2 \\ &\approx 1,5 + \tfrac{1}{6} \cdot (3-2) \cdot (3 + 4 \cdot 2,1 + 0) \\ &= 3,4. \end{aligned}$$

Entsprechend muss an der Stelle $x_2 = 5$ eine Minimalstelle liegen, denn K hat hier einen Vorzeichenwechsel von − nach +. Die keplersche Näherung ergibt hier:

$$\begin{aligned} I_{1,5}(5) &= A_1 + A_2 - A_3 \\ &\approx 3,4 + \tfrac{1}{6} \cdot (5-3) \cdot (0 - 4 \cdot 3,6 + 0) \\ &= -1,4 \end{aligned}$$

Damit lässt sich die folgende Wertetabelle zusammenstellen:

x	1,5	2	3	5
$I_{1,5}(x)$	0	1,5	3,4	−1,4

Einzeichnen der Punkte ergibt den gewünschten Schaubildausschnitt der Integralfunktion, welcher in der folgenden Abbildung dargestellt ist.

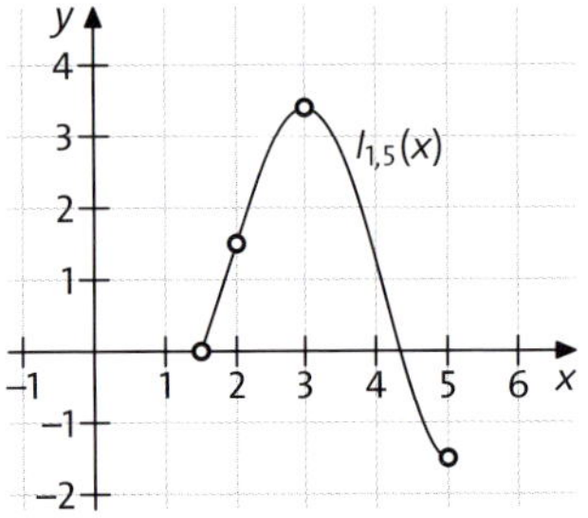

Klausur 5

Aufgabe 1

a) **Achsenschnittpunkte:**
Schnittpunkt mit der y-Achse: Bed. $x = 0$.
Da $f(0) = 4$ ergibt sich $S_y(0/4)$.
Schnittpunkte mit der x-Achse: Bed. $f(x) = 0$.
Beim Ablesen aus der Tabelle ergeben sich die Punkte $N_1(-1|0)$ und $N_{2/3}(2|0)$. Da $f'(2) = 0$, liegt an der Stelle $x_2 = 2$ eine doppelte Nullstelle, der Punkt $N_{2/3}(2|0)$ berührt somit die x-Achse. Da $f(-3) > 0$ und $f(-2) < 0$ muss es einen weiteren Schnittpunkt N_4 mit der x-Achse geben: $N_4(z|0)$ mit $-3 < z < -2$.

- **Extrempunkte:**
Da $f'(2) = 0$ und $f''(2) = 10,5 > 0$ besitzt das Schaubild einen Tiefpunkt $TP_1(2|0)$, welcher auf der x-Achse liegt. Da $f'(-2) = 0$ und $f''(-2) = 13,5 > 0$, besitzt das Schaubild einen weiteren Tiefpunkt $TP_2(-2|-4)$. Zwischen den beiden Tiefpunkten muss ein Hochpunkt $HP(h|f(h))$ liegen, mit $-2 < h < 2$.
- **Lage der Tangenten:**
In einer Rechtskurve liegen die Tangenten im Berührpunkt oberhalb der Kurve, in einer Linkskurve unterhalb der Kurve. Damit ist hier nach dem Krümmungsverhalten gefragt. Dieses erkennt man an der 2. Ableitung; ist $f'' > 0$ ist das Schaubild linksgekrümmt, ist $f'' < 0$ ist das Schaubild rechtsgekrümmt. Anhand der Tabelle lässt sich nicht genau die Stelle angeben, an der sich das Krümmungsverhalten ändert. Man kann einen Bereich festlegen: Es gibt ein x_{w1} mit $-2 < x_{w1} < -1$; an dieser Stelle geht das Schaubild von einer Links- in eine Rechskrümmung über. Bis zu dieser Stelle verlaufen die Tangenten unterhalb der Kurve, ab dann oberhalb. Es gibt ein x_{w2} mit $1 < x_{w2} < 2$; an dieser Stelle geht das Schaubild von einer Rechts- in eine Linkskrümmung über. Ab dieser Stelle verlaufen die Tangenten wieder unterhalb der Kurve.

b) Zur Bestimmung der gesuchten Polynomfunktion 4. Grades gibt es verschiedene Möglichkeiten.
1. Möglichkeit: allgemeiner Ansatz für eine Polynomfunktion 4. Grades:

$$p(x) = ax^4 + bx^3 + cx^2 + dx + e$$

1. Ableitung: $p'(x) = 4ax^3 + 3bx^2 + 2cx + d$
Zur Bestimmung der 5 Koeffizienten braucht man 5 Gleichungen, diese resultieren beispielsweise aus den folgenden Bedingungen:

$$\left.\begin{array}{ll} 1. & p(-1) = 0 \\ 2. & p(-2) = -4 \\ 3. & p'(-2) = 0 \\ 4. & p(2) = 0 \\ 5. & p'(2) = 0 \end{array}\right\} \text{Damit ergibt sich das folgende lineare Gleichungssystem:}$$

$$\begin{array}{ll} 1. & a - b + c - d + e = 0 \\ 2. & 16a - 8b + 4c - 2d + e = -4 \\ 3. & -32a + 12b - 4c + d = 0 \\ 4. & 16a + 8b + 4c + 2d + e = 0 \\ 5. & 32a + 12b + 4c + d = 0 \end{array}$$

Zu lösen ist das lineare Gleichungssystem: $A \cdot \vec{x} = \vec{b}$. Ohne GTR erfolgt die Lösung mit dem Gauss-Verfahren, allerdings ist dies aus Zeitgründen nicht empfehlenswert.

$$(A|\vec{b}) = \left(\begin{array}{rrrrr|r} 1 & -1 & 1 & -1 & 1 & 0 \\ 16 & -8 & 4 & -2 & 1 & -4 \\ -32 & 12 & -4 & 1 & 0 & 0 \\ 16 & 8 & 4 & 2 & 1 & 0 \\ 32 & 12 & 4 & 1 & 0 & 0 \end{array}\right)$$

Mit dem GTR wird die erweiterte Koeffizientenmatrix $(A|\vec{b})$

```
[A]
[[1    -1 1   -1 1 0 ]
 [16   -8 4   -2 1 -4]
 [-32 12 -4 1   0 0 ]
 [16  8   4   2   1 0 ]
 [32  12 4   1   0 0 ]]
```

in eine äquivalente Matrix in reduzierter Stufenform überführt:

```
rref([A])
[[1 0 0 0 0 3/8 ]
 [0 1 0 0 0 -1/8]
 [0 0 1 0 0 -3  ]
 [0 0 0 1 0 3/2 ]
 [0 0 0 0 1 4   ]]
```

Aus dieser kann man direkt die Lösung ablesen. Damit ergeben sich die gesuchten Koeffizienten: $a = \frac{3}{8}, b = -\frac{1}{8}, c = -3, d = \frac{3}{2}$ und $e = 4$. Die gesuchte Polynomfunktion lautet damit:

$$p(x) = \frac{3}{8}x^4 - \frac{1}{8}x^3 - 3x^2 + \frac{3}{2}x + 4.$$

2. Möglichkeit: Ansatz mit Linearfaktorzerlegung

$$p(x) = a \cdot (x - x_1)^2 \cdot (x - x_2) \cdot (x - x_3) \cdot (x - x_4),$$

wobei x_1, x_2, x_3 und x_4 die Nullstellen von p sind. Aus der Tabelle folgt:

$$p(x) = a \cdot (x - 2)^2 \cdot (x + 1) \cdot (x - x_4)$$

Zur Bestimmung der beiden Unbekannten a und x_4 wird die Punktprobe mit den Punkten $P(-2|-4)$ und $Q(0|4)$ durchgeführt.

1. $4 = -4ax_4$
2. $-4 = 32a + 16ax_4$

Lösung des Gleichungssystems führt zu $a = \frac{3}{8}$ und $x_4 = -\frac{8}{3}$. Die gesuchte Funktionsgleichung lautet:

$$p(x) = \frac{3}{8} \cdot (x - 2)^2 \cdot (x + 1) \cdot \left(x + \frac{8}{3}\right)$$

3. Möglichkeit: Sehr zeitsparend ist die Bestimmung der Funktionsgleichung durch Regression. Zur Bestimmung einer Funktion 4. Grades sind 5 Punkte notwendig. Diese 5 Punkte legen die Funktion eindeutig fest. Damit führt in diesem Fall eine Regression nicht zu einer Näherungslösung, sondern zu der exakten Funktionsgleichung. Man gibt die Werte für die Punkte in Listen ein und führt mit diesen dann eine Funktionsanpassung für eine Funktion 4. Grades durch.

```
QuarticReg
 y=ax⁴+bx³+...+e
 a=.375
 b=-.125
 c=-3
 d=1.5
 e=4
```

Das Ergebnis ist im folgenden Schaubild sichtbar.

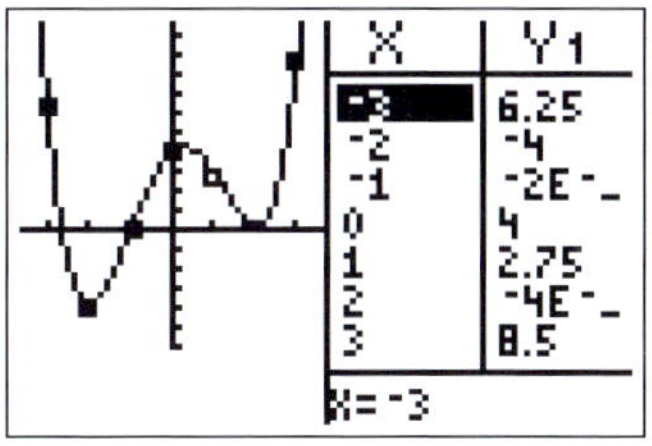

Aufgabe 2

Skizze der Ellipse mit einbeschriebenem Rechteck:

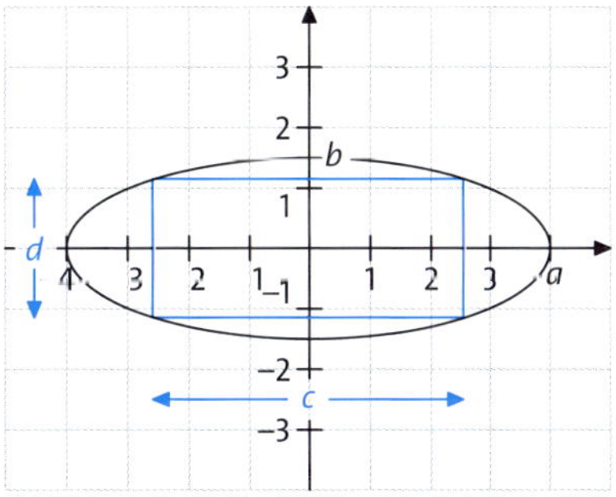

Es handelt sich bei der vorliegenden Aufgabe um eine Extremwertaufgabe. Es wird das Maximum der Zielfunktion (hier: Rechteckfläche) gesucht. Umstellen der Ellipsengleichung nach y liefert:

$$y = \pm\sqrt{b^2 - x^2\frac{b^2}{a^2}}$$

Es genügt, das Rechteck in dem oberen Teil der Ellipse zu berechnen (Seitenlängen c und $\frac{1}{2}d$). Für c und d gilt: $0 < c < 2a; 0 < d < 2b$.

Damit ergibt sich für den Flächeninhalt A:

$$A = \frac{1}{2}d \cdot c$$

Da die Ecken des Rechtecks auf der Ellipse liegen, gilt: $\frac{1}{2}d = f\left(\frac{1}{2}c\right)$. Damit ergibt sich:

$$A(c) = \sqrt{b^2 - \frac{c^2}{4}\frac{b^2}{a^2}} \cdot c = \sqrt{b^2c^2 - \frac{c^4}{4}\frac{b^2}{a^2}}$$

$A(c)$ ist die Zielfunktion; sie gibt den Flächeninhalt des (halbierten, oberen) Rechtecks in Abhängigkeit der Seitenlänge c an. Gesucht ist das Maximum von A. Gesucht ist c mit: $A'(c) = 0$ und $A''(c) < 0$

1. Abl.: $A'(c) = \frac{1}{2} \cdot \left(b^2c^2 - \frac{c^4}{4}\frac{b^2}{a^2}\right)^{-1/2} \cdot \left(2b^2c - c^3\frac{b^2}{a^2}\right)$

$$\frac{1}{2} \cdot \left(b^2c^2 - \frac{c^4}{4}\frac{b^2}{a^2}\right)^{-1/2} \cdot \left(2b^2c - c^3\frac{b^2}{a^2}\right) = 0$$

Auflösen dieser Gleichung führt zu den Lösungen $c_{1/2} = \pm\sqrt{2}a$ und $c_3 = 0$.
Die Lösungen $c_3 = 0$ und $c_2 = -\sqrt{2}a$ sind nicht möglich, da $c > 0$. Kontrolle der 2. Ableitung und an den Randstellen zeigt: Für $c = \sqrt{2}a$ ist der Flächeninhalt maximal. Es gilt dann: $d = \sqrt{2}b$ und $A = ab$.
Der maximale Flächeninhalt des kompletten Vierecks beträgt somit $A_{\text{gesamt}} = 2ab$.

Aufgabe 3

a) Hinweis: Die in der Aufgabe angegebenen Daten sind diskret, d. h. nur als gemittelte Werte des jeweiligen Monats verfügbar. Beim Aufstellen einer Näherungsfunktion werden den Monaten die Zahlen (t-Werte) für Januar bis Dezember zugewiesen. Der Wert der Temperaturverteilung wird am Ort des arithmetischen Mittels (= Monatsmitte) aufgetragen. Die Überführung der stückweise definierten Temperaturverteilungen in eine kontinuierliche Funktionsgleichung kann mit der Annahme eines stetigen Temperaturverlaufs begründet werden.
Die Funktion f stellt damit eine Näherung des tatsächlichen Temperaturverlaufs innerhalb eines Jahres dar. Es gibt verschiedene Möglichkeiten, eine Näherungsfunktion f zu bestimmen: Sei t eine reelle Zahl mit $t \in [0; 12]$, wobei $t_0 = 0$ dem 1. Januar entspricht.

<u>1. Möglichkeit durch Überlegen:</u>
Anhand des Diagramms lässt sich festlegen:
Temperaturminimum am 15. Januar $\Rightarrow$ $\text{Min}(0{,}5|1)$
Temperaturmaximum am 15. Juli $\Rightarrow$ $\text{Max}(6{,}5|32)$
Periodenlänge p: $p = 12 \Rightarrow b = \frac{2\pi}{p} = \frac{\pi}{6}$
Amplitude a: $a = \frac{y_{\max} - y_{\min}}{2} = 15{,}5$

$$-15{,}5 \leq 15{,}5 \cdot \sin\left(\frac{\pi}{6}(t + c)\right) \leq 15{,}5$$

Durch Verschiebung um $16{,}5$ Einheiten entlang der positiven y-Achse können die Forderungen für $y_{\min}$ und $y_{\max}$ erfüllt werden:

$$1 \leq 15{,}5 \cdot \sin\left(\frac{\pi}{6}(t + c)\right) + 16{,}5 \leq 32$$

Damit ist $d = 16{,}5$.
Bis auf c ist die gesuchte Näherungsfunktion f folgendermaßen festgelegt:

$$f(t) = 15{,}5 \cdot \sin\left(\frac{\pi}{6}(t + c)\right) + 16{,}5$$

Für $c = 0$ erhält man eine Funktion, die sich von der gesuchten Näherungsfunktion nur noch durch die Verschiebung entlang der x-Achse unterscheidet. Diese Funktion besitzt im vorliegenden Zeitintervall ein Minimum an der Stelle $t_1 = 9$ und ein Maximum an der Stelle $t_2 = 3$.
Daher wird die Kurve der Funktion so verschoben, dass das Minimum an der gewünschten Stelle $t_3 = 0{,}5$ liegt, also um 8,5 Einheiten nach links; damit ist $c = 8{,}5$. Die Gleichung der gesuchten Näherungsfunktion lautet damit:

$$f(t) = 15{,}5 \cdot \sin\left(\frac{\pi}{6}(t + 8{,}5)\right) + 16{,}5$$

In der folgenden GTR-Zeichnung sind die 12 vorgegebenen Punkte und die berechnete Näherungskurve im Koordinatensystem eingetragen.

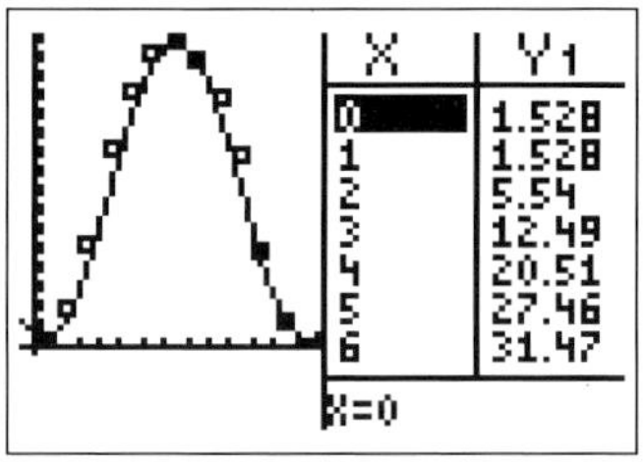

Um das Schaubild der Funktion f zu erhalten, wird das Schaubild der normalen Sinusfunktion in y-Richtung um den Faktor $|a| = 15{,}5$ und in x-Richtung um den Faktor $\frac{1}{b} = \frac{6}{\pi}$ gestreckt, entlang der positiven x-Achse um 8,5 Einheiten nach links und entlang der positiven y-Achse um 16,5 Einheiten nach oben verschoben.

<u>2. Möglichkeit durch sin-Regression mit dem GTR:</u>
Viele GTR-Modelle können eine sin-Regression durchführen. Das Ergebnis lautet:

$$f(t) = 17{,}3 \cdot \sin(0{,}45t - 1{,}35) + 15{,}5$$

Auch dieses Ergebnis stellt eine mögliche Näherungsfunktion dar. Verschiebungen des Schaubildes sind entsprechend anzupassen.

Bemerkung: Das Ergebnis der 1. Möglichkeit wird als Näherungsfunktion für die folgenden Aufgaben benutzt.

b) Für den 8. August ist $t_4 \approx 7{,}26 \Rightarrow f(7{,}26) \approx 30{,}8$. Nach dieser Näherungsfunktion ist mit einer mittleren Tagestemperatur von ca. 30,8°C zu rechnen.

c) Gesucht ist der Zeitpunkt t, an dem die Änderungsrate der Temperatur minimal ist. Damit ist die Wendestelle gesucht, die die folgenden Bedingungen erfüllt:

$$f''(t) = 0 \text{ und } f'''(t) > 0$$

Die Lösung erfolgt entweder auf rechnerischem Weg oder mit dem GTR. Letzteres wird hier vorgeführt. Die Funktion f wird in den GTR eingegeben; dieser kann damit das Schaubild der 2. Ableitung durch Näherung abbilden. Im Schaubild wird die Nullstelle abgelesen, die einen Vorzeichenwechsel von $-$ nach $+$ aufweist.

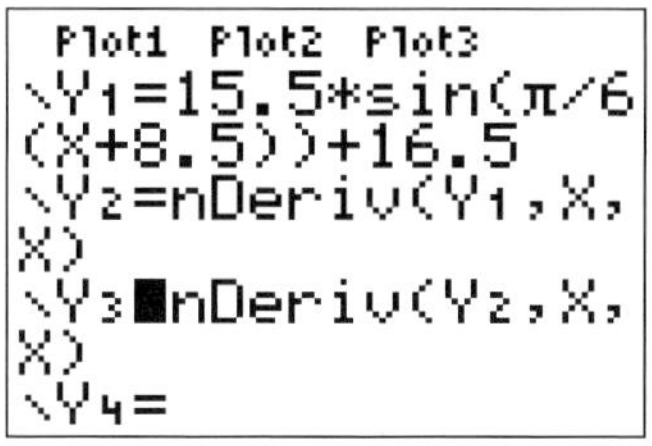

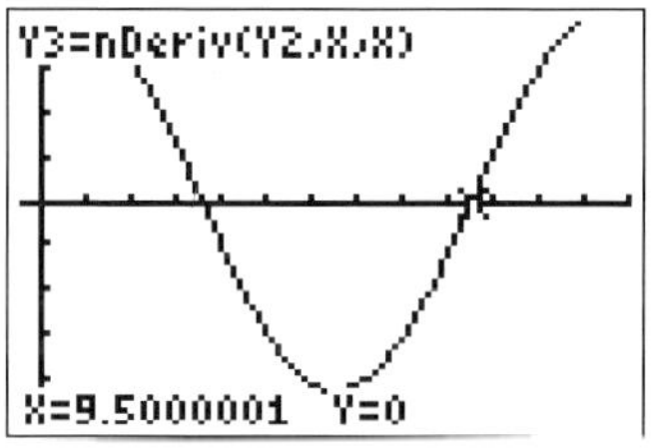

Damit ist für $t_5 \approx 9{,}5$ (= Mitte Oktober) der Temperaturabfall am größten.

d) Der Mittelwert $\overline{m}$ der Tagestemperaturen bezogen auf ein Jahr berechnet sich folgendermaßen:

$$\overline{m} = \frac{1}{12} \int_0^{12} f(t)\,\mathrm{d}t$$

Die Bestimmung des Integrals mit dem GTR liefert: $\overline{m} \approx 16{,}5$°C.

e) Sei p eine Polynomfunktion 4. Grades mit:

$$p(x) = at^4 + bt^3 + ct^2 + dt + e$$

Die Bedingungen, die die Funktionen p und f erfüllen müssen, betreffen jeweils die ersten 4 Ableitungen:

1. Abl.: $p'(t) = 4at^3 + 3bt^2 + 2ct + d$
2. Abl.: $p''(t) = 12at^2 + 6bt + 2c$
3. Abl.: $p'''(t) = 24at + 6b$
4. Abl.: $p^{(IV)}(t) = 24a$

1. Abl.: $f'(t) = 15{,}5 \cdot \cos\left(\frac{\pi}{6}(t+8{,}5)\right) \cdot \frac{\pi}{6}$
2. Abl.: $f''(t) = -15{,}5 \cdot \sin\left(\frac{\pi}{6}(t+8{,}5)\right) \cdot \left(\frac{\pi}{6}\right)^2$
3. Abl.: $f'''(t) = -15{,}5 \cdot \cos\left(\frac{\pi}{6}(t+8{,}5)\right) \cdot \left(\frac{\pi}{6}\right)^3$
4. Abl.: $f^{(IV)}(t) = 15{,}5 \cdot \sin\left(\frac{\pi}{6}(t+8{,}5)\right) \cdot \left(\frac{\pi}{6}\right)^4$

Aufstellen der 5 Bedingungen:
1. $f(6) = p(6)$
2. $f'(6) = p'(6)$

$\vdots$

5. $f^{(IV)}(6) = p^{(IV)}(6)$

Einsetzen in f und p führt zu einem linearen Gleichungssystem. Dieses hat in Matrixschreibweise die Form $A \cdot \vec{x} = \vec{b}$, mit

$$\vec{x} = \begin{pmatrix} a \\ b \\ c \\ d \\ e \end{pmatrix}.$$

Mit dem GTR wird die erweiterte Koeffizientenmatrix $(A|\vec{b})$, mit

$$(A|\vec{b}) = \left(\begin{array}{rrrrr|r} 6^4 & 6^3 & 6^2 & 6 & 1 & 31{,}47 \\ 4 \cdot 6^3 & 3 \cdot 6^2 & 2 \cdot 6 & 1 & 0 & 2{,}1 \\ 12 \cdot 6^2 & 6 \cdot 6 & 2 & 0 & 0 & -4{,}11 \\ 24 \cdot 6 & 6 & 0 & 0 & 0 & -0{,}58 \\ 24 & 0 & 0 & 0 & 0 & 1{,}13 \end{array}\right)$$

in eine äquivalente Matrix in reduzierter Stufenform überführt. Aus dieser kann man direkt die Lösung ablesen. Damit ergeben sich die gesuchten Koeffizienten:

$a = 0{,}05$, $b = -1{,}23$, $c = 9{,}86$, $d = -24{,}36$ und $e = 26{,}79$.

Die gesuchte Näherungsparabel in der Nähe von $t_0 = 6$ ist in dem GTR-Abbild zusammen mit den Messpunkten dargestellt.

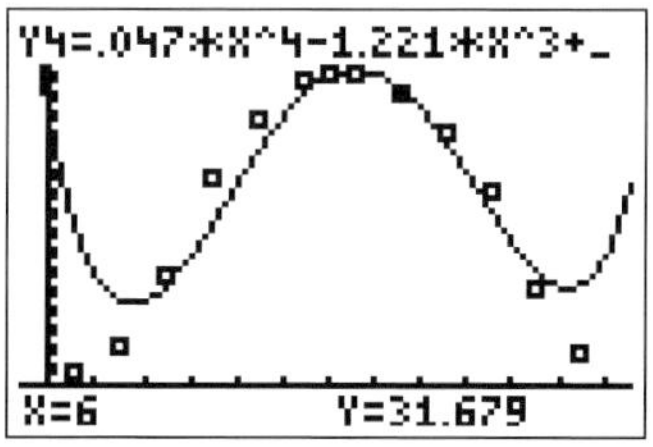

Man erkennt, dass die Parabel als Näherung im gewünschten Bereich ($t_0 = 6$) die Anforderungen gut erfüllt. Allerdings für die Monate Januar, Februar, März, Dezember ist die Näherung ungeeignet. In diesen Monaten steigt die Temperatur nach der Näherungsfunktion stark an im Widerspruch zu den realen Temperaturen.

Klausur 6

Aufgabe 1

a) Bestimmung des Funktionsterms: Da alle drei Parabeln einen Wendepunkt besitzen, muss der Grad der gesuchten Funktionenschar mindestens 3 sein. Der allgemeine Ansatz für eine ganzrationale Funktion 3. Grades lautet:

$$f(x) = ax^3 + bx^2 + cx + d$$

Damit ergeben sich für die ersten beiden Ableitungen:
$f'(x) = 3ax^2 + 2bx + c$
$f''(x) = 6ax + 2b$
Alle drei Parabeln schneiden die y-Achse im Punkt $S_y(0|-2)$. Einsetzen von $x_0 = 0$ in die allgemeine Funktionsgleichung führt zur Bestimmung von d: $f(0) = d = -2$.
Die Parabeln 1 und 3 besitzen an der Stelle $x_0 = 0$ jeweils einen Extrempunkt, bei Parabel 2 liegt an dieser Stelle ein Sattelpunkt. Damit besitzen alle drei Parabeln an der Stelle $x_0 = 0$ einen Kurvenpunkt mit waagrechter Tangente und erfüllen damit die Bedingung $f'(0) = 0$. Einsetzen in die erste Ableitungsfunktion führt zu $c = 0$.
Bestimmung des Funktionsterms von Parabel 2:
Die Parabel 2 zeigt an der Stelle $x_0 = 0$ einen Sattelpunkt (Wendepunkt mit waagrechter Tangente). Damit gilt an der Stelle $x_0 = 0$ zusätzlich $f''(0) = 0$. Einsetzen in die zweite Ableitungsfunktion führt zur Bestimmung von b mit $b = 0$. Zur Bestimmung von a wird eine Punktprobe, beispielsweise mit dem Punkt $(2|6)$, durchgeführt: $6 = a \cdot 8 - 2$.
Auflösen ergibt $a = 1$. Eine mögliche Funktionsgleichung von Parabel 2 lautet damit: $f(x) = x^3 - 2$.
Bestimmung des Funktionsterms von Parabel 3:
Die Parabel 3 besitzt einen Tiefpunkt an der Stelle $x_1 = 2$. Damit gilt an dieser Stelle: $f'(2) = 0$.
Einsetzen in die 1. Ableitungsfunktion und die Punktprobe mit dem Punkt $(1|-4)$ führen zu folgendem Gleichungssystem:

$$\begin{aligned} &1. \quad 12a + 4b = 0 \\ &2. \quad a + b - 2 = -4 \end{aligned}$$

Lösung des Gleichungssystems führt zu $a = 1$ und $b = -3$. Eine mögliche Funktionsgleichung von Parabel 3 lautet damit: $f(x) = x^3 - 3x^2 - 2$.
Bestimmung des Funktionsterms von Parabel 1:
Analoges Vorgehen wie bei Parabel 3 führt zu $a = 1$ und $b = +4$. Eine mögliche Funktionsgleichung von Parabel 1 lautet damit: $f(x) = x^3 + 4x^2 - 2$.
Nach Betrachtung aller berechneten Kurven folgt als möglicher Funktionsterm für die Parabelschar:

$$p_a(x) = x^3 + ax^2 - 2$$

Die Parabeln lassen sich damit folgendermaßen den Parameterwerten zuordnen: Parabel 1: $a = 4$, Parabel 2: $a = 0$ und Parabel 3: $a = -3$.

b) Bei der Frage nach der gegenseitigen Lage von Parabel und Gerade sollen Aussagen bezüglich Schnitt- und Berührpunkten in Abhängigkeit vom Parameter a gemacht werden. Der allgemeine Ansatz für eine solche Fragestellung ist Gleichsetzen der beiden Funktionsterme:

$$\begin{aligned} p_a(x) &= g_a(x) \\ x^3 + ax^2 - 2 &= ax - 2 \qquad \Rightarrow x_1 = 0 \\ x^2 + ax - a &= 0 \end{aligned}$$

Die p-q-Formel ergibt: $x_{2/3} = -\frac{1}{2}a \pm \sqrt{\frac{a^2}{4} + a}$
Untersuchung der Diskriminante $D = \sqrt{\frac{a^2}{4} + a}$:
1. Fall: $D > 0$ für $a > 0$ oder $a < -4$
2. Fall: $D = 0$ für $a = 0$ oder $a = -4$
3. Fall: $D < 0$ für $-4 < a < 0$
Für alle a schneiden sich Gerade und Parabel im Punkt $S_y(0|-2)$. Für Werte von a mit $a > 0$ oder $a < -4$ schneiden sich die Parabel und die zugehörige Gerade in zwei weiteren Punkten. Für Werte von a mit $-4 < a < 0$ gibt es keine weiteren Schnittpunkte zwischen der Parabel und der Geraden. Im Fall $a = 0$ oder $a = -4$ berühren sich die Parabel und die Gerade an der Stelle $x_{2/3} = -\frac{1}{2}a$. Damit wird die Gerade in diesem Fall zur Tangenten an die Parabel im Punkt $(-\frac{1}{2}a| - \frac{1}{2}a^2 - 2)$.

Aufgabe 2

a) Das Schaubild stellt die Füllmengenänderung in Abhängigkeit der Zeit dar. Ist diese positiv, wird Mehl in das Silo gepumpt, wodurch der Füllstand steigt. Nimmt die Füllmengenänderung negative Werte an, wird dem Silo Mehl entnommen, wodurch der Füllstand sinkt. Demnach wird in dem Zeitintervall $0 < t < 3$ das Silo gefüllt. Die Änderung der Füllmenge nimmt bis zu $t \approx 1{,}2$ (Maximalstelle) zu, dann kontinuierlich ab. An der Stelle $t = 3$ (Nullstelle) ändert sich die Füllmenge im Silo nicht. Ab dem Zeitpunkt $t > 3$ beginnt der Abpumpvorgang, dieser erstreckt sich auf das Intervall $3 < t < 9$. Zur Zeit $t = 9$ ändert sich die Füllmenge nicht. Ab $t > 9$ wird wieder Mehl in das Silo gepumpt. Den kleinsten Wert nimmt die Füllmengenänderung zum Zeitpunkt $t \approx 6{,}2$ (Minimalstelle); den größten Wert für $t \approx 11{,}4$ (Maximalstelle) an. An den Wendestellen ist die Änderung (Geschwindigkeit) der Füllmengenänderung extremal. Damit nimmt für $t \approx 3{,}3$ die Füllmengenänderung am stärksten ab und für $t \approx 9{,}2$ am stärksten zu.

b) Der dargestellte Ausschnitt der Funktion zeigt 3 Extrempunkte und 2 Wendepunkte. Damit kommt eine ganzrationale Funktion (mindestens) 4. Grades als Näherungsfunktion in Frage. Sei die Funktion f diese Näherungsfunktion mit

$$f(t) = at^4 + bt^3 + ct^2 + dt + e.$$

Zur Bestimmung des Funktionsterms bestehen verschiedene Möglichkeiten:

1. Möglichkeit: 3 Nullstellen der Funktion können im Schaubild abgelesen werden, eine 4. Nullstelle muss aufgrund des Verhaltens einer geraden Funktion im Unendlichen existieren. Damit ist ein Ansatz mit Linearfaktorzerlegung möglich:

$$f(t) = a \cdot (t - t_1) \cdot (t - t_2) \cdot (t - t_3) \cdot (t - t_4),$$

wobei t_1, t_2,t_3 und t_4 die Nullstellen von f sind. Einsetzen liefert:

$$f(t) = a \cdot t(t - 3) \cdot (t - 9) \cdot (t - t_4)$$

Zur Bestimmung der beiden Unbekannten a und t_4 wird die Punktprobe mit beispielsweise $(8|-400)$ und $(4|-350)$ durchgeführt. Diese Punkte wurden dazu näherungsweise im Schaubild abgelesen.
1. $-400 = -40a \cdot (8 - t_4)$
2. $-350 = -20a \cdot (4 - t_4)$
Lösen des Gleichungssystems führt zu $a = 1{,}875$ und $t_4 = 13\frac{1}{3}$. Die gesuchte Funktionsgleichung der Näherungsfunktion f lautet damit:

$$f(t) = -1{,}875 \cdot t(t - 3) \cdot (t - 9) \cdot (t - 13\frac{1}{3})$$

2. Möglichkeit: Bestimmung der genäherten Funktionsgleichung durch eine Regression 4. Grades mit dem GTR. Zur Bestimmung einer Funktion 4. Grades sind 5 Punkte notwendig. Je präziser diese dem Schaubild entnommen werden, desto höher ist die Güte der erhaltenen Regressionskurve. Hinweis: Nur für den Fall, dass 5 Punkte exakt ablesbar sind, führt eine Regression 4. Grades nicht zu einer Näherungslösung, sondern zu der exakten Funktionsgleichung.

3. Möglichkeit: allgemeiner Ansatz für eine Polynomfunktion 4. Grades:

$$f(t) = at^4 + bt^3 + ct^2 + dt + e$$

Zur Bestimmung der 5 Koeffizienten braucht man 5 Gleichungen, diese erhält man, indem man geeignete Punkte aus dem Schaubild abliest und in die allgemeine Funktionsgleichung einsetzt. Das resultierende lineare Gleichungssystem lässt sich mit dem GTR lösen.

c)
- Berechnung der **Anfangsmehlmenge:** Die Funktion f beschreibt die momentane Änderungsrate der Füllmenge. Damit beschreibt $\int_{t_1}^{t_2} f(t)\,dt$ die Gesamtänderung der Füllmenge im Zeitintervall $[t_1; t_2]$. Diese entspricht dem orientierten Flächeninhalt unter dem Graphen der Funktion.
  Damit berechnet sich die zunächst zugeführte Mehlmenge mit
  $$\int_0^3 f(t)\,dt = 780{,}3.$$
  Dementsprechend gibt das folgende Integral die Mehlmenge an, die aus dem Silo abgepumpt wird:
  $$\int_3^9 f(t)\,dt = -2894{,}4$$
  Die Berechnung der Integrale erfolgt mit dem GTR. Da für $t = 9$ das Silo leer ist, gilt innerhalb der ersten 9 Minuten: Anfangsmehlmenge + zugeführte Mehlmenge + abgelassene Mehlmenge = 0. Damit sind am Anfang 2114,1 kg Mehl im Silo vorhanden.
- Bestimmung der **maximalen Mehlmenge** im Intervall $[0; 12]$: Nach dem ersten Füllvorgang sind 2114,1 kg + 780,3 kg = 2894,4 kg Mehl im Silo. Während des zweiten Füllvorgangs gilt zum Zeitpunkt $t = 12$ für die Mehlmenge:
  $$\int_9^{12} f(t)\,dt = 1509{,}3$$
  Somit sind nach 12 Minuten 1509,3 kg Mehl im Silo. Damit ist nach Abschluss des ersten Füllvorgangs ($t = 3$) das meiste Mehl im Silo.
- Bestimmung der **durchschnittlichen Mehlmenge** $\overline{m}$ im Intervall $[0; 12]$: Die Funktion, die die Mehlmenge im Silo in Abhängigkeit von der Zeit t beschreibt, ist die Stammfunktion F von f. Zu ihrer Berechnung ist es sinnvoll, zunächst die Klammern in $f(t)$ auszumultiplizieren. Das führt zu

$$f(t) = -2t^4 + 50t^3 - 366t^2 + 702t.$$

Die Funktionsgleichung der zugehörigen Stammfunktion F mit $F(0) = 2114{,}1$ (Anfangsmehlmenge) lautet:

$$F(t) = -\frac{2}{5}t^5 + \frac{50}{4}t^4 - \frac{366}{3}t^3 + \frac{702}{2}t^2 + 2114{,}1$$

Der Ansatz für den gesuchten Mittelwert $\overline{m}$ lautet somit:

$$\overline{m} = \frac{1}{12}\int_0^{12} f(t)\,\mathrm{d}t = 1509{,}3$$

Bestimmung des Integrals über die Stammfunktion oder mit dem GTR (zeitsparender!) ergibt in dem Zeitintervall eine durchschnittliche Mehlmenge von 1509,3 kg.

d) Die Randkurve mit dem bei Rotation um die x-Achse entstehenden Rotationskörper ist in der folgenden Zeichnung dargestellt.

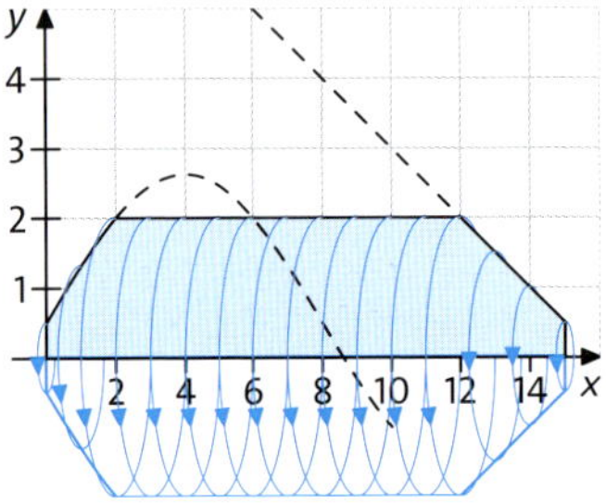

Berechnung des äußeren Volumens des Silos V_a:

$$V_a = \pi \cdot \int_0^2 (h(x))^2\,\mathrm{d}x + \pi \cdot \int_2^{12} (h(x))^2\,\mathrm{d}x + \pi \cdot \int_{12}^{15} (h(x))^2\,\mathrm{d}x$$

$$= \pi \cdot \int_0^2 \left(\frac{3}{\sqrt{2}}\sin\left(\frac{\pi}{8}x\right) + 0{,}5\right)^2 \mathrm{d}x + \pi \cdot \int_2^{12} (2)^2\,\mathrm{d}x + \pi \cdot \int_{12}^{15} (-0{,}5x + 8)^2\,\mathrm{d}x$$

$$= 153{,}836\,\mathrm{m}^3$$

Die näherungsweise Berechnung der Integrale erfolgt mit dem GTR. Die Vorgehensweise ist exemplarisch für die Berechnung von V_a in den folgenden Abbildungen dargestellt.

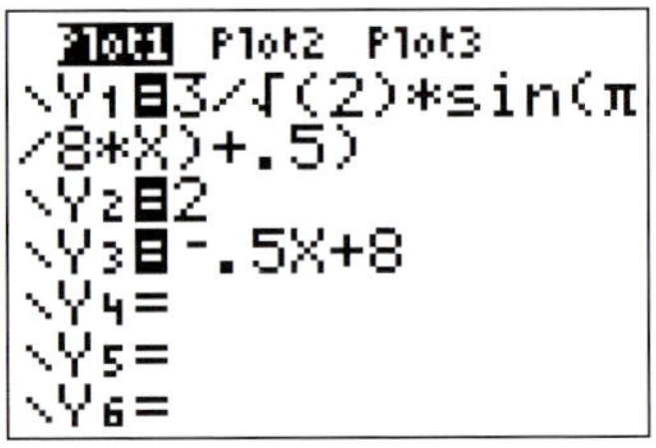

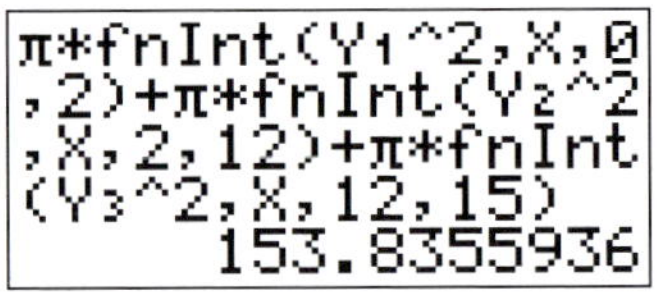

Bei der Berechnung des inneren Volumens des Silos V_i wird der Innendurchmesser des Silos durch Abzug der Wandstärke (5 mm) erhalten:

$$V_i = \pi \cdot \int_0^2 (h(x) - 0{,}005)^2\,\mathrm{d}x + \pi \cdot \int_2^{12} (h(x) - 0{,}005)^2\,\mathrm{d}x + \pi \cdot \int_{12}^{15} (h(x) - 0{,}005)^2\,\mathrm{d}x$$

$$= \pi \cdot \int_0^2 \left(\frac{3}{\sqrt{2}}\sin\left(\frac{\pi}{8}x\right) + 0{,}5 - 0{,}005\right)^2 \mathrm{d}x + \pi \cdot \int_2^{12} (2 - 0{,}005)^2\,\mathrm{d}x + \pi \cdot \int_{12}^{15} (-0{,}5x + 8 - 0{,}005)^2\,\mathrm{d}x$$

$$= 153{,}01\,\mathrm{m}^3$$

25 % des Innenvolumens betragen 38,25 m³. Damit ist die Zahl b gesucht mit

$$\int_0^2 (h(t) - 0{,}005)^2\,\mathrm{d}t + \int_2^b (h(t) - 0{,}005)^2\,\mathrm{d}t \stackrel{!}{=} \frac{38{,}25}{\pi}.$$

Umformung ergibt:

$$\int_2^b 3{,}98\,\mathrm{d}t = 3{,}98b - 7{,}96 = 8{,}48 \Rightarrow b \approx 4{,}13$$

Bei 25 %-iger Füllung beträgt die Füllhöhe im Silo ca. 4,13 m.

Volumen des Stahlmantels V_s:

$V_s = V_a - V_i = 0{,}826\,\mathrm{m}^3$. Dies entspricht 826 000 cm³ Stahl. Damit ergibt sich für den Stahlmantel eine Masse von $826\,000\,\mathrm{cm}^3 \cdot 7{,}7\,\frac{\mathrm{g}}{\mathrm{cm}^3} = 6360{,}2\,\mathrm{kg}$.

Register

A
Ableitung 38
– höhere 46
Ableitungsfunktion 40
Absolutglied 28
Achsenschnittpunkt 54
Additionstheorem 20
Additivität des bestimmten Integrals 93

B
Bildmenge 6
biquadratische Gleichung 29
Bogenlänge 105
Bogenmaß 19
Bruchgleichung 31

C
Cosinusfunktion 18

D
Definitionsbereich 5, 12

E
eingeschlossene Fläche 102
erlaubte Umformung (einer Gleichung) 24
eulersche Zahl 16
Exponentialfunktion 16, 81
– allgemeine 15
– eulersche 16
Exponentialfunktion zur Basis a 15
Exponentialgleichung 33
Extremalstelle 58
Extremum
– globales 83
Extremwertaufgabe 82

F
Faktorisierung 27
Fassregel 107
Fläche
– eingeschlossene 102
Fundamentalsatz der Algebra 55
Funktion 5
– ableitbare 37
– differenzierbare 37
– ganzrationale 12
– gebrochen-rationale 14
– gerade 9
– integrierbare 88
– kubische 13
– lineare 13
– periodische 8
– quadratische 13
– rationale 14, 80
– symmetrische 9
– ungerade 9
– Verkettung 10

G
Gleichung 23
– biquadratische 29
– goniometrische 34
– lineare 25
– quadratische 26
– trigonometrische 34
Gradmaß 19
grafisches Ableiten 70
grafisches Integrieren 108

H
Halbwertszeit 16
Hauptsatz der Differenzial- und Integralrechnung 90
Hintereinanderausführung *von Funktionen* 10
Hochpunkt 58
höhere Ableitungen 46
höhere Integrationsregeln 94

I
Integral
– bestimmtes 88
– unbestimmtes 90
– uneigentliches 100
Integrationsregeln 91–93
– höhere 94
Interpolation 72
Interpretation von Schaubildern 68

K
Keplersche Fassregel 107
Kettenlinie 106
Kettenregel 44
Koeffizient 12
Kurvendiskussion 67
Kurvenschar 60

L
lineare Substitution 95
Linearfaktor 28
logarithmisches Ableiten 45
Logarithmus 17
– dekadischer 18
– dualis 18
– naturalis 18
– natürlicher 18
Logarithmusfunktion zur Basis a 17
Lösungsmenge 23

M
Maximum
– globales 83
– lokales 58
Minimalperiode 8
Minimum
– globales 83
– lokales 58
monoton fallend 66
monoton steigend 66

N
n-te Wurzelfunktion 12
Nebenbedingung 84
Newtonverfahren 57
Normale 52
Nullstelle 13
numerische Integration 106

O
Optimierung 82
Optimum 83
Ortskurve 60

P
p-q-Formel 26
Parabel 13
Paraboloid 104
Parameteraufgabe 72
Partialbruchzerlegung 96
partielle Integration 94
Periode 8
Periodenlänge 8
Polynom 12
Polynomdivision 55
Polynomfunktion 12
Polynomgleichung 24
– 2. Grades 26
– höheren Grades 28
Potenzfunktion 11
Produktregel 42
Pythagoras, trigonometrischer Satz des 21

Q
quadratische Gleichung 26
Quadratwurzel 12
Quotientenregel 43

R
Radikand 12
Rotationskörper 104

S
Sattelpunkt 64
Schaubilder, Interpretation von 68
Scheinlösung 30

Sinusfunktion 18
– allgemeine 21
Stammfunktion 89
Steckbriefaufgabe 72
stetige Ergänzung 15
streng monoton fallend 66
streng monoton steigend 66
Substitution 29
– lineare 95

T

Tabelle wichtiger Ableitungen 41
Tabelle wichtiger Stammfunktionen 92
Tangensfunktion 18
Tangente 50
Tiefpunkt 58
trigonometrische Gleichung 34
trigonometrischer Satz des Pythagoras 21

U

Umkehrfunktion 6

V

Verkettung *von Funktionen* 10
Volumen eines Rotationskörpers 104

W

Wendepunkt 62
Wendestelle 62
Wertevorrat 5
Winkelverdoppelungsformel 20
Wurzel 12
Wurzelgleichung 30

Z

Zerlegung in Linearfaktoren 27